LA QUESTION PHYLLOXÉRIQUE

LE GREFFAGE

ET

LA CRISE VITICOLE

FASCICULE II

LA
QUESTION PHYLLOXÉRIQUE

LE GREFFAGE

ET

LA CRISE VITICOLE

PAR

Lucien DANIEL

PROFESSEUR DE BOTANIQUE APPLIQUÉE A LA FACULTÉ DES SCIENCES DE RENNES
CHARGÉ PAR LE MINISTRE DE L'AGRICULTURE
D'ÉTUDIER LES EFFETS DU GREFFAGE DANS LE VIGNOBLE FRANÇAIS

FASCICULE II

BORDEAUX

IMPRIMERIE G. GOUNOUILHOU

9-11, RUE GUIRAUDE, 9-11

1908

LA
QUESTION PHYLLOXÉRIQUE, LE GREFFAGE
ET LA CRISE VITICOLE

Fascicule II

DEUXIÈME PARTIE
LES VIGNES AMÉRICAINES ET LA RECONSTITUTION
(Suite)

Deuxième série. — *Variations des résistances aux parasites.*

La physiologie et la pathologie nous enseignent que toute cause d'affaiblissement chez un être vivant diminue *ipso facto* sa résistance et augmente sa réceptivité vis-à-vis des parasites. C'est là une donnée fondamentale que personne ne saurait mettre en doute aujourd'hui.

Or, dans les plantes autonomes, à nutrition autotrophe, il y a de nombreuses causes d'affaiblissement, particulièrement chez celles que l'homme asservit à ses caprices, comme chez celles dont il fait varier l'alimentation en agissant sur l'absorption Ca à l'aide d'engrais (culture intensive) ou sur la consommation Cv (procédés divers, parmi lesquels un des plus importants est la taille en vert ou en sec).

Les variations de la nutrition sont beaucoup plus accentuées dans la greffe où la nutrition est hétérotrophe. Il doit donc y avoir, à la suite du greffage, des variations de résistance, dont le sens dépendra naturellement de celui des variations de nutrition dans la grande majorité des cas.

Duhamel du Monceau [1] avait remarqué que l'attaque des insectes est généralement plus vive vis-à-vis des bourgeons de la greffe, mais il n'a donné aucun exemple à l'appui de cette assertion.

J'ai, en 1894 [2], attiré le premier l'attention sur la généralité du phénomène dans les greffes herbacées et ligneuses. Je montrai que les insectes, les

---
[1] Duhamel du Monceau. — *Physique des arbres*, 1758.
[2] Lucien Daniel. — *Parasites et plantes greffées* (Revue des Sciences naturelles de l'Ouest, avril-septembre 1894).

limaces, etc., attaquent sujet et greffon, tantôt pendant la reprise, c'est-à-dire pendant la durée de la mortification consécutive à leur préparation, tantôt après l'union définitive où les plantes greffées ont repris leur turgescence. C'est ainsi que dans les Crucifères, les charançons du genre *Baridius* pondent de préférence leurs œufs au niveau du bourrelet; que les chenilles de la Piéride du chou s'acharnent de préférence sur les greffons de chou, que les pucerons dévorent et font périr les *Brassica Cheiranthus* greffés sur *Sysimbrium* et sur *Barharea*, quand l'attaque est moindre sur les greffons de la même plante unie au *Brassica oleracea*, et moindre encore pour les témoins.

Je terminai mon travail par cette conclusion toujours vraie: « C'est dans les rapports entre les parasites et les plantes greffées, rapports si modifiés par le greffage, qu'il faut chercher la solution de plus d'une question préoccupant à juste titre notre agriculture »[1].

Depuis, en particulier en 1896 et en 1898, j'ai observé et signalé d'autres variations de résistance aux parasites végétaux dans les plantes greffées, variations en rapport, comme les précédentes, avec la nature du déséquilibre causé par la symbiose, c'est-à-dire avec la *disette* ou la *suralimentation* produites dans le sujet et dans le greffon, avec les changements du régime de l'eau en particulier.

Ces données générales connues vont me servir de guide dans l'étude des variations de résistance de la vigne franche de pied ou greffée, tant vis-à-vis du phylloxéra et autres insectes que vis-à-vis des maladies cryptogamiques.

1. *Résistance aux insectes.*

L'un des plus redoutables des parasites animaux de la vigne est le phylloxéra précédemment étudié au début de ce travail. C'est de cet insecte qu'il sera surtout question ici. Par rapport à ce parasite, deux cas sont à considérer dans l'étude des variations de la résistance phylloxérique : 1° la résistance phylloxérique des vignes autonomes; 2° celle des vignes greffées.

A. Résistance des vignes autonomes.

Quand la reconstitution s'est faite, l'on a admis *a priori* comme un dogme que les vignes françaises ne pouvaient en aucune façon résister au phylloxéra, et que seules certaines vignes américaines possédaient cette précieuse qualité. C'est ce qu'a formellement affirmé M. Viala dans son livre sur *les Maladies de la Vigne*; MM. Viala et Ravaz l'ont admis aussi dans leur livre sur les vignes américaines, où les vignes françaises ont la cote 0 ou 1 dans l'échelle phylloxérique [2].

« Les vignes européennes, écrivait M. Viala en 1893 [3], meurent du phylloxéra en Amérique comme en France, pendant que les vignes sauvages ne subissent, à l'état naturel et dans les mêmes régions, aucun dommage. L'insecte a évidemment existé de tout temps aux États-Unis; nous avons cité les documents les plus anciens, relatifs à sa présence sur les vignes et qui remontent à 1834.

» Ces faits de résistance se sont confirmés en France. Il existe actuellement des vignes américaines qui ont un âge relativement avancé, et leur résistance et

---

[1] J'avais en vue à ce moment le pommier et la vigne et les maladies vraies ou prétendues que l'on signalait alors dans ces plantes.

[2] « Au point de vue de la résistance phylloxérique, toutes les formes de *Vitis Vinifera* sans exception sont d'une résistance nulle. » (Viala et Ravaz, *Les Vignes américaines*, p. 150.)

[3] VIALA. — *Les Maladies de la Vigne*. Paris et Montpellier, 1893, p. 524 et 525.

leur vigueur se maintiennent toujours égales. Les vignes américaines qui ont été la cause première de l'invasion phylloxérique ont plus de vingt-cinq ans. Il est des vignes greffées de 18 à 16 ans, d'autres de 14, beaucoup de 12, 10 et 8 ans, qui, les porte-greffes étant bien adaptés, ne montrent aucun signe d'affaiblissement. Les vignes américaines résistent donc, greffées ou non greffées, pendant une période que les faits actuels nous permettraient de considérer comme *indéfinie*, comme *fixée* et *indépendante du climat*. Je ne vois aucune raison pour admettre que cette résistance irait en s'atténuant, puisqu'elles n'ont montré, depuis 20 et 25 ans, aucun signe d'affaiblissement résultant de l'insecte, quand elles étaient bien adaptées.

» Mais quelle est la cause intime de cette résistance des vignes américaines au phylloxéra? On l'a attribuée à une vigueur plus grande des cépages des États-Unis et à une composition chimiquement différente de leurs tissus; ces deux hypothèses sont facilement contredites par les faits d'observation et d'analyse, nous ne les discuterons pas. M. Foëx a noté une relation entre l'organisation anatomique des tissus des diverses vignes et l'action plus ou moins intense qu'exercent sur leurs racines les piqûres du phylloxéra; il y aurait, d'après lui, une constitution élémentaire spéciale dans les rayons médullaires des vignes résistantes.

» La propriété qu'ont les vignes américaines de résister au phylloxéra est certainement un résultat direct de la sélection naturelle. Cette résistance s'est fixée successivement à la suite d'une longue série de générations, sur certains individus, pendant que d'autres, originairement peu ou pas résistants, étaient éliminés par l'insecte. La résistance primitivement faible s'est transmise et s'est accrue par hérédité. La même cause, l'action de l'insecte, persistant toujours, cette propriété de résistance s'est accentuée par suite de l'élimination constante des individus les moins bien doués et elle s'est fixée, en s'augmentant toujours, indépendamment du milieu et du climat ([1]). On peut donc la considérer comme acquise et comme immuable chez les individus qui la possèdent spécifiquement. »

J'ai déjà, dans l'étude générale sur le phylloxéra qui a été faite au début de cet ouvrage, montré par des exemples que, ainsi présentée sous une forme absolue, cette affirmation est inexacte, aussi inexacte que celle qui consiste à dire qu'il est impossible de conserver une vigne française phylloxérée ([2]). Des ceps de vigne française ont victorieusement résisté dans certaines contrées, et il y a encore des vignobles en état de suffisante vigueur dans certains points du Médoc, malgré la présence de nombreux phylloxéras sur leurs racines, fait qu'a constaté récemment M. Vassillière, professeur départemental d'agriculture de la Gironde ([3]).

N'a-t-on pas aussi observé en Anjou que des vignes françaises abandonnées sans culture dans les haies résistent parfaitement au phylloxéra?

Combien sont encore caractéristiques à cet égard les faits rapportés par M. Oberlin ([4]) au Congrès de Lyon! Ce savant hybrideur a recueilli les vignes sauvages de l'Alsace, très vigoureuses et très résistantes; il les a taillées et culti-

---

([1]) M. Viala ne s'aperçoit pas qu'il se contredit quand, après avoir admis plus haut la nécessité d'une adaptation au sol pour que la résistance phylloxérique se maintienne, il affirme ensuite que cette même résistance est indépendante du milieu.

([2]) Il a été surabondamment démontré, dit M. Couanon, inspecteur général de la viticulture, dans son rapport de juin 1905, par les nombreux faits acquis depuis des années en Médoc, en Bourgogne, etc., qu'une vigne phylloxérée et sulfurée rationnellement, peut végéter et fructifier normalement; c'est une erreur de croire que son existence ne puisse être ainsi que prolongée; car elle peut, sans autres soins spéciaux, être conservée indéfiniment, aussi longtemps qu'elle l'aurait été si elle n'avait pas été contaminée.

([3]) Des faits du même genre ont été constatés chez M. Régis, ainsi qu'il a déjà été dit. (Voir p. 15 de ce mémoire.)

([4]) Ch. Oberlin, directeur de l'Institut viticole de Colmar. — *L'hybridation à Beblenheim* (C. R. du Congrès de Lyon, p. 78 et suiv.).

vées suivant les procédés habituels de sa région; il les a vues diminuer progressivement de résistance et finir par être maltraitées par les maladies cryptogamiques et parasitaires tout comme celles qui sont cultivées en grand.

L'hybrideur alsacien ne pouvait étudier la résistance phylloxérique de ces vignes puisque le phylloxéra n'existe pas chez lui. Mais il rapporte que « les vignes en hautains et celles qui grimpent sur les arbres dans l'Italie septentrionale ne se soucient guère de l'insecte. Il y a mieux que cela: en Savoie, la vigne est cultivée sous trois formes différentes : il y a les vignes basses, les treilles ou espaliers et les hautains sur arbres. Les premières ont disparu il y a longtemps, l'insecte les a rasées complètement; les treilles existent encore et n'ont pas l'air d'être bien incommodées; quant aux hautains, ils se portent à merveille.

« Ces faits, ajoute judicieusement l'auteur, ainsi que d'autres que je crois inutile de citer, sont certainement de la plus haute importance. Ils prouvent tout simplement que la vigne sait résister à ses ennemis quand elle pousse librement, sans être contrariée par la main de l'homme, et que, même si elle est soumise à une taille régulière, elle est en état de résister au phylloxéra d'une manière suffisante si on la laisse se développer à grande arborescence. N'est-on pas en droit, après cela, de se demander si l'homme n'est pas involontairement le plus grand ennemi de la vigne ? »

L'influence du système de culture, c'est-à-dire la valeur relative du déséquilibre de nutrition, existe naturellement aussi pour les vignes américaines de résistance insuffisante et M. Oberlin le prouve par les faits suivants, concernant des vignes américaines cultivées suivant le système alsacien :

« C'est en 1876, dit-il, que le premier foyer phylloxérique a été découvert en Alsace sur soixante-sept pieds que le grand horticulteur Baumann avait reçus directement de l'Amérique dix années auparavant. Cette petite plantation était composée des variétés suivantes : Rébecca, Creveling, Allen's hybride, Union, Village, Delaware, Herbemont, Concord et Clinton. Ainsi résistance très médiocre variant, d'après la table de MM. Viala et Ravaz, de 3 à 12. Le phylloxéra qui, sur ces plants, avait été introduit directement d'Amérique, a été constaté sur tous les pieds; il a eu toute liberté d'action pendant dix ans, et, fait remarquable, il n'a pas occasionné le moindre trouble dans la végétation. Les Labrusca se sont maintenus très beaux; le Delaware et le Concord ont été magnifiques; l'Herbemont et le Clinton d'une vigueur extraordinaire. »

Personne ne protesta contre ces faits, ainsi d'ailleurs que l'indiquent les comptes rendus du Congrès. M. Ravaz, à propos du goût de Cabernet qui se retrouve dans certains hybrides de Vinifera et de Riparia, se borna à faire remarquer que cela concordait avec les faits cités par M. Jurie dans une courte communication sur la nécessité, pour obtenir des cépages résistants, du retour aux formes primitives de *Vitis*[1]. Et M. Roy-Chevrier ajouta : « J'abonde dans le sens de M. Ravaz. La résistance phylloxérique de certains Viniferas indique un atavisme américain. »

Il y a donc des Viniferas résistants, quoi qu'en aient dit MM. Ravaz et Viala, et M. Ravaz ne l'ignorait pas; la résistance des vignes américaines autonomes n'est point *absolue;* elle est simplement *relative* et varie avec leur état biologique, celui-ci étant fonction de toutes les causes qui font varier sa nutrition [2]. C'est là un point d'une importance considérable qui va nous servir à comprendre les effets du greffage par rapport aux résistances des vignes greffées.

---

[1] A. JURIE. — *C. R. du Congrès de Lyon*, p. 77.
[2] On pourrait ici citer des exemples de vignes américaines franches de pied qui, comme le Rupestris et le Scupernong, sont mortes du phylloxéra (Couderc), ou qui n'ont pu être maintenues en bon état qu'à l'aide de sulfurages, comme dans certaines pépinières de vignes américaines dans la Gironde.

B. Résistance phylloxérique des Vignes greffées.

Il a été dit dans les pages précédentes que le greffage produit en général, par le fait du bourrelet et des différences de capacités fonctionnelles, des variations de nutrition souvent très élevées auxquelles se mêlent encore celles qu'engendrent les procédés de taille, la culture intensive, les adaptations au sol, au climat, etc.

On devait donc s'attendre à voir, sous l'influence de ces variations de nutrition, changer les résistances des divers organes tant dans la vigne française greffon que dans la vigne américaine sujet, c'est-à-dire la résistance phylloxérique, la résistance du feuillage et du fruit et, par suite, celle des moûts et des vins vis-à-vis les agents pathogènes.

Or, par une singulière aberration, dès les débuts de la reconstitution, l'on a méconnu les lois de la pathologie générale et de la physiologie; l'on a posé de suite comme des dogmes intangibles que la résistance phylloxérique est immuable, et qu'il en est de même pour les autres résistances dans les vignes greffées.

Cette opinion *a priori* s'est-elle trouvée justifiée par les faits comme voudraient aujourd'hui encore le faire croire certains auteurs? C'est ce qui va être sommairement examiné ici.

Parmi les documents nombreux qui ont été publiés sur cette question, je citerai simplement les plus démonstratifs, ceux que tout le monde peut consulter d'après l'indication des sources où je les ai puisés.

Dans son rapport officiel de 1880, M. Henri Marès, membre correspondant de l'Institut et de la Commission supérieure du phylloxéra, signalait au ministre de l'Agriculture, d'après les expériences faites à Las Sorres, près de Montpellier, « les espèces qui présentent le plus de garanties pour reconstituer les vignobles dans les sols les plus variés. Ces espèces, au nombre de trois, sont le Riparia, l'York-Madeira et le Jacquez. Elles se distinguent nettement au milieu des quatre-vingts différents cépages exotiques réunis dans la phylloxérière de Las Sorres par leur beauté, leur vigueur et leur aptitude à porter les greffes de nos meilleurs cépages français, comme l'Aramon et la Carignane ([1]). Nulle part, mieux qu'à Las Sorres, cette supériorité n'est mise en évidence par la durée des expériences, le soin avec lequel elles ont été conduites et les qualités du terrain choisi pour les faire. »

Or, au moment même où M. Henri Marès décernait ainsi officiellement un brevet de complète résistance phylloxérique à la trinité Riparia, York-Madeira et Jacquez, surgissaient dans le Midi ces dépérissements des vignes greffées qui firent à ce moment tant de bruit parmi les viticulteurs du pays et causèrent de si vives inquiétudes. Seuls, des auteurs indépendants, parmi lesquels MM. Sahut et P. de Laffitte, osèrent alors en parler.

J'ai déjà rapporté, dans l'introduction de cet ouvrage, les réflexions pleines de bon sens de M. Félix Sahut, qui était pourtant partisan du greffage. Celles de M. Prosper de Laffitte, ancien élève de l'École polytechnique et membre de la Commission supérieure du phylloxéra, ne sont pas moins courageuses, car il n'hésita pas à signaler le sans-gêne avec lequel certaines personnes sacrifiaient à des considérations étrangères la science agricole et les vrais intérêts de la viticulture. Alors, comme aujourd'hui ([2]), on cherchait, en effet, à embrouiller les choses les plus claires, à mettre le boisseau sur les faits embarrassants ou compromettants et l'on allait même jusqu'à les supprimer.

([1]) M. H. Marès parle seulement des vignes du Midi.
([2]) M. Prosper Gervais n'a pas craint d'écrire, à propos des dangers du greffage que je signalais en 1901 et 1904, qu'il se moquerait de tout cela si l'État voulait bien se charger d'assurer la vente de ses vins à un prix rémunérateur! (*Revue de viticulture*, 1905.)

Pour édifier le lecteur, je citerai quelques passages de divers articles de M. P. de Laffitte; ils sont un peu longs, mais d'une remarquable logique et très édifiants.

Une vigne greffée avait succombé près de Montpellier. Au moment où M. de Laffitte vint la visiter, « un troupeau de moutons y avait passé et si bien effacé la tache qu'on ne voyait plus rien si ce n'est les souches toutes nues. Les intelligentes bêtes avaient opéré avec une telle précision qu'il n'y avait pas, dit-il(1), moyen de croire à un accident... »

« Un beau jour, ajoute-t-il dans un autre article(2), ce bruit éclate à Béziers que nombre de vignes américaines greffées en cépages français s'effondrent, dans l'arrondissement. Le Comice agricole s'émeut; la Commission spéciale se réunit exceptionnellement la veille de la séance du Comice et apporte le lendemain la proposition d'une enquête. On ne trouve dans le compte rendu ni un nom de lieu, ni un nom de personne : pourtant ce n'est pas sur des bruits vagues qu'on se résout à une mesure semblable!...

» Il y a trois mois que l'enquête est ordonnée et nous n'avons plus entendu parler de rien. On peut dire à coup sûr : pas de nouvelles, *mauvaises* nouvelles.

» Il semble vraiment que partout on cherche à étouffer toute lumière ! Cependant on perçoit de loin en loin une lueur par quelques fissures du boisseau. Je lis, dans la *Vigne américaine,* sous la signature de son savant directeur, M. Planchon : « Je ne serais pas surpris que la vigne de Jacquez du territoire de Vauvert, » dont le dépérissement a fait tant de bruit l'an dernier... » — Un moment? L'an dernier c'est 1881; 1881, c'est l'année du Congrès viticole de Bordeaux. Une grande commission composée d'hommes compétents et désintéressés a fait une visite générale des vignobles afin de préparer le travail du Congrès. Cette Commission a visité le Languedoc, y a séjourné, y a été reçue et choyée par toutes les illustrations scientifiques et viticoles de la région :

» Comment se fait-il que personne n'ait dit un mot à la Commission de ces Jacquez de Vauvert (3) qui faisaient, à ce moment même, tant de bruit? Comment se fait-il du moins qu'il n'en soit pas dit un mot dans le rapport de la Commission? »

Le rapport de la Commission d'enquête de Béziers paraît enfin; il concluait à la mort du Jacquez par défaut d'adaptation au sol; de même d'autres vignes américaines voisines étaient mortes sous l'action du pourridié, mais dans tous ces cas, le phylloxéra n'y était pour rien.

« En résumé, disait le rapporteur, votre Commission estime qu'il n'y a pas lieu de s'arrêter aux bruits fâcheux qui ont circulé sur la résistance des vignes américaines; que cette résistance est surabondamment démontrée par l'existence de ces mêmes cépages depuis une douzaine d'années au milieu de terres phylloxérées. »

Cette conclusion inspira à M. de Laffitte les réflexions suivantes : « La Commission attribue au pourridié la mort de quelques souches; à cela je n'ai naturellement aucune objection à faire. Seulement, remarquons-le une fois de plus : toutes les fois que deux maladies — le phylloxéra et une autre maladie quelle qu'elle soit — ont passé successivement ou s'observent simultanément sur une vigne américaine et que la vigne meurt, c'est toujours l'autre maladie qui l'a tuée, jamais le phylloxéra. Et quand le phylloxéra est tout seul? — Alors..., c'est le terrain. Voilà ce qu'il y a de neuf dans l'adaptation (4). »

---

(1) Prosper DE LAFFITTE. — *Les Vignes américaines dans l'Hérault (Journal d'agriculture pratique,* 1882).
(2) Prosper DE LAFFITTE. — *L'Enquête du Comice de Béziers (Journal d'Agriculture pratique,* 1882).
(3) A ces vignes de Vauvert, il faut ajouter les vignes de Montagnac et de plusieurs autres points citées par M. de Laffitte dans des notes diverses.
(4) Cette méthode est la même que celle appliquée encore aujourd'hui aux effets du greffage. Quand un effet mauvais est observé, il n'est jamais dû au greffage, mais à d'autres facteurs, boucs-émissaires qui endossent seuls les responsabilités.

C'est à ce moment, en effet, que M. Louis Vialla, un viticulteur de l'Hérault, eut l'idée de sauver la résistance phylloxérique en incriminant le défaut d'adaptation de certaines vignes américaines au sol, et c'est grâce à ce trompe-l'œil que la reconstitution compromise prit une extension nouvelle. M. P. de Laffitte fit de cette conception une critique qui n'a rien perdu de sa valeur et que les faits sont venus confirmer.

« Telle plante, dit-il, végète mal dans un milieu dont telle autre plante s'accommode. Chez les espèces d'un même genre, même chez les variétés d'une même espèce, on rencontre des aptitudes et des exigences particulières. Étudier la conduite de chaque plante dans chaque terrain, dans chacune de ces circonstances variables à l'infini : altitude, exposition, voisinage, climat, pour utiliser chaque sujet au mieux des ressources dont on dispose, telle est en somme toute l'adaptation, et si le mot, pris dans ce sens, est né dans l'industrie des vignes américaines, la chose est aussi ancienne que l'agriculture elle-même.

» Dans cette étude, le phylloxéra n'a point de place ; ou s'il en a une, la voici : Comme la plante, l'insecte est soumis dans la nature à des influences extérieures qui lui sont, les unes favorables, les autres contraires. Lorsque la vigne se trouve placée dans un milieu contraire à elle-même et favorable à son ennemi, sa sensibilité en est accrue ; on la voit descendre dans l'échelle de résistance et accuser plus promptement les symptômes de la maladie, symptômes toujours les mêmes. Voici, en effet, ce qu'en disait au Congrès de Nîmes un partisan décidé des vignes américaines et de l'adaptation elle-même : — « Au mas de Las Sorres, près de
» Montpellier, tous les plants, sauf quatre ou cinq variétés, meurent. Les Taylors
» que nous voyons si résistants en tant d'endroits présentent le point d'attaque le
» plus caractérisé ; or je crois fermement que si ces Taylors se trouvaient dans un
» pays où le phylloxéra fût inconnu ([1]), leur non-adaptation se traduirait par un
» état peu développé, tandis qu'en pays contaminé elle se traduit par un point
» d'attaque... Lorsque le praticien qui a assisté à la mort ou au déclin de ces vignes
» se rappelle la manière dont procédait le phylloxéra, et qu'il se trouve en présence
» de cas comme ceux que je viens de signaler, il lui est impossible de ne pas recon-
» naître une parfaite analogie entre ce qu'il a sous les yeux et ce dont il se souvient
» trop bien. »

» Ainsi une vigne américaine qui succombe aux atteintes du phylloxéra meurt exactement comme le ferait une vigne française. Que sa mort soit plus prompte lorsqu'elle est préalablement affaiblie par quelque autre cause, cela va de soi, et rien ne justifierait l'emploi d'une définition nouvelle pour définir un fait aussi simple si l'on n'avait en vue une diversion savante : on s'efforce de faire de la résistance non une propriété essentiellement relative, mais une *vertu spécifique absolue*, qui justifie le mot *résistant* employé sans épithète.

» Cependant voici une vigne américaine qui fléchit ; en voici une autre qui meurt ; cette autre est morte, on l'arrache. Et les gens simples de dire : « Mais ce » cépage n'est donc pas résistant ? » C'est à ce moment que l'adaptation intervient ; on définit avec plus ou moins de précision la constitution physique et chimique du terrain où l'on voit mourir la victime ; on proclame à nouveau que le moribond est *résistant*, mais qu'il est *mal adapté*. L'adaptation reste responsable de l'accident et la résistance est sauve. Citons à ce propos quelques lignes d'un professeur très distingué et nullement ennemi de la vigne américaine, pas plus que je ne le suis moi-même :

« Supposons, dit M. Millardet, que nous sommes arrivés avec la Commission » sur le terrain où, sur quelques centaines de Taylors plantés depuis trois à cinq

---

([1]) C'est ici le cas observé en Alsace par M. Oberlin, ce qui montre bien la justesse de l'observation.

» ans, un point faible, une tache s'est déclarée.... On arrache trois ou quatre ceps
» dont les racines, dévorées de phylloxéra, sont dans un état assez médiocre.... Deux
» ou trois souches sont parvenues au dernier degré d'étisie. Le propriétaire observe
» d'un œil anxieux le visage du président de la Commission, craignant d'y lire
» l'arrêt de mort. Celui-ci n'est pas sur un lit de roses.... Que faire?.... Sa physio-
» nomie s'illumine : il a trouvé !.... Il déclare qu'il est nécessaire, avant de se
» prononcer, de faire l'analyse du sol... On emporte un sac de terre! Les proprié-
» taires sont habituellement si ahuris de cette réponse inattendue qu'ils oublient de
» jeter au nez de l'homme de l'art la souche, la terre et le phylloxéra. Cependant,
» six mois après, paraît un article ou rapport, avec l'analyse du sol ou du sous-sol
» jusqu'à la cinquième décimale. Comme conclusion de cette œuvre éminemment
» scientifique, il est dit que ce cas est d'une appréciation difficile, mais qu'il est
» infiniment probable que le Taylor, s'il succombe, ce qui n'est pas certain,
» succombera, non au phylloxéra, mais au défaut d'adaptation au sol et au
» climat. »

Un fait, très intéressant au même point de vue, est encore rapporté par M. P. de Laffitte : « M. Falières, secrétaire général — quand elle existait — de l'Association viticole de Libourne, achète quinze cents Taylors et les plante. Trois ans après, ces vignes phylloxérées jaunissent et se rabougrissent. Un savant des plus autorisés passe par là, reconnaît tous les caractères d'une *mauvaise adaptation* et dit: « Otez ces Taylors et plantez autre chose à la place. » M. Falières, qui avait payé les dits Taylors fort cher et y tenait, s'avise de les soumettre à un traitement (antiphylloxérique) comme il sait les faire. Qu'arrive-t-il? Il arrive que, le phylloxéra disparu ou à peu près, l'adaptation se fait aussitôt comme par enchantement : ces Taylors s'allongent, reverdissent : toujours traités, ils sont encore aujourd'hui magnifiques. »

Aussi, M. Despetis ayant distingué deux sortes de résistance qu'il nommait résistance effective et résistance pratique, l'écrivain gascon déclare que ces termes ne sont pas clairs ; et il propose ironiquement de les remplacer par les suivants : « résistance qui fait vivre et résistance qui laisse mourir. »

Examinons maintenant, après avoir rapporté ces faits, alors fatalement controversés, ce qui s'est passé depuis cette époque et quelle leçon s'est dégagée de l'expérience, dans le vignoble reconstitué, au sujet du maintien de la résistance des vignes américaines et en particulier de celle de la trinité Riparia, York-Madeira et Jacquez.

L'York-Madeira est aujourd'hui classé parmi les cépages non résistants, non seulement par MM. Viala et Ravaz, mais encore par M. Roy-Chevrier, neveu de M. Henri Marès. Voici ce que dit ce dernier du fameux cépage résistant, qui avait servi d'exemple à M. Foëx pour montrer que la résistance phylloxérique n'a aucun rapport avec la vigueur relative des vignes [1] :

« Les greffes de Pinot fin et de Pinot gris sont sur York-Madeira et prennent leur 15e feuille. *Quindecim annos grande mortalis ævi spatium*, comme a dit Tacite. La réflexion mélancolique de l'historien latin sur la vie humaine ne s'applique-t-elle pas à nos vignes nouvelles? Long espace de temps et sérieuse étape pour des greffons portés sur d'aussi fragiles jambes que celles de l'York-Madeira. Mais il y a seize ans, ce Labrusca tenait pour beaucoup le record de la résistance; il était le Bayard de ce temps-là. Plus vulnérable que les Riparia et les Rupestris, il savait mieux qu'eux dissimuler ses piqûres et ses blessures intimes. Des praticiens très autorisés, mon oncle Henri Marès entre autres, séduits par son apparence trompeuse, le recommandaient chaudement à cette époque.

---

[1] Roy-Chevrier. — *Mustimétrie ampélographique*, p. 10, 1904.

» Admirablement adapté dans mes terres rouges, légères et peu calcaires, il s'est montré très bon sujet pendant huit ou neuf ans ([1]). Depuis, ce sont des sulfurages qui ont prolongé son existence devenue précaire. Le vieillissement prématuré de ses souches moussues et tortues fait songer à leur remplacement. »

Le Jacquez a, lui aussi, grandement baissé dans les échelles phylloxériques ainsi que d'autres espèces américaines. Cela donne déjà une singulière idée de la valeur du dogme de l'immutabilité phylloxérique, au moins par rapport à ces cépages.

Et l'on ne dira pas que l'influence du greffage n'est pas pour quelque chose dans l'abaissement de la résistance phylloxérique de ces vignes américaines, même abstraction faite de l'York-Madeira, car, au Congrès de Lyon ([2]), le président du Congrès, M. Michon, précisait le cas du Jacquez en ces termes: « Le Jacquez résiste franc de pied beaucoup plus que greffé. »

« Il ne faut pas oublier, ajoutait-il, que certains cépages américains doivent une partie de leur résistance phylloxérique à l'organisation de leurs racines qui réparent, par une sorte de pansement subéreux, les plaies que leur fait l'insecte. Mais cette structure particulière des tissus ne suffit pas si elle n'est soutenue par une bonne santé. Cette bonne santé peut elle-même être altérée par un défaut d'adaptation ou par d'autres causes, comme on le voit chez certaines vignes greffées. C'est ainsi qu'il m'a été donné de voir cette année des vignes sur Riparia succomber au phylloxéra comme de simples Viniferas, sans que j'en aie été étonné ni autrement troublé, parce que la pathologie générale nous apprend que tout affaiblissement, toute défaillance même momentanée de l'organisme, que ce soit chez les animaux ou les végétaux, — la vie n'a pas de lois différentes selon les règnes, — est une porte ouverte à ces êtres inférieurs qui les guettent.

» Ces considérations s'appliquent à toutes les maladies cryptogamiques aussi bien qu'au phylloxéra, les mêmes causes produisant les mêmes effets. »

Ces lignes du docteur Michon montrent ce qu'il faut penser de la résistance phylloxérique du Riparia lui-même après le greffage. Et personne ne protesta à ce moment.

Enfin, toujours à ce même Congrès, M. Grimaldi, dans sa communication, indiqua que certains cépages non résistants en France le devenaient en Sicile : donc immutabilité en deçà, mutabilité au delà. M. Ravaz fit alors remarquer que le fait avait été signalé déjà par M. Pacarini, mais il ne songea pas à le mettre en doute ou à nier l'authenticité.

Ce fut seulement quand je citai le cas, alors unique, du 340^A Jurie qui avait acquis la résistance phylloxérique à la suite de son greffage sur Cordifolia-Rupestris que M. Prosper Gervais fit dévier la question, bien limitée pourtant à ce cas particulier, et parla de diminution possible de la résistance.

» A propos, dit-il, de l'hybride n° 340 de M. Jurie, cité par M. Daniel, est-il possible d'admettre d'une façon absolue que le greffage puisse avoir pour effet d'augmenter ou de diminuer la résistance phylloxérique du sujet et du greffon? Sans doute certains greffons peuvent, dans des conditions particulièrement défavorables, exercer une action sur la résistance phylloxérique de leurs porte-greffes et la diminuer comme d'autres peuvent l'accroître par une espèce d'action spécifique de choc en retour du greffon sur le porte-greffe; mais tout cela est fort relatif. Dans la pratique nous n'avons point vu nos Viniferas diminuer la résistance intrinsèque de leurs porte-greffes américains, et nous avons toujours considéré que, à la suite du greffage, cette résistance restait entière. »

([1]) L'auteur, pourtant partisan du greffage, a lui-même pris à tâche de montrer que l'adaptation au sol et le défaut d'affinité ne peuvent être invoqués dans ce dépérissement, mais seulement l'affaiblissement de la résistance phylloxérique consécutif au greffage.

([2]) Dr Michon. — *Les hybrides producteurs directs, passés, présents et futurs* (C. R. du Congrès de Lyon, 1902).

Ce plaidoyer et ces réticences suffisent à montrer combien la question posée était gênante.

Le Dr Armand Gautier fit alors observer qu'« il avait entendu dire que la résistance phylloxérique des plants greffés était devenue sensiblement plus faible qu'au début »; alors M. P. Gervais revint sur la question; il affirma que, *d'une façon générale*, cette résistance n'avait pas varié. « Je puis, dit-il, en donner l'assurance à M. Armand Gautier, et je voudrais que M. Castel et M. Couderc la donnent également. »

Or, MM. Castel et Couderc, ainsi interpellés directement, gardèrent un silence significatif. M. Couderc ne pouvait d'ailleurs se déjuger puisque, dès 1887, il avait écrit que le greffage modifie les résistances. « Il n'est pas douteux, dit en effet ce viticulteur, que la greffe ne diminue d'une façon notable la résistance phylloxérique, comme le fait du reste toute opération entravant le libre-échange entre les feuilles et les racines. »

D'ailleurs, M. Prosper Gervais savait bien qu'il se trompait en affirmant l'immutabilité de la résistance phylloxérique ou du moins il ne se rappelait plus ce qu'il avait écrit dans son Rapport au Congrès. « La résistance phylloxérique, disait-il, est un attribut de l'individu dans l'espèce et non de l'espèce tout entière. » Or, une telle affirmation, c'est la négation pure et simple du caractère spécifique de cette résistance telle que l'a définie M. Viala.

N'est-ce pas aussi M. P. Gervais qui a écrit dans son travail sur *les champs d'expériences des Causses* que « la résistance phylloxérique a sensiblement diminué; quand l'affinité est défectueuse, le greffon déprime le sujet »?

Tous ces documents sont bien instructifs. Si la trinité Riparia, Rupestris et Berlandieri a remplacé aujourd'hui la trinité défaillante Riparia, York-Madeira et Jacquez, peut-on dire qu'elle résistera elle-même indéfiniment aux effets du greffage? Il est avéré que nombre de Riparias meurent sous l'action combinée du greffage et de l'adaptation et sans doute aussi du phylloxéra. Après le krach du Riparia, on a parlé du krach du Rupestris; quant au Berlandieri, il est à peine employé. Ce n'est pas d'aujourd'hui que la situation inquiète les viticulteurs et plus d'un ont tenté de voir, dans certains cas de dépérissement, l'action du phylloxéra comme autrefois pour le Jacquez et l'York.

Des vignes américaines, considérées comme très résistantes, ne se maintiennent greffées qu'à l'aide de sulfurages, tout comme les vignes françaises. M. Bellot des Minières rapporte qu'on sulfure autant de vignes greffées que de vignes françaises. Et il y a même des faits officiels. M. Couanon, inspecteur général de la viticulture, cite d'après M. d'André, professeur départemental d'agriculture, des vignes greffées qui, dans les Pyrénées-Orientales, à la suite de la sécheresse de l'été, n'ont pu être maintenues qu'en les traitant au sulfure de carbone ([1]).

Or, en 1903, au Congrès de Rome ([2]), M. Ravaz qui n'avait cependant point protesté contre les faits rapportés au Congrès de Lyon, exposait en ces termes le dogme du maintien absolu de la résistance phylloxérique :

« Une propriété qu'il importe de rendre immuable, qui est la seule justification ([3]) de l'introduction des vignes américaines dans nos vignobles, *la résistance au phylloxéra*, ne s'est point modifiée par la greffe. D'ailleurs, s'il pouvait en être autrement, il y a longtemps qu'on le saurait. Les vignes greffées n'occu-

---

([1]) Couanon. — *Rapport sur l'état de la viticulture en 1904* (Bulletin mensuel de l'*Office de renseignements agricoles*, juin 1905.)

([2]) Ravaz. — *Les Effets de la greffe* (Congrès de Rome, 1903).

([3]) Si l'immutabilité de la résistance phylloxérique est ainsi l'unique raison d'être de la reconstitution, que faut-il penser des autres avantages du greffage que M. Ravaz signalait complaisamment dans son Rapport au Congrès de Lyon? (Voir p. 125 de ce Mémoire.)

pent pas seulement quelques fractions d'une plate-bande de jardin ; elles couvrent une surface de près de deux millions d'hectares ; elles ne sont pas seulement représentées par quelques plantes élevées sous cloche ; elles sont au nombre de plus de deux milliards, poussant dans les sols et sous les climats les plus variés.

» Et si j'ajoute que non pas un, mais des milliers d'observateurs en surveillent chaque jour la croissance, on conviendra qu'un fait de l'importance de celui dont on admet la possibilité, et qui non seulement serait possible, mais encore très fréquent, d'après M. Daniel, un tel fait, dis-je, eût difficilement échappé à l'examen le plus superficiel. L'expérience et l'expérimentation sont donc ici d'accord et c'est une raison de plus de croire à l'immutabilité de la résistance phylloxérique du sujet et du greffon. »

Ces affirmations ne concordent guère avec les données qui ont été exposées sur les relations de la vigne et du phylloxéra dans la première partie de cet ouvrage, et dans laquelle l'immutabilité de la résistance phylloxérique a été démontrée impossible sous l'action de la double acclimatation du parasite et de la vigne américaine.

Elles ne concordent pas davantage avec l'opinion de MM. Viala et Ravaz, qui admettent ([1]) que la greffe modifie la résistance phylloxérique et que les vignes greffées sont plus sensibles au phylloxéra.

Mais je n'ai pas seulement à mettre M. Ravaz en contradiction avec lui-même ; il me faut encore faire ici des réserves et des critiques concernant le dogme et la méthode qui lui a servi pour l'appuyer.

1° Il semblerait, d'après les affirmations si catégoriques de M. Ravaz, que, dans le vignoble reconstitué, personne n'avait jusqu'en 1903 observé de changements dans la résistance phylloxérique des vignes américaines. M. Ravaz ne pouvait ignorer les cas que j'ai rapportés ; du moins une partie d'entre eux lui étaient bien connus, par exemple, ceux cités par MM. Oberlin, Michon et Grimaldi au Congrès de Lyon, tant vis-à-vis des vignes américaines et des vignes françaises autonomes que vis-à-vis des vignes greffées, puisqu'il assistait à ce Congrès et prenait part aux discussions. Il n'ignorait pas davantage l'histoire du Jacquez et de l'York-Madeira, d'abord résistants, puis passant du sommet au bas de l'échelle de résistance phylloxérique. Comment se fait-il qu'il n'ait tenu aucun compte de ces faits opposés à sa façon de voir ?

2° M. Ravaz cite à l'appui de ses vues des expériences qu'il a faites en 1902 à Montpellier et dans lesquelles il n'a constaté aucune variation. Ses expériences négatives ne prouvent rien contre un fait positif, dont l'existence ne saurait être niée ; elles n'ont d'intérêt que s'il s'agit de rechercher le degré de fréquence de ce fait. En admettant que les expériences de M. Ravaz aient été faites d'une façon vraiment sérieuse, il n'avait pas le droit de les généraliser ; il devait dire : « Les expériences que j'ai faites, sur telles vignes et dans telles conditions, à l'École de Montpellier, ne m'ont montré aucun changement dans la résistance phylloxérique, » et c'est tout. Il ne pouvait logiquement aller plus loin et parler des deux milliards d'autres vignes dont il ne connaissait pas la manière de se comporter par rapport à la résistance.

3° Examinons maintenant les expériences mêmes sur lesquelles l'auteur s'appuie pour généraliser illogiquement ses conclusions. Elles prêtent prise à la critique sur plus d'un point. Elles ont été faites une seule fois, en 1902. Si une expérience positive suffit pour établir l'existence d'un fait, il n'en est pas de même quand il

---

([1]) VIALA et RAVAZ. — *Les Vignes américaines*, loc. cit.

s'agit d'en démontrer l'impossibilité (¹). Il eût été indispensable, pour poser des conclusions sérieuses, même par rapport au degré de fréquence, de répéter ces expériences négatives un grand nombre de fois. Mais M. Ravaz était pressé, sans doute, et plus pressé de détruire l'effet produit par ma communication au Congrès de Lyon que de faire œuvre sérieuse.

Pour faire ses comparaisons, M. Ravaz s'est servi, dit-il, de francs de pied français et américains. Il existe encore des francs de pied français vierges de tout greffage ; en est-il de même pour les vignes américaines introduites dès les débuts de la reconstitution? L'on sait que M. Ravaz a malheureusement détruit la collection de vignes américaines instituée à l'École de Montpellier, juste au moment où je venais d'être chargé de mission à l'effet d'étudier les changements dus au greffage de la vigne, c'est-à-dire au moment où ce document m'eût été très utile pour juger du maintien de la résistance phylloxérique de toutes les espèces américaines importées dans cette station. Je suis persuadé qu'il ne faut voir entre la suppression inopportune de cette collection d'un puissant intérêt documentaire (²) et ma mission viticole qu'une coïncidence fâcheuse. Mais des esprits grincheux y verront peut-être la suppression volontaire d'un document compromettant pour l'immutabilité phylloxérique, étant donné que, disent des gens bien renseignés, certaines vignes américaines, à haute résistance théorique, se comportaient mal pratiquement dans la phylloxérière de l'École et n'avaient pu être maintenues que par greffages successifs sur variétés plus résistantes.

Or, si les vignes américaines utilisées par M. Ravaz avaient ainsi été greffées ou même bouturées à plusieurs reprises, elles ne pouvaient servir à une comparaison rigoureuse. Et l'auteur ne dit pas si, dans ses expériences, il s'est servi de vignes vierges de tout greffage ou bouturage.

4° Dans son tableau, donnant ce qu'il appelle l'état phylloxérique, M. Ravaz ne fournit aucun chiffre, mais des signes + ou — pour chaque essai comparatif. Sauf pour l'Aramon (³), il y a concordance absolue entre l'attaque des boutures, qu'elles viennent du franc de pied ou des greffés. Cette concordance absolue sur laquelle il appuie complaisamment son argumentation est précisément un caractère plutôt fâcheux, qui donnerait même des doutes sur la sincérité de l'expérience. Le phylloxéra, ainsi que chacun sait, est un être extrêmement capricieux dans ses attaques, qui manifeste des préférences irraisonnées pour une racine ou pour un cep à l'exclusion d'autres, et c'est ce qui rend si difficile l'appréciation des résistances. Pour que les boutures de l'École de Montpellier aient été attaquées avec une si parfaite régularité, il faudrait un ensemble de conditions artificielles très difficiles à établir et que n'a pas réalisées l'expérimentateur puisqu'il n'en parle pas.

5° Les tableaux de l'état phylloxérique sont encore instructifs à un autre point de vue. M. Ravaz s'est servi de vignes françaises greffées sur *trois* vignes américaines seulement : Riparia, Rupestris, York. Mais il n'a noté que l'état phylloxérique du Riparia et du Rupestris; il a oublié d'expérimenter sur l'York ou bien il n'a pas donné les résultats concernant le bouturage de ce cépage. Semblable oubli est d'autant plus regrettable et d'autant plus singulier que l'York est précisément ce cépage américain qui, considéré au début comme aussi résistant que le Riparia,

---

(¹) C'est en effet aux expériences négatives, non aux faits positifs, qu'on peut adresser le reproche de ne rien prouver parce qu'elles portent sur un petit nombre d'exemplaires. Cette partie de la critique que m'a adressée M. Ravaz non seulement tombe à faux, mais se retourne contre lui qui a employé précisément la méthode expérimentale qu'il reproche à tort aux autres.

(²) Peut-être cet intérêt est-il d'ordre plutôt historique que scientifique, car un fonctionnaire agricole très compétent en viticulture m'écrivait un jour, en m'autorisant à publier son appréciation, que la tenue et l'étiquetage de la susdite collection laissaient fort à désirer.

(³) Pourquoi, après avoir noté dans le tableau quelques différences, l'auteur n'en tient-il aucun compte ensuite dans ses conclusions ?

est aujourd'hui de résistance faible et proscrit des cultures, ainsi qu'il a été dit précédemment. Cette lacune, dans une expérience qui porte d'ailleurs sur un très petit nombre d'essais et de vignes, suffirait à enlever toute valeur probante aux résultats négatifs indiqués.

6° Peut-être me dira-t-on que la discussion que je viens de faire eût été mieux à sa place à l'étude des variations spécifiques, M. Ravaz ayant eu sans doute en vue la critique de l'expérience de M. Jurie sur la transmission de la résistance phylloxérique. Dans la plupart des cas, cet auteur et les partisans du greffage ont essayé d'établir une confusion entre la variation spécifique et la variation de nutrition générale. M. Ravaz a parlé de l'immutabilité absolue de la résistance phylloxérique sans faire aucune distinction entre ces deux sources de variations. C'est la raison pour laquelle j'ai répondu ici à ses objections, tout en me réservant d'ajouter, au chapitre des variations spécifiques, de nouveaux faits positifs à ceux qui ont montré déjà l'existence de changements de résistance à la suite des variations de nutrition générale dans certaines vignes greffées.

7° Enfin il me faut protester contre une légende. En disant que j'ai présenté la variation de la résistance phylloxérique comme un fait très fréquent, M. Ravaz commet une erreur que je veux croire involontaire. J'avais cité un seul fait de variation à l'époque (1903) où M. Ravaz écrivait son rapport; je n'avais pas dit un mot de la *question de fréquence*. J'avais parlé d'augmentation possible de la résistance, je n'avais pas parlé de la diminution possible de cette résistance, ainsi qu'il est facile au lecteur de s'en assurer en compulsant les comptes rendus du Congrès de l'hybridation (Lyon, 1901). Je revendique hautement la responsabilité pleine et entière de ce que j'ai écrit, mais non de ce que l'on me fait dire; et je ne puis admettre en aucune façon que l'on me fasse généraliser ce que, par une réserve toute naturelle, je présente comme un cas particulier.

Ce procédé de discussion, qui consiste à dénaturer les écrits de l'auteur dont on veut combattre l'argumentation, n'a pas, en science viticole, été particulier à M. Ravaz en ce qui me concerne. On en pourra juger par les documents suivants.

Voici ce que j'écrivais en 1904 à propos de l'immutabilité de la résistance phylloxérique ([1]):

« Le raisonnement seul montrerait qu'en affirmant ainsi l'immutabilité absolue de la résistance phylloxérique après greffage on s'est avancé sans preuves suffisantes. Il paraîtrait bien surprenant que des symbioses, où les conditions biologiques varient non seulement suivant les conditions extérieures, mais encore suivant la nature spécifique des greffons et des sujets, aient une même résistance aux parasites, quand on sait que la réceptivité varie toujours suivant l'état de santé de l'individu. Or, rien ne prouve *a priori* que l'adaptation de la vigne américaine à ses nouvelles conditions d'existence n'ait pas modifié, de suite ou à la longue, sa résistance phylloxérique.

» Cela paraît assez improbable, d'autant plus qu'il existe un exemple contraire. En 1901, en me rendant au Congrès de Lyon, j'ai constaté chez M. Jurie, de Millery (Rhône), une transmission très nette de la résistance phylloxérique d'un sujet Cordifolia Rupestris à son greffon, le 340^A Jurie. Ce greffon était absolument indemne, quand les 340^A bouturés comme témoins et placés dans des conditions identiques étaient fortement attaqués. Ce fait a d'ailleurs été contrôlé par M. Millardet dont personne ne mettra en doute l'impartialité et les connaissances viticoles.

» J'ai trop le souci de la probité scientifique et l'habitude de me défier des

---

([1]) L. DANIEL. — *Premières notes sur la reconstitution du vignoble français par le greffage* (Revue de viticulture, 1904).

généralisations pour en faire une ici en me basant sur un fait isolé. Mais ce fait n'en montre pas moins que la prétendue immutabilité de la résistance phylloxérique n'est pas *absolue*, comme on l'affirmait avec une énergie digne d'une meilleure cause. Pour tirer des conclusions pratiques de cette première constatation, il est nécessaire de connaître le degré de fréquence de pareils faits. S'ils sont une rare exception, il n'y a pas lieu de s'en préoccuper pratiquement outre mesure. Ce serait tout le contraire s'ils étaient relativement fréquents ou si la résistance s'atténuait à la longue.

» Or, je le répète, jusqu'ici la question reste entière scientifiquement. Pour résoudre ce problème du maintien ou de la variation de la résistance phylloxérique des porte-greffes, il faut que l'on établisse *comparativement*, dans des régions et des sols variés, de nombreux champs d'expériences où l'étude de la résistance soit faite avec le plus grand soin, en éliminant toutes les causes de variations autres que la greffe elle-même. »

En écrivant ces lignes, j'étais resté, je crois, dans les limites de la réserve scientifique et de la prudence que doit montrer celui qui étudie les faits sans parti pris d'aucune sorte. Je ne généralisais pas; je me bornais à poser un point d'interrogation, tout en apportant un premier fait positif à la solution de la question. Et voulant empêcher désormais toute fausse interprétation de mes idées, je protestais contre la façon de faire des gens qui me faisaient « *généraliser malgré moi* ».

Or la *Revue de viticulture* qui publiait mon rapport, le faisait précéder, sans tenir compte de cette protestation formelle, des lignes suivantes, que je reproduis pour permettre au lecteur impartial de juger en connaissance de cause :

« Il est des faits d'influence, surtout de certains sujets sur le greffon, qui sont incontestables ([1]), mais il en est d'autres que M. Daniel généralise peut-être trop vite. » Il eût été au moins utile de citer ces faits que j'ai ainsi généralisés si vite; M. Viala ne les a pas indiqués et pour cause.

» Quant à ses vues sur la mutabilité de la résistance phylloxérique, ajoute la *Revue*, nous ne pouvons les admettre en aucun sens. Les caractères de résistance sont aussi fixes que tous les caractères de l'espèce ([2]). Ce n'est pas là un caractère accidentel qui puisse varier brusquement ou progressivement ([3]). M. Daniel *affirme* ([4]) la variation avec le temps de la résistance phylloxérique chez les porte-greffes américains qui la possèdent au plus haut point; c'est là une conclusion très osée et à laquelle, nous devons le lui dire pour rassurer les viticulteurs, les milliers d'hectares reconstitués depuis le début de la crise phylloxérique donnent le démenti le plus formel. »

Ainsi, c'est bien net. M. Viala, comme M. Ravaz, ignore les variations de résistance du Jacquez, de l'York-Madeira, etc. Les milliers d'hectares reconstitués ne sont cependant pas aussi muets qu'il veut bien le dire; j'en ai donné la preuve par les citations déjà rapportées, et qui sont antérieures à la discussion soulevée au Congrès de Lyon.

Il est facile d'en trouver d'autres. M. P. de Salvo m'a cité le cas des Riparias

---

([1]) Comme on le voit, la *Revue de viticulture* admet ce que nie M. Ravaz. Il est bien regrettable qu'elle reste dans le vague et ne précise pas ces faits incontestables d'influence.

([2]) Quels sont les caractères spécifiques invariables d'une façon absolue dans les plantes? L'argument est sans valeur.

(3) Comment concilier cette fixité absolue avec l'hypothèse de M. Viala considérant la résistance phylloxérique comme le résultat de la sélection naturelle en Amérique? Chacun sait combien les sélections sont difficiles à conserver si l'on fait varier le milieu où elles ont pris naissance (voir p. 13 de ce Mémoire). Comment expliquer que l'on observe, d'après MM. Viala et Ravaz, dans la généralité des cas, à la suite du greffage de la vigne, une sensibilité plus grande au phylloxéra et une diminution de la vigueur du système radiculaire?

([4]) Comparer cette version avec ce que j'ai dit en réalité.

qui, en certains points de la Sicile, ont succombé au phylloxéra et à la chlorose après greffage, quand, dans le même terrain, ils continuaient à bien prospérer francs de pied.

M. Couderc m'a affirmé que le Clinton est comme le Jacquez; une fois greffé, il ne résiste plus au phylloxéra.

M. Serlupi, le viticulteur italien bien connu, écrivait tout récemment (1) que la résistance phylloxérique est extrinsèque, c'est-à-dire dépend des circonstances et du milieu, et il citait des faits à l'appui de ses façons de voir :

« Sur les coteaux de Pise, dit-il, à sols argileux, profonds et fertiles, mais très secs et compacts, le Riparia Gloire succombe comme le plus humble Vinifera ; au contraire le Terras 20, le Jouffreau, le Seibel 1 y sont pleins de vigueur à l'âge de six ans. Les Riparias, eux, mouraient à quatre ans, et *leur dépérissement commença dès qu'ils furent greffés*. Sur ces mêmes coteaux, le Jacquez et le Clinton sont superbes à l'âge de douze ans. La résistance extrinsèque, dans ces circonstances spéciales, est très élevée chez les hybrides et nulle chez le Riparia. »

Pour cet auteur « les dogmes trop absolus sont souvent trompeurs. Par exemple, le dogme de l'immutabilité spécifique après la greffe et celui de l'immutabilité de la résistance phylloxérique après greffage ont été démentis par les faits ».

Comme j'aurai l'occasion, au chapitre des variations spécifiques, de décrire des exemples probants d'augmentation de la résistance phylloxérique après greffage, je borne pour le moment ces citations ; elles suffisent à montrer amplement que l'argument « des milliers d'hectares reconstitués depuis le début de la crise phylloxérique », bien qu'il soit passé à l'état de cliché, ne donne point un démenti à mes théories, quoi qu'on en dise.

Le phylloxéra n'est pas le seul insecte dont les attaques soient devenues plus vives vis-à-vis de la vigne depuis la reconstitution.

« Le *Cossus* gâte-bois, dit M. Valéry-Mayet (2), attaque les vignes qui souffrent. Dans le Midi, dans le Bordelais, les vignes qu'il attaque sont probablement affaiblies par une mauvaise soudure du greffon. Avant le greffage, ce mal était inconnu. »

L'on peut encore citer le fait suivant, rapporté par M. Pacottet (3), en 1902, à propos de la maladie rouge. Cet auteur raconte que M. Viala et lui ont observé maintes fois, en 1901 et 1902, « les attaques plus vives du Tétranyque tisserand sur les vignes surchargées de récolte ou ayant souffert dans leur développement ». Or, c'est bien le cas de la plupart des vignes greffées, ainsi qu'il a été dit précédemment.

Enfin, j'ai déjà signalé la responsabilité encourue par le greffage par la propagation de la Cochylis et de l'Eudemis. Ces insectes déposent leurs œufs dans les régions serrées de la grappe, là où les jeunes larves seront à l'abri de la lumière. Le greffage qui, dans la majeure partie des cas, augmente les dimensions de la grappe et la rend en même temps plus compacte, favorise donc le développement de la Cochylis et de l'Eudemis, et l'on comprend que les attaques de ces insectes aient, dans ces dernières années, causé de sérieux dégâts dans les vignobles greffés.

Citons encore, d'après M. Giard, membre de l'Institut (4), le fait suivant qui montre que la nature spécifique des variétés de vignes greffées joue un grand rôle dans les questions de résistance comparée à certains insectes.

---

(1) Marquis Girolamo Serlupi. — *Où en est l'étude pratique des hybrides en Italie* (Revue du vignoble, p. 705, juin 1906).
(2) *Revue des hybrides*, août 1902.
(3) Pacottet. — *La maladie rouge* (Revue de viticulture, 13 septembre 1902).
(4) A. Giard. — *Un insecte parasite des pousses de la vigne : Emphytus tener* (Revue de viticulture, 1904).

« M. A. Peineau, dit-il, signale une particularité qui mérite de retenir l'attention des viticulteurs à propos de l'*Emphytus tener* : c'est que plusieurs milliers de Muscadets greffés sur Riparia × Rupestris 101^{14} ont été atteints et les porte-greffes sont morts après les greffons, tandis que, dans le voisinage immédiat et des conditions identiques, des Chenins blancs et des Folles blanches sur le même sujet ont parfaitement résisté. »

Il est très probable que des observations du même genre pourraient être faites sur les variations de résistance des vignes greffées sur des sujets différents par rapport à un même parasite animal. Mais l'attention des observateurs n'ayant pas été suffisamment attirée sur ce point particulier, l'on ne possède que peu de documents s'y rapportant.

2. Résistance aux maladies cryptogamiques.

Nombre d'effets physiologiques du greffage, qui ont été étudiés plus ou moins dans le premier fascicule de ce Mémoire, ont été décrits par divers écrivains viticoles : brunissure, gommose, rougeot, thyllose, folletage, etc. L'on a longtemps été porté à voir dans la plupart de ces affections des maladies cryptogamiques provoquées par des végétaux inférieurs, d'ailleurs mal définis.

Dès 1898 et plus tard en 1902, j'avais, d'après les résultats généraux de mes études sur le greffage, émis l'idée que beaucoup de ces prétendues maladies n'étaient autre chose que la résultante des déséquilibres de nutrition causés par le bourrelet et la différence de capacités fonctionnelles entre le sujet et le greffon chez les vignes reconstituées.

Cette idée a fait son chemin. Si le nombre de ceux qui voient partout dans les maladies de la vigne greffée une invasion parasitaire va en diminuant chaque jour, on n'en est pas encore arrivé dans certains milieux à reconnaître franchement que l'apparition de ces accidents est la conséquence pure et simple des troubles de la nutrition des vignes greffées.

Le mot d'ordre est de ne pas toucher au greffage : les vignes greffées peuvent mourir sous l'influence de la surproduction, de traumatismes, de modifications importantes dans les conditions vitales, de variations climatériques, mais le greffage n'y est pour rien. Si l'on ne peut trouver d'autre bouc émissaire, on rejette la responsabilité sur les mauvaises soudures.

Il a été suffisamment démontré dans les pages précédentes concernant la nutrition des vignes greffées, que les déséquilibres excessifs ou modérés dans le régime de l'eau ont une répercussion directe sur la santé et la durée de ces plantes pour ne pas avoir à y revenir.

Je m'occuperai donc exclusivement des maladies d'origine nettement parasitaire, de la responsabilité de la reconstitution dans l'introduction de ces maladies et des variations que le greffage a pu provoquer dans l'intensité relative de leur attaque vis-à-vis des vignes françaises ou américaines.

La viticulture doit à la reconstitution l'introduction dans le vignoble français de maladies très redoutables, devenues autrement inquiétantes que le phylloxéra tant pour la santé des vignes que pour la qualité et la conservation des vins.

Si le pourridié, l'anthracnose, la pourriture grise, etc., sont des parasites indigènes, l'oïdium, le mildew, le black-root, etc., sont d'origine américaine. Personne ne conteste qu'ils aient été introduits par les vignes américaines importées en France pour la reconstitution (mildew, black-root) ou avant la reconstitution (oïdium). Même pour ce dernier, la reconstitution est responsable de l'introduction de la forme sexuée *(Uncinula spiralis)*, vu que ce parasite n'avait été signalé en France que sous la forme asexuée *(Erysiphe Tuckeri)* avant 1893, époque où M. Couderc découvrit le premier l'*Uncinula spiralis,* qui avait jusqu'alors échappé aux observations.

Et, s'il faut s'en rapporter à ce dernier auteur, bien placé et bien compétent pour en juger, cette importation a eu des conséquences désastreuses.

« Le champignon de l'oïdium se compose de deux formes, dit-il [1] : une forme mâle et une forme femelle. En 1840, une de ces deux formes, soit la mâle, soit la femelle, a été importée en Europe. Elle avait toute sa vigueur, s'est répandue partout et a fait, aussi bien dans le Nord que dans le Midi, les ravages que l'on sait.

» Depuis lors, cette forme s'est reproduite exclusivement sous le type asexué, c'est-à-dire par conidies. Elle a perdu peu à peu sa vigueur, et, les sels de cuivre aidant (car ils ont une action faible, mais certaine), l'oïdium est arrivé, là où il y a peu de générations, à être pratiquement inoffensif [2].

» En 1893, je trouvai, pour la première fois, les fructifications sexuées de l'oïdium (périthèces). Il est très peu probable qu'il en ait existé auparavant, car les plus grands savants ont étudié le champignon à cause des ravages qu'il occasionne, et certainement ces fructifications n'auraient pas passé inaperçues.

» J'attribuai, en 1893, la formation des fruits ascosporés à des conditions particulières de température, mais depuis, tous les ans, et quelles que soient les années météorologiques, ils se sont constamment produits. La recrudescence de l'oïdium dans chaque région a coïncidé avec leur apparition dans l'Ardèche et les départements voisins en 1893, dans le Saumurois et l'Anjou en 1895...

» La cause me paraît être que, vers 1891 ou 1892, la forme autre que celle de 1840, soit la mâle, soit la femelle, a été à son tour importée d'Amérique, et que le champignon a pu ainsi se reproduire par copulation et former des fruits parfaits.

» L'oïdium a donc repris toute son intensité : 1° parce que, actuellement, il se retrempe tous les ans dans la génération sexuée; 2° parce qu'il a aujourd'hui ses organes normaux de conservation hivernale, les périthèces qui lui permettent de passer l'hiver à l'abri de toutes les causes de détérioration. Ce dernier facteur est moins important que le premier, puisque l'oïdium était déjà assez intense dans le Nord quelques années après l'importation de 1840.

» Si ces considérations sont justes, comme je le crois, nous n'avons pas d'espoir de voir désormais s'atténuer la gravité du fléau. »

Il est bon de faire remarquer ici que l'un des membres de la Commission supérieure du phylloxéra, M. Maxime Cornu, avait en 1873, 1877 et 1878, mis les viticulteurs en garde contre la possibilité de l'introduction du mildew par les vignes américaines. Il ne fut pas écouté, mais l'avenir devait lui donner malheureusement trop raison!

En outre, le greffage a provoqué des variations plus ou moins profondes dans la résistance des vignes à ces maladies anciennes ou récentes, ainsi qu'il sera facile de l'établir par la théorie et par l'expérience.

Considérons les maladies cryptogamiques du feuillage, de l'appareil reproducteur ou de la racine. Toutes sont plus ou moins favorisées par une augmentation de l'humidité. L'observation courante et l'expérimentation sont d'accord sur ce point.

« La chaleur et l'humidité, dit M. Viala [3], sont nécessaires au développement de l'*anthracnose;* l'influence de l'humidité est prépondérante. »

---

[1] G. Couderc. — *L'Oïdium (Revue des hybrides,* juillet 1900).
[2] Cela surtout grâce au soufre, qui est le meilleur antidote.
[3] Viala. — *Maladies de la vigne,* p. 216.

Le même auteur constate que ces deux conditions sont également très favorables au développement de l'*oïdium*, mais la chaleur est prédominante; c'est la chaleur humide qui est nécessaire.

D'après lui, le *mildew* (¹) est rare sur les coteaux. Il lui faut à la fois une grande humidité et une forte chaleur.

Le *black-root* (²) « est originaire d'Amérique, et son invasion est due à l'importation des vignes américaines à la suite de la crise phylloxérique.

» Une température et un état hygrométrique élevés sont nécessaires pour le développement du black-root... L'intensité de la maladie est en rapport avec l'humidité de l'atmosphère... »

MM. Viala et Pacottet(³) ont en outre établi expérimentalement l'influence favorable de l'humidité sur le développement du black-root, et ils concluent ainsi : « L'influence prépondérante de l'humidité ou de l'air humide, si bien constatée en Amérique et dans les vignobles du Sud-Ouest sur le développement du black-root, est par nos essais expérimentalement établie. »

On verra plus loin que l'action de l'humidité est non moins considérable sur l'intensité du développement de la pourriture grise, etc.

Ces données, fournies par de chauds partisans du greffage, font voir sans contestation possible que toute circonstance qui augmentera l'humidité du milieu interne dans une vigne donnée, franche de pied ou greffée, favorisera du même coup les maladies cryptogamiques(⁴).

L'on sait en outre que les parasites végétaux de la vigne se développent d'autant mieux que la plante nourricière est plus surmenée par la culture intensive et les fumures azotées. Cela est établi d'après des recherches précises, et personne ne met aujourd'hui en doute cette influence qui est constatée chaque jour sur les diverses plantes cultivées.

A propos de la pomme de terre, M. Parisot, professeur à l'École nationale de Rennes, a écrit (⁵) fort justement que « toute condition favorable à la production des hauts rendements est également favorable au développement de la pourriture et, inversement, toutes les conditions défavorables à l'abondance de la récolte sont défavorables à l'extension de la pourriture ».

Or, dans la lutte contre le phylloxéra, l'on a employé la submersion d'une part et le greffage, et l'on a usé et abusé de la culture intensive.

Les effets de la submersion sont bien connus, et j'ai montré déjà que la résistance des vignes submergées est atténuée par rapport aux maladies. D'autre part, j'ai établi, tant par l'observation que par l'expérience directe, que toute plante greffée avec la relation $\frac{C'v}{Ca} < 1$, vivant en milieu humide par conséquent, est plus sensible aux parasites cryptogamiques. J'en ai cité de nombreux exemples : carottes, pois, rosiers greffés, etc. Et, en faisant varier le rapport $\frac{C'v}{Ca} < 1$ en valeur absolue, j'ai pu, à volonté, amener la pourriture grise sur les pousses herbacées du greffon et du sujet dans des greffes en écusson de lilas sur de vieux pieds âgés. Le même résultat a pu être obtenu par un rabattement énergique de lilas âgés ou par des pincements dans lesquels on faisait varier le nombre des feuilles, comme aussi par des tailles incomplètes de poiriers, les

---

(¹) VIALA. — *Les Maladies de la vigne*, p. 62.
(²) *Ibid.*, pp. 158, 170 et 171.
(³) VIALA et PACOTTET. — *Revue de viticulture*, 28 juillet 1904.
(⁴) Ceci est général et s'applique aux maladies cryptogamiques des racines, de l'appareil végétatif aérien ou de l'appareil reproducteur.
(⁵) F. PARISOT. — *Du choix des semences de pommes de terre sur la pourriture des pommes de terre qui ne proviennent* (*Revue bretonne de botanique*, 1908).

champignons envahissant les parties de la plante où la taille incomplète avait concentré l'humidité ([1]).

Or, la reconstitution offre précisément un assemblage de causes qui conduisent à augmenter la réceptivité de la plante pour les maladies cryptogamiques. La vigne française, placée sur vigne américaine plus vigoureuse, épuisant les couches superficielles du sol, riches en humus naturel ou en aliments azotés fournis par les fumures intensives, réalise le cas $\dfrac{C'v}{Ca} < 1$, et par conséquent sa sensibilité aux maladies ne peut manquer d'en être accrue d'autant.

Il était à prévoir que, dans les années humides, la culture nouvelle, en modifiant le régime de l'eau, de l'azote, etc.; en faisant produire à la vigne française un feuillage abondant, masquant les fruits et donnant une ombre anormale sur les parties centrales de la plante, préparerait aux parasites *anciens* ou *nouveaux* un merveilleux terrain de culture.

C'est ce que je fis remarquer une fois de plus au Congrès de Rome en 1903 ([2]) :
« Il est tout naturel, disais-je, que le greffon, étant placé en milieu plus humide, se trouve livré aux maladies cryptogamiques. Celles-ci ont en effet pris dans ces derniers temps une intensité inconnue avant le greffage. En voulant préserver la vigne du phylloxéra, on l'a livrée aux Cryptogames : c'était tomber de Charybde en Scylla... »

Pourtant, malgré l'évidence et les faits, l'on a nié tout récemment, au Congrès d'Angers ([3]), la responsabilité du greffage dans le développement formidable des parasites de la vigne à l'époque actuelle, comparativement à ce qui existait avant la reconstitution.

A défaut d'études comparatives rigoureuses, une remarque suffirait à montrer que les viticulteurs savent tous à quoi s'en tenir à cet égard, même ceux qui ne veulent pas l'avouer.

Il est de notoriété publique, et cela ne sera contesté par personne, que, dans les premiers temps de la reconstitution, aucun viticulteur ne se préoccupait de la santé du feuillage ou du fruit de la vigne. Les hybrideurs cherchèrent d'abord la résistance phylloxérique, puis une meilleure adaptation au sol et au climat, concurremment avec la qualité et la quantité des raisins dans leurs hybrides. C'est seulement dans ces derniers temps que, en présence des dégâts inquiétants causés par les Cryptogames parasites anciens ou nouveaux et de l'obligation croissante de traitements onéreux de plus en plus nombreux et aléatoires, les hybrideurs ont placé au premier rang de leurs préoccupations la résistance de l'hybride à tel ou tel parasite de l'appareil végétatif ou de l'appareil reproducteur.

C'est ainsi que M. Couderc, ayant, à ses débuts dans l'hybridation, obtenu des demi-sang américo-américains très résistants par leur feuillage, les avait rejetés bien qu'ils fussent de bons producteurs directs greffés et ne donnant pas lieu aux sulfatages.

Je sais bien que l'on a nié aussi l'augmentation de la virulence des maladies cryptogamiques, leur aggravation pourtant constatée de tous côtés. A cette négation se charge d'apporter une réponse l'observation courante des viticulteurs, même partisans du greffage, car ils savent à leurs dépens qu'il devient de plus en plus difficile et coûteux de défendre efficacement leurs vignes.

([1]) L. Daniel. — *La théorie des capacités fonctionnelles*, Rennes, 1902, et Notes diverses. Voir aussi le fascicule I de ce Mémoire.

([2]) L. Daniel. — *Quelques mots sur la greffe* (Congrès de Rome, 1903).

([3]) Ce Congrès, organisé, dit la *Feuille vinicole de la Gironde* (1908), « dans le but évident de défendre la viticulture officielle contre les attaques directes qui lui sont portées par les théories de Daniel, » a été conduit, comme il fallait s'y attendre, avec une partialité telle et un désir si évident d'étouffer la vérité qu'il a provoqué des protestations même chez les partisans du greffage.

M. de Biermont([1]), dans la Drôme, dit que « le public viticole est las de ces traitements onéreux appliqués à des vignes dont les vins ne se vendent pas ou se vendent mal ».

« La résistance aux maladies cryptogamiques, dit M. Bérard ([2]), a une importance autrement grande que la résistance au phylloxéra, car la dépense annuelle de la lutte contre oïdium, mildew et black-root égale presque la dépense en capital exigée par le greffage. »

Dans l'Isère, d'après M. Giraud ([3]), « les maladies cryptogamiques prennent de plus en plus une marche foudroyante. Autrefois le mildew et l'oïdium apparaissaient d'une façon lente, mais continue. A l'heure actuelle, l'attaque est devenue presque irrésistible. On dirait que ces maladies ont adopté une nouvelle manière, une nouvelle formation de combat. Il n'est plus rare d'apercevoir le matin, après une pluie nocturne, les ceps couverts de taches de mildew sans que la veille aucun indice ait été constaté. Il est certain qu'à l'heure actuelle les champignons sont constamment à l'état latent. »

« En 1903 ([4]), le black-root se distingue dans la vallée de la Garonne, son principal centre en France, par une violence inusitée et des ravages exceptionnels. »

M. Bachelier ([5]) constate qu'en 1905 « le vignoble nantais a eu beaucoup à souffrir des maladies cryptogamiques. Les Gros Plants greffés, principalement, ont été très maltraités par le mildew de la grappe qui leur a fait perdre les deux tiers de leur récolte. »

Dans l'Indre-et-Loire, M. Ch. d'Espaigne ([6]) signale une « attaque très intense du mildew de la grappe qui ne s'était jamais montré aussi actif, au moins dans cette contrée; sulfatages sur sulfatages n'ont pu arrêter le mal; c'est le principal facteur du déficit de l'année 1905 ».

« L'anthracnose, écrit M. Pacottet ([7]), n'est pas, comme le mildew, l'oïdium, le black-root, etc., une maladie importée d'Amérique avec les cépages de ce pays; c'est, au contraire, une des maladies les plus anciennes dont souffre la vigne en Europe. L'attention a été plus particulièrement attirée sur elle par le fait même des recherches et des observations innombrables qu'ont suscitées la reconstitution du vignoble, la lutte contre les maladies citées plus haut. Il est certain aussi que les anciens vignerons avaient cessé de cultiver les cépages sensibles à l'anthracnose, là où la maladie sévissait le plus. Durant la reconstitution, on a modifié l'encépagement, étendu les vignobles de plaine souvent visités par cette maladie, si bien que le mal a frappé durement quelques vignobles ainsi créés. Il se peut aussi que les foyers de contagion ainsi établis aient donné à la maladie une recrudescence nouvelle, qui persistera jusqu'à ce que la modification de l'encépagement ou la disparition des vignobles aient éteint ces centres de développement et de propagation. »

A Barbezieux, dans la Charente, M. Guéraud de la Harpe ([8]) a observé que, « après le printemps très humide, l'été est arrivé avec une température également défavorable. Des pluies sans fin ont permis aux maladies de toutes sortes de se développer : l'oïdium, le mildew, tous les rots et la pourriture grise ont sévi avec intensité. De toutes ces maladies, c'est l'oïdium qui a fait le plus de ravages. Les soufrages n'ont pas eu sur lui tous les effets qu'on en espérait. »

([1]) *Revue de viticulture*, 1905.
([2]) Bérard. — *Au pays des producteurs directs* (*Revue de viticulture*, 1905).
([3]) *Revue de viticulture*, 1905.
([4]) *Revue des hybrides*, 1903.
([5]) *Ibid.*, 1906.
([6]) *Revue de viticulture*, 21 septembre 1905.
([7]) Pacottet. — *L'Anthracnose* (*Revue de viticulture*, 7 janvier 1904).
([8]) *Revue de viticulture*, 1904.

MM. Guillon et Gouirand (¹) indiquent que, « depuis quelques années, l'oïdium est plus intense qu'autrefois et que, chaque année, il prend un développement plus inquiétant. »

Dans le Var, d'après M. Giboin (²), « le mildew et l'oïdium ont envahi certains cépages avec une rage vraiment meurtrière et que ni sulfatages ni soufrages n'ont pu dompter. Ainsi, des Carignanes qui ont été sulfatés six à sept fois et soufrés une douzaine de fois, ont eu leur récolte presque entièrement détruite. Un pareil résultat vient ébranler la confiance que l'on avait en l'efficacité de tous ces remèdes anticryptogamiques que l'on avait prodigués à profusion cependant...

« Le mal qu'a fait le mildew dans notre région est immense. Aussi le découragement a envahi le cœur de nos populations rurales... »

« Depuis l'invasion phylloxérique, rapporte M. Fontaine (³), beaucoup de vignobles français ont déserté les coteaux trop secs pour prendre place dans les vallées où le sol est plus profond et plus fertile. C'est le cas de la région crétacée du Sud-Ouest. Mais il arrive souvent que les rivières, les ruisseaux courant dans ces bas-fonds rendent les terres trop humides pour une culture aussi délicate que celle de la vigne à l'égard des maladies cryptogamiques. »

Et il conseille le drainage pour obtenir un milieu sain.

En 1902, M. de Fillol (⁴) avait remarqué que des vignes placées sur un sous-sol traversé par des nappes d'eau souterraines alimentant un étang voisin, avaient une végétation luxuriante, beaucoup plus qu'ailleurs, même privées d'engrais.

La végétation était plus précoce. Mais chaque année, l'oïdium et le mildew de la grappe envahissaient cette région maudite.

M. de Fillol pense que la végétation excessive et déréglée de la vigne est causée par l'humidité et l'excès des fumures, ce qui met la plante dans des conditions de réceptivité plus grande vis-à-vis des maladies cryptogamiques.

M. F. Vassillière (⁵), professeur départemental d'agriculture de la Gironde, a observé que les fumures azotées ont prédisposé certaines vignes au black-root.

Dans le Gard, on a constaté (⁶) des phénomènes du même genre ; toutes les fumures augmentent considérablement le développement du mildew. Parmi les engrais qui favorisent le mildew, le black-root, il faut placer en première ligne celui qui donne en cette région les plus beaux résultats pour la fructification : le nitrate de soude.

« Les feuilles des vignes fortement fumées sont beaucoup plus fines et complètement dépourvues de rugosités. Les bouillies glissent facilement sur elles sans pouvoir s'y fixer. Tous les champignons y pénètrent plus facilement. »

Enfin j'emprunte, pour terminer ces citations que je pourrais allonger s'il en était besoin, les lignes suivantes de M. J. de Bouttes (⁷) qui sont bien suggestives :

« En 1898, dit cet auteur, les viticulteurs venaient de traverser deux années consécutives de terribles invasions. Les viticulteurs du Gers, en particulier, venaient de perdre les 4/5 de leur récolte, malgré les innombrables traitements cupriques. Ils vinrent à Toulouse (au Congrès viticole) où ils entendirent discuter longuement sur les effets plus ou moins problématiques du sulfate de cuivre appliqué au black-root. La viticulture officielle ne voulut pas dénoncer publiquement cette efficacité toute relative du cuivre, dans la crainte de créer une

---

(¹) GUILLON et GOUIRAND. — *Invasions d'oïdium (Revue de viticulture*, 1903 et 1904).
(²) *Revue de viticulture*, 1903.
(³) FONTAINE. — *Le drainage dans les vignobles (Revue de viticulture*, 1904).
(⁴) *Revue de viticulture*, 13 septembre 1902.
(⁵) *Ibid.*, 1902.
(⁶) *Ibid.*, 1902.
(⁷) *Revue des hybrides*, p. 37, 1901.

panique viticole. C'était son devoir et elle fit bien (¹), mais elle n'ignorait pas que la crainte de se voir désarmé, ou à peu près, devant le terrible black-root avait envahi malgré elle l'esprit des viticulteurs ; elle aurait pu aiguiller les expériences des professeurs d'agriculture sur les cépages résistants aux maladies. Elle ne le fit pas, au contraire. »

» Elle a joué de bonheur, car pendant les années qui ont suivi, les circonstances atmosphériques *seules* ont enrayé le mal, au point que ces mêmes viticulteurs désespérés y ont gagné une assurance trompeuse.

» Qui pourrait soutenir que, favorisé par le mauvais temps, le black-root ne reparaîtra pas comme jadis? Le sulfate de cuivre sera-t-il plus efficace? »

Ces questions n'ont point aujourd'hui perdu de leur actualité, et la réponse leur a été fournie par les faits ; les maladies cryptogamiques, ainsi qu'on l'a vu par les citations précédentes, ne sont point aujourd'hui disposées à capituler ; loin de là, leur recrudescence n'est plus douteuse.

La responsabilité de la reconstitution n'est pas seulement en jeu par le déplacement du vignoble, passant du coteau dans la plaine, par l'emploi des fumures azotées, mais aussi par le *greffage à la quantité* qui a été jusqu'à ces dernières années l'unique préoccupation de tant de greffeurs.

J'en trouverai la preuve dans les écrits de nombreux professeurs ou viticulteurs qui, pour la plupart, sont cependant des adversaires déclarés de mes théories, tout aussi bien que dans ceux des partisans de ces mêmes théories.

Mais avant de citer des faits, concernant les variations de résistance aux parasites végétaux à la suite du greffage de la vigne, je dois, pour éviter tout malentendu, toute interprétation inexacte de ma pensée, préciser la méthode que l'on doit employer dans des études de ce genre.

Il faut partir de ce principe fondamental que l'appréciation de la résistance aux maladies cryptogamiques ne peut être faite qu'à l'aide d'expériences rigoureusement comparatives entre les francs de pied et les mêmes vignes greffées, toutes conditions égales d'ailleurs en dehors de la greffe.

Par conséquent, il faut avoir côte à côte, dans les mêmes conditions extrinsèques de milieu, des vignes de même âge, soumises aux mêmes procédés de culture, et sur lesquelles le phylloxéra et autres parasites animaux n'exercent pas une action déprimante ou l'exercent au même degré. Autrement l'on arrive fatalement à des conclusions sans valeur, faussées par la comparaison de données non comparables.

Au cours de mes divers voyages dans le vignoble, il m'a été donné plus d'une fois de voir de prétendues exceptions qui rentraient dans la règle quand on examinait avec soin toutes les données du problème.

« Voici un fait bien singulier et qui va à l'encontre de vos théories, me disait un jour un viticulteur en me montrant un vignoble important où alternaient de larges espaces de vignes greffées et de vignes franches de pied de même variété. Dans mes vieilles vignes se trouve un carré de vingt mètres environ de superficie qui se trouve toujours atteint par le mildew. Ce champignon envahit ensuite les vignes greffées, puis les autres vignes franches de pied. Pourquoi tous les francs de pied ne se comportent-ils pas de la même manière, si votre théorie est exacte? »

Il me fut facile de trouver l'explication de ce fait anormal. Le petit coin où les vignes franches de pied manifestaient une sensibilité particulière corres-

---

(¹) On saisit ici sur le vif l'existence du mot d'ordre et la méthode funeste qui consiste à cacher le mal au lieu de le guérir. Loin de l'approuver comme M. de Bouttes, je ne puis que flétrir pareil mensonge officieux, car trop souvent c'est ainsi qu'on engage l'avenir et que l'on empêche de prendre à temps les mesures nécessaires que comportent les graves situations.

pondait à une source souterraine, non visible à la surface, mais que l'on décelait par un sondage pénétrant dans le sous-sol, et qui baignait un espace restreint. Rien n'était alors plus logique que de voir le mildew atteindre ces vignes bien irriguées, à tissus plus aqueux par conséquent. Grâce à l'eau qui imprégnait constamment le sous-sol, elles étaient, comme les vignes submergées l'hiver, devenues plus sensibles aux maladies cryptogamiques.

Un autre propriétaire me faisait voir un jour des vieilles vignes françaises très atteintes par le phylloxéra et envahies par la pourriture grise, quand, un peu plus loin, la même variété de vigne greffée sur américains était moins endommagée. Le greffage semblait donc, à première vue, avoir augmenté la résistance à la pourriture grise. Il peut arriver évidemment qu'un greffage rationnel augmente ainsi les résistances, et nous en verrons plus loin des exemples. Mais ce n'était pas le cas. Outre que les vignes franches de pied étaient déprimées par le phylloxéra beaucoup plus que les vignes greffées, celles-ci occupaient le centre du vignoble, étaient en plein soleil toute la journée, quand les vignes non greffées, placées en bordure, étaient ombragées par un vaste rideau de pins.

Dans les questions d'augmentation ou de diminution de la résistance aux maladies cryptogamiques, il faut tenir compte de la nature du cépage et de la maladie que l'on envisage, aussi bien que des climats et des sols considérés. Telle vigne se maintient indemne dans une région et peut être attaquée dans une autre, suivant qu'elle rencontre ou non des conditions favorables à sa végétation normale. Un exemple en est fourni par l'Herbemont. Ce cépage ayant été, d'une façon *absolue*, considéré par M. Guillon comme très sensible aux maladies, cette affirmation a été combattue par M. Ulysse Molines, qui a montré par des faits que cette sensibilité est *relative* ([1]) :

« Un de mes clos d'Herbemont depuis 1880 et un autre depuis 1876 n'ont jamais été l'objet d'un traitement quelconque, et les raisins arrivent régulièrement en parfait état à maturité complète. Le feuillage ne laisse rien à désirer.

» Je me hâte de dire que mes Herbemonts sont plantés dans un terrain de diluvium alpin, à cailloux roulés reposant sur un tuf à faible profondeur... L'Herbemont est un cépage auquel il ne faut pas jeter la pierre, mais beaucoup de cailloux, car, dans les sols frais et d'alluvion, il s'emporte à bois au détriment du fruit. »

Et le même observateur ajoute : « Ce cépage me paraît d'autant plus jouir d'une résistance phylloxérique pratique que je le vois résister même en portegreffe. Il y a longtemps que j'ai pu observer et signaler ce fait que *tout plant greffé perd une quantité* x *de sa force de résistance.* »

Il va également de soi que l'on ne peut invoquer la présence d'une maladie atteignant le vignoble non reconstitué pour nier l'aggravation de cette maladie à la suite du greffage.

Le Dr Trabut ayant observé en Algérie une violente attaque de pourriture grise sur des vignes franches de pied *cultivées dans des conditions exceptionnelles d'humidité*, M. Viala en conclut aussitôt que cette attaque infirmait les idées sur la virulence de la pourriture grise due à l'action du greffage et à l'emploi des vignes américaines pour la reconstitution. Or c'est précisément le contraire, car cette attaque violente s'accorde parfaitement avec mes théories.

Il y a longtemps que Pascal a dit qu' « *un même effet peut être produit par plusieurs causes* », et que j'ai montré que la diminution ou l'augmentation d'une résistance au milieu extérieur ou aux parasites est fonction de la valeur relative

---

([1]) U. MOLINES. — *Sur l'Herbemont* (Revue de viticulture, 1905).

du rapport $\dfrac{C'v}{Ca} \lessgtr 1$, qui règle l'état biologique de chaque symbiose, comme aussi du rapport $\dfrac{Cv}{Ca} \lessgtr 1$, qui règle la nutrition générale de la plante autonome placée en milieu variable, et qui s'applique tout naturellement aux variations du régime de l'eau en particulier.

Dans le cas de la pourriture grise, toute cause qui augmentera l'humidité du milieu pour la vigne favorisera, *ipso facto*, le parasite aux dépens de son hôte. La culture en sol très humide, rendu plus humide encore par les pluies persistantes; le greffage sur vigne américaine fournissant plus de sève à son greffon, état qui s'accentue par les pluies, sont deux causes distinctes dans leur origine physique, mais qui, provoquant toutes les deux la pléthore aqueuse des tissus, conduisent à un même résultat.

Dire que cette pléthore aqueuse est sans influence sur la *réceptivité* de la vigne et sur la *virulence* relative du parasite, c'est aller à l'encontre de tout ce que l'on sait sur ce point en microbiologie.

Niera-t-on, par exemple, que la submersion des vignes agit sur leur résistance par rapport aux maladies? C'est un fait admis par tout le monde (voir p. 20). Or, en raisonnant à la façon de M. Viala, on pourrait tout aussi bien dire que le cas signalé par le Dr Trabut infirme les idées sur l'augmentation de la sensibilité des vignes à la suite de la submersion, sur l'augmentation de la réceptivité des plantes cultivées sous verre pour la toile et la pourriture, etc.

La critique de M. Viala est contredite par les faits suivants rapportés par des Américanistes convaincus et qui, sans qu'ils s'en soient aperçus, établissent nettement le rôle favorable ou défavorable du greffage dans l'augmentation ou la diminution de la réceptivité pour le black-root.

MM. Viala et Pacottet [1] constatent l'action prédominante de l'acidité et l'action déprimante ou nuisible d'assez fortes doses de sucre sur le développement et la nutrition du black-root.

« La différence intrinsèque de résistance au black-root de divers cépages ou la variation pour une même variété de ces propriétés suivant les années, rentre dans le même ordre de faits. Ainsi, pour ne prendre qu'un exemple, la Folle blanche, un des cépages le plus attaqués par le black-root, est très acide, et le sucre ne s'accumule que tardivement dans ses fruits. La Clairette par contre, peu acide et riche en sucre de bonne heure, a une résistance assez élevée au black-root. On pourrait citer *Vitis Lincecumii* ou ses hybrides, le *Vitis Rotundifolia*, etc. »

Qui ne connaît l'influence exercée par les variations du régime de l'eau sur les proportions relatives du sucre dans les raisins d'une vigne donnée et les variations de ce sucre suivant les sujets et les greffons associés? En constatant les variations de la résistance suivant la composition du raisin (comme nous l'avons fait en 1904 [2], M. Ch. Laurent et moi, puis M. Ch. Laurent dans des études ultérieures plus étendues), MM. Viala et Pacottet arrivent, non à démontrer expérimentalement la justesse des idées de M. Viala, mais à les infirmer en confirmant les miennes. Car on ne peut nier le déséquilibre causé par la greffe dans la constitution chimique des raisins, ainsi qu'il a été dit plus haut.

M. Cazeaux-Cazalet [3], à propos du black-root, a signalé l'intéressant fait suivant :

« Dès 1887, j'avais, dit-il, indiqué un fait que j'ai pu vérifier tous les ans

---

[1] *Revue de viticulture*, 1904.
[2] L. Daniel et Ch. Laurent. — *Composition comparée des moûts du Verdot greffé et franc de pied* (*Revue générale de botanique*, 1905).
[3] Cazeaux-Cazalet. — *Le Black-root et le Mildew* (*Revue de viticulture*, 1901).

depuis : ceux des cépages américains qui ont leur feuillage résistant aux maladies cryptogamiques ont constamment de l'amidon dans les mérithalles supérieurs ; ils forment constamment aussi des radicelles, *du moins pendant qu'ils ne sont pas greffés*. »

En indiquant que la formation des radicelles a un rapport étroit avec celle de l'amidon et que la réceptivité varie avec les proportions de celui-ci, l'auteur avoue sans le vouloir que la réceptivité varie après la greffe.

L'on va d'ailleurs voir dans ce qui va suivre des exemples fort nets de l'influence du greffage, en bien ou en mal, sur le développement relatif des parasites cryptogamiques de la vigne, qu'il s'agisse des parasites de la racine, des parasites du feuillage et du fruit ou des agents pathogènes agissant sur les moûts et les vins.

L'on ne possède que peu de données comparatives sur l'action comparée des champignons parasites des racines dans les vignes greffées ou franches de pied. Cela tient évidemment à ce que la racine, cachée dans le sol, n'est pas observée journellement par les viticulteurs avec autant de facilité que l'appareil aérien.

M. Couderc a remarqué que « la sensibilité des racines aux parasites est affectée par le greffage dans une très ample proportion ([1]) :

» Les mûriers greffés, quoique greffés sur franc et par conséquent dans de bonnes conditions, succombent aux attaques souterraines de l'*Agaricus melleus*, tandis que francs de pied ils résistent remarquablement à ce champignon.

» Le même phénomène se produit dans la vigne. Le voisinage d'un mûrier infecté de l'*Agaricus melleus* ne fait périr que quelques pieds lorsqu'il s'agit de souches franches, au lieu que le mal s'étend beaucoup plus loin et dure plus longtemps quand ce sont des vignes greffées. »

Lors de mon passage à Aubenas, il y a quelques années, M. Couderc m'a très aimablement montré sur place cette action différente de l'*Agaricus melleus* sur ses mûriers et ses vignes ; greffés ou francs de pied, ces végétaux avaient une résistance nettement différente ; le fait était d'autant plus probant qu'ils se trouvaient, en dehors du greffage, dans des conditions absolument identiques.

« Certains Champignons, dit encore M. Couderc, qui ne s'attaquent pas aux racines des vignes franches, deviennent parasites sur les racines des vignes greffées, dont ils amènent souvent la mort. Ainsi le *Rœsleria hypogea* dévaste parfois les greffes sur Riparia, Rupestris, Jacquez, etc., en épargnant ceux de ces Américains qui sont francs de pied. Il y a plus : quelquefois ce champignon ne tue pas complètement le porte-greffe ; après que les grosses racines se sont pourries et que la greffe est morte, le chevelu donne naissance à des rejetons qui reprennent vigueur et finissent par produire de beaux pieds francs, complètement débarrassés du parasite qui les a abandonnés après la mort du greffon. »

On ne saurait mieux mettre en évidence, dans le Mûrier et la Vigne, « l'action débilitante de la greffe, d'autant plus dangereuse pour l'espèce que cette opération est faite dans de plus mauvaises conditions et dure depuis plus longtemps ([2]). »

La nature du sujet joue fatalement un rôle, ainsi que celle du greffon, dans les variations d'intensité des attaques d'un parasite cryptogamique donné.

D'après M. Jallabert ([3]), il en est ainsi pour le pourridié. « 3306, dit-il, fait toujours merveille chez moi sur mon domaine de Bouziers, dans les sols argilo-calcaires un peu humides. Voilà douze ans que, greffé, je le tiens en observation dans des terrains de cette nature, et il n'a jamais bronché. Greffé en Mourastel-Bouschet, il m'a toujours donné des récoltes très satisfaisantes.

([1]) *Revue des hybrides*, 1905, d'après la préface du livre de M. Ch. Rouget sur les *Vignobles du Jura*, préface écrite par M. Couderc en 1897.
([2]) L. DANIEL. — *Parasites et plantes greffées*. Paris, 1894, p. 7.
([3]) JALLABERT. — *Porte-greffes et producteurs directs* (*Revue de viticulture*, 1904).

» Bien plus, je l'ai vu dans ces terrains toujours indemne de pourridié, tandis que j'ai vu dans les terrains de même nature succomber, sous les attaques du pourridié, non seulement le Rupestris du Lot, mais aussi les Solonis × Riparia 1615, 1616, le 3309, le Riparia Gloire et même un hybride de Vinifera qui, comme producteur direct, a une certaine valeur, le 13211 Couderc.

» 3306 a été jusqu'ici mon porte-greffe préféré pour l'Aramon lorsque j'ai eu à reconstituer dans des terrains se rapprochant de ceux dont je viens de parler. »

Par rapport aux maladies de l'appareil aérien, on trouve dans la littérature viticole des observations aussi concluantes, mais beaucoup plus nombreuses.

M. Couderc [1] a signalé l'acuité particulière du mildew, de l'oïdium, de la pourriture grise, etc., sur les vignes greffées en regard des vignes franches de pied qui sont moins atteintes. Et cette constatation de l'hybrideur d'Aubenas a d'autant plus de valeur pour moi, qu'elle n'est pas seulement celle d'un praticien distingué, mais en même temps celle d'un botaniste ayant consacré de longues années à l'étude des Champignons et des Lichens, par conséquent plus à même de faire une étude sérieuse sur ce point.

Un autre spécialiste français de valeur, le Dr Delacroix, a écrit [2] ces lignes, qui ne laissent place à aucun doute :

« Le *Botrytis cinerea*, forme conidienne de *Sclerotinia Fuckeliana*, qui est susceptible d'attaquer beaucoup de plantes, cause sur les raisins la pourriture grise. Il est très sensible à l'action des engrais azotés, et leur influence facilite beaucoup la pénétration de ses filaments dans la pellicule du raisin; mais cette pénétration peut se faire directement, sans le concours d'aucune plaie de la surface, au moins en milieu très humide.

» Cette action des engrais très azotés peut être *directe* : sur une vigne d'Europe franche de pied, par exemple, il suffira pour la produire d'additionner le sol d'une proportion suffisante de nitrate de soude ou d'un engrais azoté facilement assimilable. Dans d'autres circonstances, cette action peut être *indirecte* : c'est le cas d'une vigne d'Europe entée sur un pied de vigne américaine et douée vis-à-vis de celui-ci d'un pouvoir convenable d'adaptation ; sous l'influence d'une alimentation plus largement fournie, grâce aux facultés d'absorption plus parfaites, aux exigences plus marquées du pied américain en azote, engrais dont on le pourvoit en général convenablement, le greffon se trouve alors trop richement muni et le *Botrytis cinerea* envahit alors les raisins. Il ne semble pas qu'ici l'action chimiotactique positive de la substance azotée, sous une forme chimique spéciale, puisse un instant être mise en doute.

» D'un autre côté, l'humidité ambiante du sol et de l'atmosphère, la densité plus ou moins considérable des grains sur la grappe, possèdent, comme dans bien d'autres circonstances, une action prédisposante bien connue et indiscutable. »

On ne peut être plus net et plus précis ; il n'est pas besoin de faire remarquer au lecteur combien les explications de M. Delacroix s'accordent avec les miennes et viennent à l'appui des conclusions de mon Mémoire au Congrès de Rome, que j'ai reproduites plus haut.

Le D^r Gy. de Istvänffi, membre de l'Académie des sciences de Hongrie et directeur de l'Institut ampélologique austro-hongrois, dont les beaux travaux sur les maladies cryptogamiques ont été à plusieurs reprises couronnés par l'Académie des sciences de Paris, a de même constaté l'attaque plus vive des vignes greffées par la pourriture grise.

M. Roy-Chevrier [3], qui est cependant loin de partager mes idées, écrivait en

---

[1] G. COUDERC, *loc. cit.*
[2] Dr DELACROIX. — *Le parasitisme en général et les maladies parasitaires des végétaux cultivés.* Paris, 1905.
[3] ROY-CHEVRIER. — *L'Avenir des producteurs directs* (Revue de viticulture, 1903).

1903 cet aveu : « A la pratique, le greffage révéla certains inconvénients qu'on n'avait pu prévoir et beaucoup plus graves que ceux qui résultent des frais proprement dits et de l'aléa de son opération.

» On s'aperçut que, une fois greffés, les Viniferas ne restaient pas tous vigoureux et d'une vigueur égale (¹), et l'on constata aussi que Riparia et Rupestris ne s'accommodaient pas indifféremment de tous les terrains. Dès lors les problèmes très complexes de l'affinité et de l'adaptation étaient posés; et actuellement, après vingt ans d'études, ils ne sont encore qu'imparfaitement résolus.

» Les années succédèrent aux années, inégales dans leur météorologie, et des écarts hygrométriques ne furent pas sans répercussion sur la marche du phylloxéra et la santé des vignes greffées. On remarqua que les racines américaines différaient sensiblement de celles des Viniferas, non seulement par leur résistance à l'insecte, mais encore par leur horreur du calcaire et leur impressionnabilité extrême à la sécheresse et à l'humidité persistantes (²).

» D'autre part, les germes des maladies cryptogamiques semblèrent s'habituer au cuivre et augmenter de virulence. Le black-root terrorisa le Sud-Ouest de la France, et de là menaça d'autres régions où il fut signalé : les vignerons de l'Armagnac, consternés et impuissants à exécuter les dix ou douze sulfatages nécessaires pour enrayer le fléau dans ses foyers les plus intenses, s'aperçurent bien vite que l'Othello et le Noah étaient plus faciles à préserver que la Folle blanche, leur greffon habituel.

» De son côté, le *Botrytis cinerea*, ce protée mycologique, alternativement pourriture grise et pourriture noble suivant les années, les crus et les cépages, revêtit, lui aussi, un caractère plus agressif et plus général qu'autrefois, favorisé dorénavant, semble-t-il, par le gonflement aqueux des fruits du Vinifera étranglé ou incisé par la greffe (³).

» Il n'en fallut pas davantage pour faire regretter les Viniferas francs de pied du bon vieux temps... »

M. Lacombe (⁴) a constaté que, en Saône-et-Loire, les « vignes indigènes greffées sont sujettes à toutes les intempéries et toutes les maladies ».

J'ai vu, à Château Margaux, des vignes greffées très atteintes par le mildew de la grappe, chez M. Mouneyres, lorsque les francs de pied étaient indemnes.

En Savoie, d'après M. Cartier (⁵), « l'année 1907 a été néfaste au vignoble greffé, à tous les Viniferas de la région; jamais les maladies cryptogamiques n'avaient sévi avec autant d'intensité. Le mildew de la grappe a causé la perte de milliers d'hectolitres dans l'est de la France; nombre de vignerons n'ont eu de récolte que sur les producteurs directs. »

« Depuis quelques années, disent MM. Rousseaux et Chappaz (⁶), la pourriture grise se manifeste un peu avant les vendanges parce que des pluies surviennent, et elle oblige à vendanger, surtout les vignes greffées, avec un peu plus de hâte.

» Le Seibel 1 greffé sur Jacquez, m'écrit M. Seibel, est beaucoup plus sensible

---

(¹) Cela confirme ce que j'ai dit de l'hétérogénéité remarquable des ceps greffés, quand les francs de pied sont plus homogènes comme vigueur.
(²) Conformément aux théories que j'ai exposées précédemment. Ces remarques d'un greffeur ne sont pas dépourvues de piquant.
(³) Il est un fait très certain, dit M. Jurie, c'est qu'avant la reconstitution du vignoble, les raisins de nos vignes n'éclataient pas; ils ne pourrissaient, comme tous les autres fruits, que lorsqu'à complète maturité des pluies persistantes venaient à les gorger d'eau et à en empêcher la cueillette. Aujourd'hui, les mêmes cépages employés comme greffons fendent et pourrissent même à l'état de verjus, comme cela s'est produit cette année après les orages du 28 juillet (*Revue de viticulture*, 1901).
(⁴) *Revue des hybrides*, 1901.
(⁵) CARTIER. — *Les Producteurs directs en Savoie* (*Revue du vignoble*, 1908).
(⁶) ROUSSEAUX et CHAPPAZ. — *Le Vignoble de Chablis* (*Revue de viticulture*, 1905, p. 126).

ici à l'anthracnose que les francs de pied. J'ai également remarqué que d'autres numéros, entre autres 2 et 47, sont beaucoup plus sensibles aux maladies cryptogamiques quand ils ne vivent pas sur leurs racines. »

« J'ai constaté depuis longtemps, dit M. Perbos, que les hybrides francs de pied sont généralement plus résistants, dans les mêmes conditions par ailleurs, bien entendu, que quand ils sont greffés. Les hybrides greffés sont d'autant moins résistants qu'ils sont plus vigoureux. En particulier, l'oïdium et l'anthracnose sévissent de préférence sur les rangées dont la pousse est exubérante. Ainsi j'ai vu des 272.60, des C. 251.150 francs de pied qui végètent normalement et sont très sains; un peu plus loin, les mêmes ont été greffés pour la multiplication du bois sur de vieux Terras et ils poussent au point que ce n'est plus une vigne, mais une forêt. La production est énorme, mais malgré de nombreux soufrages, j'ai peine à la défendre de l'oïdium. »

Le même viticulteur confirme la sensibilité plus grande à l'anthracnose de quelques numéros de Seibel greffés sur Jacquez. « J'ai, par exemple, ajoute-t-il, des 209 greffés qui sont rongés par l'anthracnose quand, un peu plus loin, ils sont indemnes ou presque indemnes francs de pied. »

M. Gouy a observé dans sa propriété que le Seibel 1, très sujet à l'anthracnose dans les foyers de cette maladie, paraît plus ou moins atteint suivant qu'il est franc de pied ou greffé sur tel ou tel porte-greffe (¹).

Je dois à M. de Malafosse, le conférencier bien connu, d'intéressantes observations qu'il a bien voulu me communiquer.

« L'Othello greffé, m'écrit-il, est non seulement plus vigoureux, mais échappe au rot brun, la plaie des francs de pied.

» Sur deux lignes de 156 greffés sur de vieux Jacquez, il se trouvait un Cinerea-Rupestris de Grasset. Le bois ne se vendant plus, je le greffai le même jour que les autres. Les pieds avaient dix ans. Or, la greffe sur Cinerea est devenue immense et très productive. Bien plus, le 156 Seibel est un peu sensible au soufre. Par inadvertance, à cause des ravages de l'oïdium, l'an passé (1907), l'on soufra l'ensemble. Tous les pieds sur Jacquez furent touchés plus ou moins et perdirent quelques feuilles. Celui qui était sur Cinerea resta d'un vert brillant. »

Le même viticulteur (²), examinant la façon dont a été faite la reconstitution dans la Haute-Garonne, a constaté que « parmi les anciens plants, certains supportaient mal la greffe. Le Mourastel dut être abandonné, le Bouchalès sélectionné rigoureusement pour ne pas couler toujours; la Morterille se trouva, une fois greffée, la proie de toutes les maladies. »

Ces exemples sont très intéressants. Ils montrent de la façon la plus nette que le greffage a eu une influence néfaste sur certains plants anciens, et combien j'avais raison quand, à diverses reprises, j'ai demandé que l'on prenne des mesures pour en assurer la conservation de façon à les retrouver le jour où l'on retournera aux vieilles méthodes de culture.

M. de Malafosse cite en outre des faits curieux à propos de certains hybrides cultivés à l'École nationale d'agriculture de Montpellier :

« Les pieds greffés (du 132¹¹ Couderc) et sans aucun traitement sont fort endommagés par l'oïdium. Mais francs de pied (on sait qu'il a de superbes racines), ils sont superbes et sans maladies. Comme j'attribuais cela à la vigueur de ses racines, M. Ravaz me fit remarquer un pied greffé qui, traité au simple cuivre (sans soufre), était aussi très beau. Il croit que le cuivre arrête aussi l'oïdium, lorsque le sujet est par lui-même très vigoureux.

(¹) *Revue des hybrides*, 1900.
(²) DE MALAFOSSE. — *Le Vignoble de la Haute-Garonne* (*Revue des hybrides*, 1904).

» Toutefois nous avons vu un peu plus loin le 503 et l'Othello, qui tous deux craignent le soufre, dévorés d'oïdium bien que traités à la bouillie. La vigueur du sujet joue ici un grand rôle. »

Tout récemment, à propos du 60 Seibel, M. de Malafosse, qui compare ce cépage au 128 Seibel et le considère comme très résistant au mildew, à l'anthracnose, à l'oïdium et même au black-root, constate que, dans l'Yonne, *greffé* en terrain sec, il a presque perdu tous ses raisins par le black-root (¹).

Et il ajoute des réflexions judicieuses, qui montrent les conséquences graves de la méthode qui consiste à cacher la vérité pour ne pas effrayer les viticulteurs.

« Depuis 1900, dit-il, je suis allé quatre fois dans l'Est, soit pour visiter le vignoble, soit pour y faire des conférences. J'ai constaté la présence du black-root en plus d'un endroit. L'on me disait : « N'en parlez pas ; vous jetteriez l'effroi » dans le pays ! »

» Il en est résulté que l'on a laissé s'établir de vastes foyers sans enlever les feuilles. Or l'on sait que si le black-root peut disparaître d'une région par l'enlèvement attentif des feuilles tachées dès le début d'une invasion, il devient indestructible sur de vieux foyers. Ils en sont là dans le Beaujolais, le Lyonnais, toute la Basse-Bourgogne et une partie de la Franche-Comté. »

Pour M. Goutay (²), « le greffage doit augmenter et augmente en effet les chances de pourriture, et cela tient au mode de fonctionnement des racines américaines, tout différent de celui des vignes françaises. »

Le marquis G. Serlupi (³) a observé que « le *Botrytis cinerea* est très fréquent chez les Viniferas greffés sur de robustes porte-greffes dans les sols arrosés de la plaine ; il ne l'a jamais rencontré que rarement chez les Viniferas francs de pied ».

« Il est prouvé maintenant, ajoutait-il (⁴) l'année suivante, que le greffage des Viniferas les prédispose fortement aux Cryptogames par la pléthore aqueuse provenant de la vigueur du porte-greffe. Je m'en suis aperçu à mes dépens : dix traitements cupriques ne les préservent pas du mildew... »

« Si je me suis adonné avec ardeur à l'étude des directs, c'est surtout parce que j'étais fatigué de lutter contre l'oïdium et le mildew qui sont chez moi très violents. Si à ces maladies, comme c'est fort probable, se joint un jour le black-root, on peut se demander ce que deviendra la viticulture italienne, confiée la plupart du temps à des métayers absorbés par une foule d'autres travaux. »

M. Basile, administrateur du prince di Paterno, en Sicile, a fait en 1900 des observations qui mettent clairement en lumière l'influence de la greffe sur le développement du mildew dans la vigne (⁵). « Dans les parties d'un vignoble du territoire de Melilli reconstituées en *Nero d'Alova* greffés sur Riparia × Rupestris 101¹⁴, l'infection péronosporique fut si violente en 1900 qu'aucun pied de vigne ne fut épargné, que les fruits se trouvèrent complètement détruits, et que la végétation elle-même eut beaucoup à souffrir.

« Il n'en fut pas de même pour les greffés sur Riparia qui ne subirent qu'une légère attaque de la maladie, au point de faire espérer alors (2 août) une récolte suffisante. Dans la même pièce de terre existait en outre une vigne indigène phylloxérée (⁶), composée de *Nero d'Alova* francs de pied.

» Les américains greffés avaient reçu en temps voulu les traitements d'usage

---

(¹) De Malafosse. — *Une évolution viticole* (*Revue du vignoble*, 1908).
(²) Goutay. — *Les bienfaits et les méfaits du greffage* (*Revue de viticulture*, 1902).
(³) Serlupi. — *Les Hybrides producteurs directs en Toscane* (C. R. de la Société des agriculteurs italiens, 1905).
(⁴) Serlupi. — *Où en est l'étude pratique des directs en Italie* (*Revue des hybrides*, 1906).
(⁵) Lettre au journal *Rusticus* de Nota, 1900.
(⁶) Ainsi, le phylloxéra diminuait la vitalité de ces vignes, et malgré cette cause d'affaiblissement, elles ont moins fléchi que les vignes greffées.

contre le *Peronospora*, tant en liquides qu'en poudres; les vignes d'Europe n'avaient reçu qu'un traitement pulvérulent de soufre sulfaté. Toutefois les greffés sur 101^{14} furent *totalement ravagés*, les greffés sur Riparia furent seulement *attaqués d'une façon légère* et les vignes européennes *restèrent indemnes*.

» La variété de vigne européenne, greffée ou non, était identique dans les trois cas. »

Le Dr Perroto, à propos de ces faits, admettait que le Peronospora s'était développé sur les vignes les plus atteintes, au moment le plus critique, celui de la floraison. Le Riparia étant plus précoce que le 101^{14} et celui-ci étant en avance sur le *Nero d'Alova*, l'invasion du mildew s'était faite au moment de la floraison du 101^{14}, quand celle-ci était en grande partie passée pour le Riparia et non commencée pour le Vinifera.

Cette explication ne met pas la greffe hors de cause, car elle montre, si elle est exacte, que les changements de précocité dus au greffage entraînent des variations de résistance aux cryptogames. Mais il y a sûrement autre chose, comme le fait remarquer M. Nereo Maggioni (^{2}), qui a étudié la question d'une façon très impartiale. « De mon côté, dit-il, j'ai observé qu'indépendamment de la floraison plus ou moins avancée, les feuilles des mêmes Viniferas sont parfois attaquées d'une façon différente des feuilles des greffés... La résistance contre les parasites, qui existe à des degrés divers chez les différentes espèces de plantes, n'est pas seulement chez celles-ci un caractère intrinsèque, mais elle est aussi modifiée par les conditions du milieu extérieur. Elle doit, par conséquent, augmenter ou diminuer selon les cas, par l'effet du greffage, qui altère toujours plus ou moins les conditions de vie de la vigne greffée. »

M. de Salvo (^{3}) a rapporté de nombreux cas de vignes hybrides greffées qui sont atteintes par diverses maladies cryptogamiques qui n'attaquent pas les francs de pied, dans ses champs d'expérience de Riposto et de Fidecommesso.

« Rappelons, dit-il, que, cette année (1902), nous avons eu un printemps très humide et un été très sec, car, depuis juin jusqu'au 25 septembre, nous n'avons pas eu une goutte de pluie. La Sélection Soulages (Auxerrois-Rupestris), greffée sur Riparia, a ses raisins très fortement attaqués par l'oïdium; malgré un soufrage, les raisins sont perdus totalement; la même, plantée directement sans soufrage, n'a pas un grain avec oïdium.

» Le 132^{11} sur Riparia, avec un soufrage, porte quelques grains oïdiés; franc de pied, rien du tout.

» Beaucoup d'hybrides Castel sur Riparia ont plus ou moins d'oïdium, tandis que francs de pied ils n'en ont point du tout. Le 173^{25} par exemple, greffé sur Riparia, a perdu à cause de l'oïdium toutes ses 25 ou 30 grappes, malgré le soufrage donné, il faut le dire, après l'apparition de l'oïdium; franc de pied, il n'a pas d'oïdium. On sait que 4401 et 13.317 (Grand pourpré) ne pourrissent pas leurs raisins. Eh bien! greffés sur Riparia, ils ont depuis quinze jours la pourriture grise, tandis que francs de pied ils en sont absolument indemnes; malgré que 4401 soit mûr depuis le 25 août et 13.317 depuis le 12 septembre, nous avons gardé leurs raisins sur souche jusqu'au 26 septembre, et les garderons encore un peu pour faire d'autres constatations.

» Seibel 2.003 sur Vinifera n'a pas pourri ses raisins jusqu'au 18 septembre, tandis que sur Riparia la pourriture commença le 15 août, et à ce moment (26 septembre), il n'y a pas même un grain pour faire goûter aux visiteurs...

» En 1901, par les quelques pluies de l'été très favorables au mildew, nous

---

(^{1}) N. MAGGIONI. — *L'influence de la greffe sur l'adaptation des vignes américaines* (*Viticoltura moderna* de Palerme, 1902).

(^{2}) P. de SALVO. — *Greffage et maladies cryptogamiques* (*Revue des hybrides*, novembre 1902).

avons observé que 74[17] a eu sur Riparia quelques feuilles mildiousées, tandis que franc de pied ou sur Vinifera, pas une seule feuille ne fut tachée...

» Dans le Gers, nous avons constaté que quelques hybrides producteurs directs de Couderc, plantés francs de pied, dans les champs d'expérience d'Eauze, étaient indemnes de black-root, tandis que chez M. Ducos, où ils étaient greffés, ils étaient un peu maltraités par le champignon. »

Le professeur Grimaldi est loin d'être un ennemi du greffage. Pourtant, en 1906, il formulait ainsi son opinion ([1]) :

« Les Français n'avouent pas volontiers que dans les vignobles qui produisent des vins fins, harmonieux, la reconstitution a eu une influence notable sur la qualité, en abaissant celle-ci. Dans ces vins, tout est savamment calculé et une légère variation y produit le même effet qu'un changement de note dans une mélodie : elle les fait détonner. La détérioration amenée par la reconstitution dans les vins fins est incontestable.

» Il semble aussi que le greffage, en rendant plus aqueux les tissus et plus fines les membranes des feuilles et des fruits, peut influer considérablement sur la facilité avec laquelle la plante contracte les maladies cryptogamiques. »

« La greffe, dit M. Serlupi ([2]), amène dans la nutrition générale de la plante des troubles qui doivent exagérer les maux dont souffre celle-ci. Partout on constate que les maladies cryptogamiques redoublent de gravité chez les vignes greffées ; si la greffe nous sauve du phylloxéra, elle nous livre aux cryptogames et nous fait tomber de Charybde en Scylla ([3]). »

C'est par rapport à la pourriture grise que les observations sont nombreuses, surtout en France.

M. Verneuil, dans les Charentes, écrivait en 1904 ([4]) : « Il ne faut pas songer à diminuer les frais de culture de nos vignes indigènes greffées, car alors la récolte y diminue encore plus vite que les dépenses. Et ne faudra-t-il pas *renoncer par force à la culture des vieux cépages indigènes greffés*, qui, trop exigeants comme culture et fumures, trop sujets aux maladies cryptogamiques, donnent un vin de qualité, mais trop coûteux à produire pour des acheteurs qui ne recherchent que le bon marché ? »

Le même viticulteur a été plus précis encore dans un autre article ([5]) : « Cette année (1903), les défauts du cépage le plus répandu dans les Charentes, la Folle, se sont très nettement manifestés.

» Quelques légères atteintes de *Botrytis* ont fait tomber des mannes dès le mois de juillet ; puis à la fin d'août, avec les pluies continuelles que nous avons eues, le *Botrytis* a recommencé ses ravages, et en quinze jours ou trois semaines, dans la plupart de nos plants de Folle, la pourriture a envahi les raisins et la bonne moitié d'entre eux sont tombés au pied du cep ou ont séché avant d'être mûrs.

» Autrefois on ne fumait jamais les vignes, et on les cultivait plutôt mal ; peut-être aussi les séries d'années humides étaient-elles plus rares ? En tout cas, la Folle franche de pied produisait des raisins moins serrés, moins juteux et à peau plus épaisse, par suite moins facilement attaqués par la pourriture que ceux d'aujourd'hui ; la Folle était ainsi plus robuste, et comme elle est en outre peu sujette à l'oïdium et qu'elle donne en abondance un excellent vin de distillation, elle était devenue le cépage préféré, presque unique des Charentes.

» Aujourd'hui, les conditions culturales sont changées, et la facilité plus

---
([1]) *Viticoltura moderna*, 1906.
([2]) SERLUPI. — *Les Hybrides producteurs directs en Toscane*. (C. R. Soc. des agric. italiens, 1905).
([3]) Ce sont exactement les termes de mon rapport au Congrès de Rome (1903).
([4]) VERNEUIL. — *La Viticulture dans les Charentes* (Revue de viticulture, 1904).
([5]) VERNEUIL. — *Bulletin du Syndicat général des Comices et Syndicats agricoles de la Charente-Inférieure*, 1903.

grande avec laquelle la pourriture détruit ses raisins, en a fait un cépage trop inférieur aux autres.

» Le Colombard et le Mentils, cépages presque toujours aussi productifs que la Folle, donnent un vin bien meilleur pour la table ; *le greffage, qui a détérioré la Folle,* en rendant son raisin plus tassé et à peau plus fine, les a améliorés et les a rendus moins sujets à la coulure.

» Le greffage, en modifiant les qualités de nos vieux cépages, et la mévente passagère, je l'espère, de nos vins de distillation, en nous incitant à produire de bons vins de table, nous obligent ainsi à diminuer l'importance de la Folle, qui était autrefois prépondérante. »

Ces lignes d'un greffeur justifient une fois de plus le cri d'alarme que je jetais au Congrès de Lyon en montrant le danger de la disparition de nos vieux cépages sous l'influence des procédés de la reconstitution. Elles montrent combien j'étais dans le vrai en disant que le greffage amène des modifications en *bien* ou en *mal* suivant la nature des vignes greffées et qu'il y a lieu de redouter la disparition des cépages fins, des cépages de qualité ([1]).

Tout aussi affirmatif et catégorique est M. Perrier de la Bâthie, professeur d'agriculture ([2]) : « La pourriture grise, dit-il, s'est manifestée de tout temps, d'une façon plus ou moins grave, dans le vignoble français, mais c'est surtout depuis une vingtaine d'années, depuis que le vignoble français a été reconstitué par la voie du greffage, que les ravages sont devenus fréquents et considérables, et c'est depuis cette époque aussi que l'on s'inquiète réellement de la combattre. »

C'est si bien le greffage qui détermine l'attaque plus vive de la pourriture grise que M. Perrier de la Bâthie termine son article par les conclusions suivantes qui ne laissent prise à aucune ambiguïté :

« Le *Botrytis*, cryptogame ordinairement saprophyte, peut devenir parasite lorsque des conditions météorologiques favorables viennent à se réaliser. En juillet dernier (1903), la maladie s'est déclarée brusquement sans qu'aucune maladie cryptogamique, ravage d'insecte ou accident météorologique ait altéré les grains ou les feuilles.

» Les invasions ne sont pas seulement à craindre aux approches de la véraison ou de la maturation ; il peut s'en produire de très graves beaucoup plus tôt, en juillet par exemple et même en mai, puisque dès cette époque M. Foëx avait constaté des jeunes pampres couverts de *Botrytis*...

» Le degré de sensibilité à la maladie varie avec les divers cépages et semble être, pour ceux des Charentes, en raison directe de leur résistance au mildew...

» La pourriture grise constitue pour le vignoble charentais un danger contre lequel le viticulteur est absolument désemparé. La Folle blanche greffée est vraiment trop sensible à ce parasite, et ce seul défaut suffit à motiver le délaissement dont elle est l'objet dans les plantations nouvelles. Quelques viticulteurs, ceux précisément qui ont pris et gardé la tête du mouvement de la reconstitution commencent à modifier l'encépagement de leur vignoble en remplaçant les Folles des plantations antérieures par des cépages moins sujets au *Botrytis*... »

Dans la région lyonnaise, M. Jurie ([3]) a remarqué, avec tous les vignerons, que les Gamays greffés étaient atteints de la pourriture grise en 1903 quand les quelques rares Gamays francs de pied n'en avaient pas.

([1]) Rapprocher du cas de la Folle dans les Charentes la disparition de certains cépages signalée dans la Haute-Garonne par M. de Malafosse.

([2]) PERRIER DE LA BATHIE. — *Recherches sur le traitement de la pourriture grise* (Revue de viticulture, 21 avril 1904).

([3]) A. JURIE. — *Revue de viticulture*, 5 mars 1903.

« Tout ce que nous savons, dit M. Duvergier de Hauranne ([1]), c'est que la pourriture des raisins se produit surtout dans les années humides et sur les ceps à taille basse, dont les fruits sont aqueux, recouverts d'une peau mince et dont le feuillage épais s'oppose à l'aération. Cependant, nos pères faisaient de bons vins, même dans les années humides. Ils vendangeaient plus tard que nous et les raisins ne pourrissaient pas. Leurs cépages étaient cependant, en général, ceux que nous employons encore comme greffons. Il faut que des causes nouvelles, indépendantes des intempéries, soient venues prédisposer les raisins à l'invasion. »

Et ce viticulteur n'hésite pas à attribuer à la reconstitution en terrains frais et profonds et surtout au greffage la responsabilité du nouvel état de choses, si préjudiciable aux intérêts de la viticulture.

Ces données s'appliquent aux raisins de cuve. Mais on a fait des observations concordantes pour les raisins de table.

M. Charmeux et MM. Salomon, de Thomery, m'ont dit que la conservation des raisins de table est devenue plus difficile chez eux depuis la greffe.

D'après M. Gouy ([2]), les raisins de table ont été greffés, dans l'Ardèche, sur le Riparia Grand Glabre, mais les résultats ont été médiocres. En général, les raisins de ces greffes sont à grains volumineux, serrés, à chair molle, à peau peu résistante et très sujets à pourrir, infiniment plus que le Chasselas franc de pied.

Et il cite une expérience comparative, faite par M. Jules Vallet : « Dans la Haute-Ardèche, dit-il, une expérience a été faite en 1902, le long d'un mur *pourvu d'abris contre la pluie*, garni de Chasselas en espalier, les uns francs de pied, les autres greffés sur Riparia. Les raisins francs de pied se sont conservés sains jusqu'au 15 novembre ; ceux des greffés ont été atteints par la pourriture dès maturité. Vers fin septembre, il fallait enlever la moitié des grappes. Le 15 octobre, il n'en restait plus une présentable. »

A Cursay, dans le Poitou, il a été constaté des faits analogues sur des Chasselas greffés et francs de pied, cultivés côte à côte.

Enfin voici des remarques qui ont été faites en 1905, par le capitaine Marty ([3]), sur des vignes du Tarn-et-Garonne (Lavilledieu, Montbedon et Lerisboc).

« Dans ces régions, m'écrit-il, aussitôt après l'invasion par le phylloxéra, vers 1884, les vieilles vignes sont arrachées, mortes ou non, et reconstituées avec extension par le greffage. Les pauvres rayons ou *jouailles*, de tout temps si négligés, doivent à l'indifférence où on les tient de ne pas subir le sort des belles souches voisines. Ils sont condamnés ; ils doivent mourir du phylloxéra : c'est dire les soins qu'ils vont recevoir. A l'hiver on leur fait quelques plaies au sécateur et l'on donne un coup de houe pour retourner l'herbe qui les a recouverts l'été précédent.

» La récolte est tous les ans superbe ; les sarments sont magnifiques de vigueur et d'aoûtement.

» A Lavilledieu, deux vignobles non arrachés ont été soignés surtout par des engrais ; ils sont très beaux, trop beaux, car, poussés aux engrais, ils sont très vigoureux et la qualité du vin a baissé.

» Avec les pluies de la fin de l'été 1905, la pourriture grise était générale sur les vignes greffées, disposées pourtant sur fil de fer, bien aérées et bien éclairées. Dans les jouailles, les raisins étaient très sains, qu'ils fussent enfouis sous l'herbe humide ou bien qu'ils eussent réussi à grand'peine à s'en dégager.

» Mêmes atteintes et même résistance pour tous les roots, mildew, anthrac-

---

([1]) Duvergier de Hauranne. — *Les diverses pourritures et les producteurs directs* (Société d'agriculture du Cher, 1902).
([2]) *Revue des hybrides*, 1903.
([3]) Je le prie d'agréer tous mes remerciements pour la communication de ces intéressants documents.

nose. Les vignes greffées reçoivent tous les remèdes de la chimie; les jouailles ont le seul protoxyde d'indifférence !

» Du temps des vieilles vignes, les raisins des jouailles étaient à juste titre classés comme inférieurs. A présent, si le vigneron veut vous faire goûter du bon raisin, il vous conduit tout droit aux vieilles souches des jouailles.

» *Anciennement*, Clarettes, Mauzacs, Bourdalès, etc., à grappe nerveuse et maigre, au grain ferme, qu'ils fussent placés sur des tablettes ou suspendus par un fil, au plancher, se conservaient l'hiver. A Pâques, sur les rayons d'une vieille armoire, on trouvait encore quelques retardataires, les grains bien ratatinés sans doute, mais sains et de si bon goût !

» *Maintenant*, les grappes sont grosses, serrées; les grains sont gros et gras. Il faut les manger vite, car à la Toussaint ou au 15 novembre tout serait pourri ! »

La plupart des observations que je viens de rapporter ont été faites seulement depuis que j'ai appelé l'attention des viticulteurs sur ce point capital; elles montrent bien que le greffage favorise nettement certaines maladies. On peut en citer d'autres qui font voir que l'influence de sujets différents varie pour un même greffon et que, pour un même sujet, la résistance varie suivant les greffons employés; que, par conséquent, l'influence s'exerce en bien ou en mal, comme beaucoup d'autres influences, et qu'il y a lieu de faire sous le rapport des résistances aux maladies un choix judicieux des sujets et des greffons, ainsi que je l'ai le premier fait remarquer à propos des greffes herbacées.

« Dans son domaine de Paretlongue, M. Castel [1] a constaté que l'Aramon était atteint par le mildew de la grappe d'une façon différente suivant les sujets. L'Aramon greffé sur Riparia Gloire et sur Riparia Grand Glabre s'est mieux défendu. Venaient ensuite les greffes sur Riparia × Rupestris 3306 et 3309, sur Aramon-Rupestris Ganzin 1, sur 1202, sur Gamay-Couderc et Rupestris du Lot.

» Les greffes à faible végétation étaient en général plus résistantes, mais l'influence exercée par le sujet sur le degré de résistance au mildew de la grappe ne saurait être niée.

» M. le colonel La Perrine d'Hautpoul a observé des faits analogues à propos de la Carignane. Sur Riparia, les raisins étaient moins envahis que sur Rupestris du Lot. »

M. Trouchaud-Verdier, à Saint-Laurent d'Aigouze (Var), en 1902, cite [2] le cas d'« une vigne greffée moitié sur Rupestris, moitié sur Riparia, qui a bien démontré l'influence du porte-greffe (par rapport aux maladies). Tandis que la première, à végétation extraordinaire, était détruite par le mildew, l'autre en était préservée complètement. Les soins culturaux et les traitements avaient été les mêmes dans les deux cas. »

Le Dr Perron, de Sennecey-le-Grand (Saône-et-Loire), qui, par son énergique intervention au Congrès de Lyon en faveur de la liberté de la tribune, me permit d'exposer à peu près librement mes idées, malgré l'hostilité bruyante de certains congressistes, a observé, dans ses vignes, des faits très probants.

Il possède « quatre quartiers de Gamays greffés l'un sur Jacquez, un autre sur Riparia, un troisième sur Vialla, et le quatrième sur Solonis. Or, le quartier sur Jacquez est fortement atteint chaque année par l'oïdium, au point qu'il est très difficile de l'en défendre. Les quartiers sur Riparia et sur Vialla sont bien moins attaqués par cette maladie et le quartier sur Solonis en est presque indemne. »

Pour le Dr Perron, qui m'a aimablement mis à même de voir et d'étudier ces faits, cela montre « très nettement l'influence prédisposante que le porte

---

[1] *Revue des hybrides*, 1905.
[2] *Revue de viticulture*, 1902.

greffes exerce sur le greffon au point de vue des maladies cryptogamiques » (¹).
Citons encore, dans le même ordre d'idées, ces lignes de M. A. Berget(²), qui établissent, en dehors des variations particulières de résistance de certains sujets, la responsabilité de greffages déterminés dans le développement des maladies cryptogamiques :

« M. Prosper Gervais, dit cet auteur, nous a fait l'honneur de reproduire en ces termes les opinions que nous lui avions exposées (au sujet des inconvénients des Franco-Rupestris, en climat septentrional), au lendemain de la campagne viticole de 1903 (*Annales des viticulteurs de France*, t. VI, p. 31) :

» Sous les climats du Nord, l'excès de vigueur de ces porte-greffes constitue
» un grave inconvénient; il entraîne, en effet, les conséquences suivantes :
» 1° *Présence* sur toute la surface des rameaux, après plusieurs rognages
» nécessaires, de *pousses axillaires*, au tissu très tendre qui, non ou mal préservées
» par les sulfatages et soufrages ordinaires, deviennent une proie facile pour
» l'oïdium et le mildew et autant de foyers d'infection ;
» 2° *Débourrement prématuré* au printemps (la végétation se prolongeant
» démesurément et anormalement pour ainsi dire en automne sur ces porte-greffes,
» alors qu'elle est depuis longtemps arrêtée sur d'autres, comme le Riparia) (³) des
» bourgeons de réserve qui devaient emmagasiner des principes utiles, et
» réduction consécutive de la future récolte ;
» 3° *Végétation intempestive* qui, troublant la nutrition normale, amène un
» *retard* sur la précocité des autres porte-greffes (Riparia, Solonis, etc.), lequel se
» traduit par *une moindre richesse du moût*, et aussi, fait sensible dans des années
» comme 1903, par la prolongation de la période de sensibilité à l'oïdium ;
» 4° *Excès de production du bois*, d'aoûtement plus tardif naturellement, avec,
» pour corollaire, une sensibilité plus grande à la coulure et *l'obligation* d'une
» taille plus allongée, *défaut grave dans les vignobles à grands vins* où le maximum
» de qualité exige la réduction du développement arbustif des ceps et des dimen-
» sions de la taille (⁴).
» Tout cela a pour résultat économique qu'en fait les greffes sur Franco-
» Rupestris, magnifiques d'apparence, sont de culture moins productives que
» celles d'apparence plus chétive sur Riparia, Solonis, Riparia × Solonis 1616, etc.,
» et ce, sous le double rapport de la *quantité* et de la *qualité*. »

« Plus précoces en véraison, les greffes sur Riparia et sur 1616 sont les moins oïdiées. »

Si ces constatations sont en conformité complète avec mes théories sur l'influence réciproque du sujet et du greffon, elles appellent cependant une réserve. Pour englober dans une même réprobation *tous* les hybrides Franco-Rupestris, il faudrait les avoir tous essayés dans les régions considérées avec tous les cépages habituels, dans tous les terrains, par rapport aux américains purs et aux américo-américains. Si le résultat de ces essais était partout contraire aux Franco-Rupestris, on pourrait alors généraliser, comme le fait M. Prosper Gervais ; autrement, une affirmation aussi absolue est au moins *prématurée*.

Nombreux sont les viticulteurs qui ont été satisfaits de quelques Franco-Rupestris (⁵), au moins à certains points de vue utilitaires bien déterminés, ou

---
(¹) *Revue des hybrides*, 1903.
(²) A. BERGET. — *Le Mouvement viticole en Alsace-Lorraine* (*Revue de viticulture*, 1904).
(3) Je reviendrai sur ce point à propos des variations spécifiques.
(4) Ainsi *la qualité des vins est changée par ces greffages*. Ces aveux de M. Prosper Gervais seraient à comparer, s'il en était vraiment besoin, avec ses affirmations contraires des Congrès de Lyon, d'Angers, etc.
(5) Autant qu'on peut l'être avec le greffage. N'est-ce pas M. P. Gervais lui-même qui recommandait, pour éviter les gelées et leurs conséquences, de greffer, non sur Riparia, mais sur Rupestris du Lot ou sur 1202 (Mourvèdre-Rupestris)? (*Revue de viticulture*, 11 juin 1903.)

qui ont eu à se plaindre de certains américains purs et même de quelques américo-américains. J'en ai cité précédemment des exemples. M. F. Cartier en a tout récemment donné un autre :

« La Mondeuse étant le principal cépage de notre région, dit ce viticulteur (¹), je possède encore de vieilles souches de ce plant qui ont été provignées et sont sans doute centenaires, je les provigne de nouveau pour les conserver. A côté, une partie d'une vigne nouvelle du même cépage, greffée sur Riparia et Rupestris du Lot, s'est montrée, ces deux années, plus sujette aux maladies que sa voisine franche de pied ; un traitement suffit à celle-ci, tandis que l'autre en exige trois généralement. Bien plus, en 1907, la Mondeuse franche de pied avait des raisins sucrés, délicieux à manger, vrais raisins de table, comparativement aux raisins greffés qui, généralement plus gros, étaient sans goût et sans saveur.

« J'ai greffé du 272-60 sur de vieilles souches d'Auxerrois-Rupestris, ils étaient fort beaux en 1906. Cette année, ils ont été ravagés par la pourriture, mildiousés, tandis qu'à 20 mètres de là les 272-60 francs de pied sont restés sains et superbes. Bien plus, j'ai constaté dernièrement que les pieds greffés ont des sarments plus érigés, plus ramifiés que les autres.

» Je vais greffer de la vieille Mondeuse sur des producteurs directs, vigoureux et résistants (126", 117⁴, 122", 267⁸⁷, 9030 et 406), pour constater *si le raisin aura autant dégénéré que sur les américains purs* (Riparia, Rupestris, etc.). »

Des différences intéressantes ont été relevées aussi dans les départements des Landes et des Basses-Pyrénées à propos de l'action de certains sujets sur la résistance de divers greffons à quelques maladies.

« A traitements égaux, les greffes de 3306, dit M. Baco (²), nous paraissent plus accessibles au mildew que celles portées par ses congénères.

» Les grappes de greffes sur Riparia acquièrent une compacité telle que le grain est parfois un peu plus atteint par la pourriture grise qu'il ne l'est sur les souches franches de pied ; mais en retour ce support semble *souvent* transmettre aux pampres, aux feuilles et aux raisins une partie de sa résistance au mildew et au black-root.

» Nous avons parfois constaté que le mildew, le black-root et l'oïdium frappent plus les greffes sur Rupestris que lorsque celles-ci sont cultivées franches de pied. »

M. Baco se déclare satisfait de divers hybrides Franco-Américains, il cite comme des plus méritants divers *Franco-Rupestris* : 1202, 603, 33^A2, etc., et le 41^B (Franco-Berlandiéri). « Dans les sols pauvres, secs et calcaires de sa région les Franco-Rupestris donnent satisfaction. Dans les mêmes sols humides, le 1202 et l'Aramon-Rupestris Ganzin n° 1 sont à préférer à l'exclusion de tous les autres types. »

Le 157", les hybrides de Cordifolia, le 41^B, sont considérés par le même auteur comme donnant aux greffes une résistance plus élevée aux maladies cryptogamiques. Au contraire, « l'Aramon-Rupestris Ganzin n° 1 transmet aux greffons un peu trop de son manque de résistance au mildew. »

Dans toutes les questions de la variation de résistance aux maladies cryptogamiques, il y a évidemment plus d'une cause en jeu, au point de vue même du greffage ; les choses se passent pour chaque cep greffé d'une façon plus ou moins différente ; il y a hétérogénéité comme dans le cas des variations de résistance au milieu extérieur.

L'une de ces causes a été fort bien exposée, d'après mes théories, par M. de

---

(¹) F. CARTIER. — *Quelques observations sur les directs en Savoie en 1906 et 1907* (Revue du vignoble, mai 1908).
(²) F. BACO. — *La reconstitution du vignoble dans les Landes et les Basses-Pyrénées*, 1904.

Salvo ([1]); son article mérite d'être reproduit en entier, à cause de sa clarté. Ce travail a été fait, dit l'auteur, « à propos d'une maladie cryptogamique à laquelle on n'a pas encore trouvé et probablement on ne trouvera jamais de remèdes : *la pourriture grise des raisins.*

» Ce n'est pas au hasard que nous disons : probablement on ne trouvera jamais de remèdes, mais bien avec conviction. En effet, cette maladie ne se développe pas à cause d'une cryptogame ou d'un parasite qui attaque les raisins, mais par une *cause mécanique.*

» Quand est-ce que la pourriture grise arrive ?

» Sur les vignes anciennes de Vinifera franches de pied, elle ne se déclarait qu'à la suite des pluies ou d'irrigation du terrain, surtout après une certaine sécheresse, ou dans les vignes plantées en terrains humides, ou là où l'humidité ne fait pas défaut même dans les années de grande sicité.

» Cela arrive parce que, le raisin parvenu à la complète maturité et le plant continuant à pomper l'eau en excès, celle-ci se concentre dans les grains, les gonfle et en fait fendre la pellicule devenue faible. La pulpe du raisin mise à nu est ensuite attaquée par la pourriture grise. Si le sol se maintient sec, ou s'il n'est pas trop humide, le raisin ne pourra se fendre, car la sève brute monte dans les raisins juste en quantité suffisante pour qu'ils ne fendent pas.

» Il est vrai que cette maladie existait même avant la reconstitution par les porte-greffes résistants au phylloxéra, mais *elle ne faisait de ravages qu'après des pluies ou des irrigations.* Aujourd'hui que la vigne française est aux 9/10es reconstituée sur porte-greffes surtout américains purs : Riparia, Rupestris, etc., *cette maladie arrive aussi sans cause apparente,* savoir même sans la pluie et même dans les années sèches.

» Les producteurs directs les plus connus et expérimentés, tels que le Seibel 1, le Couderc 4401, l'Auxerrois-Rupestris, le Fournié, le plant des Carmes et autres, à l'exception du Terras 20, résistent à cette maladie incurable. Des expériences déjà nombreuses le prouvent assez, quoiqu'il y ait de temps en temps quelque voix dissonante qui jette l'alarme en affirmant que des producteurs directs ont été également attaqués par la pourriture grise; bon nombre de viticulteurs, pour cela, s'en méfient et les adversaires des producteurs directs alimentent le feu contre ces derniers, qui pourtant ont bien des mérites en comparaison de la vigne greffée.

» Nous croyons que les uns et les autres, les favorables et les contraires aux producteurs directs, ont raison à ce point de vue. Seulement personne, croyons-nous, n'a fait attention à une chose importante : c'est que la pourriture grise atteint même les producteurs directs, reconnus résistants à cette maladie, lorsqu'ils sont greffés, et que le contraire a lieu quand ils sont francs de pied. Cela nous a conduit à conclure que le mal existe du fait de la greffe et non pas en vertu de la nature de l'hybride producteur direct.

» En effet, M. Roy-Chevrier, dans une étude publiée l'année dernière (1900) dans la *Revue de viticulture* au sujet des expériences faites au Péage sur les producteurs directs, a donné aux hybrides suivants les notes ci-après, où le maximum de résistance a la cote 20 :

» Seibel 1, note 19; Couderc, 4401, note 16; Couderc 28-112, note 16; Franc, note 15.

» Dans le tableau de cette étude, M. Roy-Chevrier a donné la résistance à la pourriture grise des hybrides ci-dessus greffés et leur attribue respectivement les notes 4, 12, 10 et 10. Les cépages sont tous plantés dans le même champ d'expériences du Péage et ils devraient se comporter tous de la même manière vis-à-vis

---

([1]) P. DE SALVO. *Greffage et Pourriture grise* (*Revue des hybrides,* juillet 1901).

de la même maladie; mais il est arrivé au contraire que justement ceux qui étaient greffés se sont montrés beaucoup moins résistants que francs de pied.

» La cause, naturellement, doit donc exister dans la greffe, et nous croyons que les quelques viticulteurs qui se sont plaints de ce mal chez les producteurs directs devaient avoir des cépages greffés au milieu des francs de pied.

» En étudiant avec attention le travail de M. L. Daniel sur la *Variation par la greffe* et la démonstration théorique et pratique qu'il donne des variations de nutrition générale des plantes greffées, nous trouvons que la pourriture grise est, selon toute probabilité, produite exclusivement par la greffe, surtout lorsque le sujet est trop vigoureux.

» En effet, supposons que le plant américain pur, Riparia ou autre, par exemple, ait une capacité fonctionnelle maxima R (racines) dans son appareil absorbant, qu'il pompe dans le terrain une quantié R de sève brute, la transmette à son propre appareil assimilateur (organes aériens) lequel ayant une capacité fonctionnelle assimilatrice maxima A, égale à celle R de l'appareil absorbant, la reçoit, l'assimile en évaporant l'eau et en renvoie la sève élaborée à travers la couche corticale dans toute la plante. Le plant franc de pied fonctionne ainsi parfaitement sans inconvénient, s'il est placé dans un milieu parfait (sol suffisamment humide, air sec et lumière suffisante), car s'il pompe 100 parties de sève brute, il en assimile 100 parties, et l'égalité fonctionnelle existant entre l'appareil radical et aérien, l'équilibre $R = A$ en est la résultante.

» Si l'on prend maintenant un Vinifera, il n'aura pas la même vigueur que le plant américain (cela est déjà bien admis sans discussion); cette vigne aura donc des capacités fonctionnelles R et A moindres que l'américain. Si nous exprimons cela en chiffres, nous aurons pour le Vinifera franc de pied, abstraction faite du phylloxéra, l'égalité $R = 30 = A = 30$; l'équilibre existe et la plante fonctionne normalement dans le même milieu parfait.

» Si maintenant l'on greffe le Vinifera sur l'américain, Riparia ou autre, on aura une association ou symbiose où l'américain joue le rôle d'appareil absorbant (racines) avec $R = 100$, et le Vinifera celui d'appareil assimilateur (aérien) avec $A = 30$. On a alors l'inégalité $A = 30 < R = 100$.

» Qu'arrive-t-il?

» En admettant que la greffe et la soudure soient parfaites, et que le plant ainsi greffé se trouve à un certain âge en production, il arrive que le sujet pompe 100 parties de sève brute et les transmet au greffon. Celui-ci n'ayant qu'une capacité fonctionnelle maxima 30, bien inférieure à celle du sujet, la pléthore aqueuse dans le greffon se déclare et celui-ci, pour évaporer l'excès d'eau, accroit son appareil assimilateur en produisant un plus grand nombre de sarments, de feuilles et de fruits, mais sans cependant pouvoir atteindre la capacité fonctionnelle maxima 100 du sujet.

» Cela explique aussi pourquoi la vigne greffée sur Riparia donne des raisins plus gros et plus précoces, comme dans le cas de l'incision annulaire, car le bourrelet cicatrisé au point de la greffe agit de la même façon.

» Cette pléthore aqueuse ne cause pas de mal jusqu'à la maturité du raisin [1], car au contraire elle exagère l'accroissement des organes aériens; mais cet excès d'eau va se porter sur les raisins mûrs; il en fait gonfler les grains qui se fendillent et deviennent la proie de la pourriture grise.

» Et cela arrive même sans pluie et sans irrigation, car le sujet trop vigoureux et de très grande capacité fonctionelle pompe un excès d'eau justement comme le

---

[1] On a vu par les exemples que j'ai cités que la pourriture grise peut atteindre les organes verts, et la pléthore aqueuse être nuisible avant la maturité du raisin.

erait un Vinifera en temps de pluie. Cela explique pourquoi dans les vignes françaises non encore phylloxérées ou maintenues en vie par le sulfure de carbone, le raisin, sans pluie, ne pourrit pas, tandis que dans les vignes greffées le fait se produit.

» Ce mal est plus ou moins exagéré suivant que la capacité fonctionnelle maxima du sujet R est plus ou moins supérieure à celle A du greffon ou que le sol est plus ou moins humide ou sec. Ainsi sur les Riparia greffés, la pourriture se déclare plus vite, plus forte que sur les Rupestris, moins vigoureux que le Riparia, et encore moins sur les porte-greffes franco-américains, dont la capacité fonctionnelle est bien moindre que celles du Riparia et du Rupestris ([1]).

» Or, la plupart des vignes sur Riparia étant plantées en terrains profonds et frais, où il est adapté, l'humidité ne fait pas défaut pour que la pléthore aqueuse ne survienne. S'il y avait un terrain sec, la pourriture n'arriverait pas, mais la vigne pourrait mourir faute d'adaptation.

» Si la vigne française franche de pied a zéro de résistance à la pourriture grise, elle en a une inférieure à zéro lorsqu'elle est greffée, savoir de 20 au-dessous jusqu'à zéro, suivant la vigueur du porte-greffe.

» Dans les porte-greffes de capacité égale au greffon d'hybride producteur direct la pourriture ne se déclare point, ou du moins elle est moindre, et si l'on ne veut pas reconstituer par les producteurs directs francs de pied mais par greffage, il est bon de choisir ceux qui ont une capacité fonctionnelle égale le plus possible à celle de l'hybride producteur direct choisi.

» Les chiffres 100 et 30 qui ont été, pour la facilité de la démonstration, donnés au sujet américain Riparia et au greffon Vinifera, ne sont pas absolus mais approximatifs. Si l'on veut les établir rigoureusement exacts, on n'a qu'à planter dans le même terrain et les mêmes conditions (humidité, air, lumière, fumure, culture, etc.) les plants francs de pied dont on veut rechercher la capacité fonctionnelle spécifique et doser les cendres de leurs produits aériens (fruits, feuilles, bois, etc.), de sorte que la différence de ce dosage donne la différence de puissance de production aérienne, laquelle, dans ces plants francs de pied, est proportionnelle à la puissance ou capacité fonctionnelle des racines.

» Très probablement la pléthore aqueuse est aussi une des principales causes du plus grand développement des autres maladies cryptogamiques. Les feuilles, les sarments, les fruits et les fleurs, où cet excès d'eau, envoyé par le sujet, se porte, sont ainsi rendus plus faibles et plus faciles à attaquer par ces maladies qui, depuis la reconstitution par greffe, sont devenues plus redoutables qu'avec les anciennes vignes franches de pied. Il peut se trouver aussi que tel ou tel hybride producteur direct qui, franc de pied, n'est point sujet à ces maladies, le soit plus ou moins une fois greffé sur des sujets trop vigoureux, et cela explique peut-être les quelques cas isolés où le black-root a pu attaquer le Seibel 1 ou un autre producteur direct greffé, alors qu'il est indemne franc de pied.

» Cela se conçoit aisément si l'on admet que l'humidité excessive dans l'intérieur des organes végétatifs met ceux-ci dans un état de réceptivité plus grande que là où cet excès d'eau n'existe pas. C'est aussi probablement pour cela que le mildew est aujourd'hui plus difficile à combattre dans les vignes greffées qu'il ne l'était autrefois.

» C'est probablement aussi à cause de cette pléthore aqueuse, surtout dans les vignes sur Riparia, que les raisins sont maintenant moins riches en sucre, moins colorés et plus pauvres en extrait sec qu'ils ne l'étaient lorsque les cépages indi-

---

([1]) Il y a lieu de faire des réserves sur les capacités fonctionnelles relatives, ainsi attribuées par M. de Salvo au Riparia, au Rupestris et aux franco-américains, au moins d'une façon générale en France. Cela n'enlève rien d'ailleurs à la valeur de son explication.

gènes n'étaient point greffés (¹). Il y a toute une foule d'observations à faire pour expliquer tant de déboires, même sur l'affinité au greffage qui peut dépendre de la plus ou moins grande différence des capacités fonctionnelles R et A des plantes à associer par la greffe.

» Nous croyons, en conséquence, que les viticulteurs qui ont des vignes greffées en Vinifera, surtout sur Riparia, et qui désirent éviter la pourriture grise, pourraient y réussir en faisant diminuer artificiellement, dans la période entre la véraison et la maturité, l'humidité du sol, de sorte que les racines, au lieu de pomper par exemple 100 parties de sève, en puissent pomper une quantité assez faible pour ne pas déterminer le fendillement des raisins. Il s'agit en somme, en cas de pluie ou d'humidité, de faire changer le milieu terrain humide en un terrain sec ou peu humide, tel qu'il serait sur une colline où la pourriture n'arrive pas. Ce changement peut être obtenu en pratiquant à un moment opportun le drainage entre les rangs de vignes, savoir en faisant des fossés ouverts plus ou moins profonds, de 30 à 60 centimètres de profondeur entre les rangs ou alternativement; de sorte que l'humidité spécifique du terrain ou celle produite par la pluie puisse diminuer assez pour éviter la pléthore aqueuse (²). »

M. de Salvo termine son travail par ces lignes très sensées :

« Nous avons voulu faire part de ces considérations afin que les viticulteurs, expérimentateurs, les savants et les intéressés puissent, dans l'étude de la reconstitution, soit par des porte-greffes, soit par des producteurs directs, tenir compte de ces observations, vérifier si cela arrive et dans quelle mesure, en tenant compte bien entendu de la différence de vigueur et de capacité fonctionnelle spécifique de chaque cépage pour expliquer les phénomènes et en tirer des règles pour la viticulture. »

M. de Salvo, en demandant des études sérieuses, ne songeait pas au mot d'ordre qui défend de toucher à la reconstitution. Et sans doute il partageait la confiance de M. Jurie, qui avait, après le Congrès de Lyon, pensé que l'on allait entreprendre enfin de tous côtés des recherches désintéressées.

« La nouveauté des idées de MM. Armand Gautier et L. Daniel, disait ce dernier (³), ces magistrales leçons de biologie végétale si en avant dans le mécanisme moléculaire de la plante ne pouvaient manquer de jeter un trouble profond dans les meilleurs esprits; la vision de ces horizons nouveaux, si attrayante qu'elle soit, ne pouvait faire oublier vingt-cinq années d'études et de labeur incessant.

» Mais déjà ces esprits où les intérêts matériels n'existent pas, qui ne voient que le progrès et l'avancement scientifique d'une question nouvelle, se sont ressaisis, prêts, par un travail nouveau, à réparer l'erreur physiologique de la greffe appliquée trop vite et sur une trop vaste échelle. »

Six ans se sont passés, et si M. Jurie revenait aujourd'hui, il perdrait ses illusions sur le désintéressement de certains esprits qu'il croyait, comme lui, amoureux de la vérité pour elle-même.

Cependant, malgré le mot d'ordre, l'on possède aujourd'hui quelques expériences précises sur ce point.

M. de Salvo, voulant prouver que la pourriture grise est atténuée par le greffage d'une vigne sensible à ce champignon sur une vigne qui l'irrigue moins que franche de pied, choisit le Terras 20 dont la sensibilité au Botrytis est bien

---

(¹) Ici encore il y a lieu de faire des réserves, car les déséquilibres de constitution dont parle M. de Salvo peuvent changer de sens pour le sucre en particulier. (Voir ce qui en a été dit dans les précédents chapitres.)

(²) Ces procédés ne sont que des palliatifs. Pour faire disparaître le mal, il faut en supprimer la cause, c'est-à-dire le greffage sur vignes trop vigoureuses et la culture en terrains riches ou humides.

(³) *Revue de viticulture*, 1902.

connue et le greffa sur une vigne française. Le résultat fut parfaitement conforme à ce que la théorie faisait prévoir, et le Terras 20 vit, à la suite de cette greffe, son équilibre fonctionnel rétabli. Ses raisins mûrirent normalement, ne fendirent pas et restèrent intacts sur la souche jusqu'à fin octobre, quand tous les Terras 20 francs de pied avaient eu leurs fruits éclatés et pourris dès le 15 septembre.

M. Jurie [1] a rapporté un fait aussi démonstratif que j'ai pu contrôler chez lui ainsi que d'autres observateurs (MM. Curtel, Ray, Battanchon, Durand, Viviand-Morel, Gouy, etc.).

Il s'agit d'une greffe de Gamay d'Arcenant sur Aramon-Rupestris-Ganzin. « A 5 ou 6 centimètres au-dessous du point de soudure très visible [2], dit M. Jurie, est parti un rejet qui, normalement, devrait être un rameau d'Aramon-Rupestris; au lieu de cela, ce rejet a le feuillage d'un Vinifera trilobé, moins rond que celui du Gamay. A la deuxième feuille, ce rejet portait de superbes raisins sans aucun grain avorté ; les grains étaient plus gros que ceux des raisins du greffon et d'une précocité plus grande d'une huitaine de jours.

» Mon cep se compose donc de deux parties :

» 1° Celle provenant du greffage primitif, deux bras taillés à coursons ;

» 2° Celle du rejet taillé à gobelet.

» Ces deux parties sont dans des conditions de vie différentes ; l'une devant se comporter comme une vigne franche de pied, et l'autre subissant les conséquences du greffage. Or, aujourd'hui, 1er septembre, au lendemain de pluies abondantes, on peut constater, au point de vue de l'éclatement du raisin et de la pourriture, quelle différence existe entre le franc de pied et le greffé. Tandis que sur le rejet, les raisins, de maturité plus avancée, n'ont pas un grain éclaté ou pourri, les raisins du greffon, quoique moins mûrs, sont fortement atteints. Aucune préparation ne peut être faite plus rigoureusement, franc de pied et greffé étant dans les mêmes conditions de milieu. L'effet néfaste du greffage est indéniable ; le bourrelet a mis un obstacle au prompt rétablissement de l'équilibre de l'eau ; la pression osmotique devenue trop forte a provoqué l'éclatement du raisin amenant la pourriture ; dans le franc de pied, l'eau n'ayant pas trouvé d'obstacle, s'est rapidement équilibrée dans toutes les parties de la plante [3].

» Ce cep résume donc la théorie de M. L. Daniel sur l'influence réciproque du sujet et du greffon et sur le déséquilibre que produit le greffage dans les capacités fonctionnelles des plantes ainsi associées. »

Grâce à M. Salomon, de Thomery, j'ai pu constater moi-même une différence très sensible dans la résistance à la pourriture grise d'un raisin de table, le Précoce Lécuriot, quand il est greffé sur Riparia-Ramond ou cultivé franc de pied, à Erquy, dans les Côtes-du-Nord, au bord de la mer. Le terrain où j'ai planté ce cépage est formé de terre végétale provenant d'un même terrain et placée, après un brassage destiné à assurer autant que possible l'homogénéité du mélange, sur un sous-sol uniforme (sables des dunes). Les ceps sont situés à 2 mètres environ l'un de l'autre. Tous les deux ont fructifié en 1907. Aux pluies qui survinrent après la véraison et durèrent jusqu'à la maturité des fruits, les raisins du franc de pied n'eurent que quelques grains pourris, quand les grappes, plus volumineuses et à grains plus gros, plus serrés, du Précoce Lécuriot greffé étaient pourries presque en totalité.

Au cours de mes voyages dans le vignoble, j'ai pu constater à Millery

---

[1] A. JURIE. — *Influence de la greffe sur l'éclatement du raisin* (Revue de viticulture, 1902).

[2] *Lyon-Horticole*, 15 septembre 1905.

[3] Ce cas de greffe offre, dans les variations de résistance au milieu, une grande analogie avec les effets de taille incomplète du poirier (voir précédemment, et L. DANIEL, *Applications à l'horticulture de la théorie des capacités fonctionnelles*. — *Lyon-Horticole*, 15 juillet 1905).

(Rhône), que les Chasselas greffés étaient de conservation moindre que les mêmes Chasselas francs de pied; leur résistance à la pourriture était plus faible.

Dans les raisins de cuve, on m'a fait voir des Chenins blancs qui, greffés, étaient atteints d'anthracnose, quand, à côté, des francs de pied étaient indemnes.

En 1904, j'ai eu l'occasion de voir quelques vignobles de la région de Sauternes, pour lesquels le *Botrytis cinerea*, sous la forme *pourriture noble*, est un important facteur de qualité. On sait que c'est à cette moisissure que l'on attribue, en grande partie, la casse diastasique des vins, quand, au lieu de prendre sa forme pourriture noble, elle se présente sous la forme *pourriture grise*.

Ce qui est remarquable, c'est que le greffage sur sujets vigoureux a, dans les années humides, favorisé l'apparition de la forme pourriture grise au lieu de la forme pourriture noble, au moins dans un grand nombre de cas. C'est, comme conséquence, la nécessité de traitements énergiques des moûts et des vins sous peine de voir ceux-ci atteints par des agents pathogènes redoutables.

L'année 1904 fut particulièrement sèche. La pourriture grise ne se présenta pas. Quant à la forme pourriture noble, elle se montra sur les francs de pied, qui avaient un raisin plus normal, plus aqueux, ayant mieux résisté à la sécheresse. Elle ne vint pas à l'époque habituelle sur les raisins des mêmes vignes greffées dont les fruits étaient plus ridés et avaient moins bien mûri.

La conséquence fut que l'on put vendanger les raisins des francs de pied à l'époque normale. La vendange des greffés dut être remise à plus tard, et le retard de l'apparition de la pourriture noble fut tel qu'il causa de sérieuses appréhensions chez les viticulteurs qui redoutaient, à la fin de la saison, de vendanger par les pluies avec la pourriture grise. Les journaux de l'époque se firent d'ailleurs l'écho de ces craintes [1].

Ces résultats, inverses suivant les conditions météorologiques, sont en apparence contradictoires; mais ils se comprennent fort bien si l'on veut bien se rappeler que la résistance de la peau du raisin dépend de son épaisseur relative et de la cutinisation relative de l'épiderme qui, pour une même variété, sont en rapport avec les milieux interne et externe de la plante et que les déséquilibres causés par la greffe dans la constitution du raisin exercent une action plus ou moins prononcée sur la résistance du fruit aux agents cryptogamiques habituels, ainsi qu'il sera montré plus loin.

Avant de passer à l'étude des variations de résistance des moûts à certaines moisissures, il est préférable d'en finir avec la question des variations de résistance des vignes aux maladies cryptogamiques et d'examiner de suite les conséquences indirectes des traitements antiparasitaires par rapport à la biologie de la vigne, à la nature de ses produits et à leur conservation

CONSÉQUENCES DES TRAITEMENTS ANTIPARASITAIRES.

La recrudescence des parasites et l'augmentation de leurs attaques depuis la reconstitution sont indéniables. Les traitements de plus en plus nombreux et d'efficacité incertaine causent, ainsi qu'il a été dit, des dépenses de plus en plus élevées, ce qui n'est pas sans préoccuper les viticulteurs. Mais ce ne sont pas là les seuls points noirs à l'horizon de la viticulture actuelle.

L'on traite les vignes avec un arsenal varié de produits chimiques qui ont la propriété, à des degrés divers, d'enrayer ou de retarder le développement de tel

---

[1] *Feuille vinicole de la Gironde*, 6 octobre 1904.

ou tel parasite. Cet effet cherché d'un traitement donné est accompagné d'autres résultats souvent imprévus et parfois regrettables ; trop souvent, en effet, les insecticides et les produits anticryptogamiques sont des corps qui ont une action fâcheuse sur la santé des vignes traitées, dont ils entravent le fonctionnement physiologique.

Certaines de ces substances, comme les sels de cuivre, par exemple, étaient autrefois employées exclusivement pendant le développement foliacé de la vigne. Les traitements cessaient six semaines au moins avant la maturation des raisins ; de cette façon ceux-ci ne pouvaient être souillés aussi facilement et n'entraînaient pas avec eux les sels de cuivre dans la cuve.

Aujourd'hui, les maladies anciennes sont devenues plus actives et plus durables qu'autrefois ; les maladies nouvelles importées par la vigne américaine attaquent non seulement l'appareil végétatif, mais l'appareil reproducteur ; certains insectes se logent dans les grappes et y font des ravages très inquiétants. Il est donc nécessaire de traiter la vigne pendant la véraison.

J'ai vu, personnellement, sulfater les vignes quelques jours avant les vendanges, en 1903, à la suite d'une sérieuse attaque de mildew consécutive à des pluies orageuses. Les grains de raisins étaient saupoudrés de monticules bleuâtres de bouillie cuprique, disséminés à leur surface au hasard de la projection des pulvérisateurs. Ces raisins ainsi traités devaient emporter avec eux la bouillie qui passait dans la cuve. Les eût-on lavés soigneusement que les sels de cuivre n'eussent pas disparu en totalité ; puisqu'ils sont solubles, une partie était fatalement dissoute dans la pulpe du grain.

L'on s'est préoccupé, au début de l'emploi du cuivre, de la répercussion que pouvait avoir ce métal sur la santé publique et la marche de la fermentation des moûts ; il est intéressant de rappeler ici l'opinion de M. Viala et de certaines personnes qui ont prôné les bouillies.

« Il était à prévoir, dit M. Viala[1], que les sels de cuivre n'auraient, à cause de leur faible proportion, *aucune mauvaise influence sur la marche de la fermentation ni sur la qualité spécifique des vins*[2].

» Des objections et des craintes basées autant sur la réputation qu'ont eue les sels de cuivre jusqu'à ces dernières années, comme agents toxiques d'une nocuité extrême, ont été émises au début de leur emploi...

» Il reste bien peu de cuivre au moment des vendanges sur les organes des vignes traitées dans le courant de la végétation. »

L'auteur cite à l'appui de ses affirmations des analyses déjà anciennes de MM. Millardet et Gayon (1892), d'où il ressort que par kilogramme de feuilles traitées il y a des quantités de cuivre variant de 95 à 19 milligrammes ; dans les moûts ces quantités s'abaissent à 2 milligrammes ou même à un milligramme par litre. Des analyses faites par d'autres auteurs ont donné des résultats analogues.

D'après des analyses de M. Ravizza, on voit, en outre, l'importance du nombre des traitements par rapport aux proportions du cuivre. Après deux traitements et quatre traitements, une même vigne contient des proportions de cuivre fort différentes et, dans le dernier cas, elles sont très élevées. De ces documents cités par lui, M. Viala ne tient peut-être pas suffisamment compte quand il ajoute :

« Après fermentation, le vin ne contient que des traces de cuivre, moins de un demi-milligramme par litre, d'après les analyses de divers chimistes.

» Lorsque les lies sont déposées et que les soutirages ont eu lieu, l'analyse ne

---

[1] VIALA. — *Les Maladies de la vigne*, p. 146.
[2] Nous verrons plus loin que les idées de M. Viala se sont passablement modifiées depuis sous le rapport de l'action du cuivre sur la fermentation et l'évolution des vins.

révèle que des *traces de cuivre*, les quantités infinitésimales qui restaient sont entraînées avec les lies.

» Les quantités minimes de cuivre qui pourraient, dans quelques cas, se trouver dans les vins, ne peuvent avoir *aucune influence nuisible au point de vue hygiénique : l'action directe sur l'organisme ou l'action intoxicante par faibles doses répétées ne sont aucunement à craindre*. En outre, on en est bien revenu aujourd'hui des idées anciennes sur la nocuité des sels de cuivre. »

Quoi qu'en dise M. Viala, il est certain que les sels de cuivre sont plus ou moins toxiques. Leur action varie suivant la sensibilité relative de la muqueuse intestinale, qui est loin d'être la même chez tous les individus. Personnellement, j'en puis donner une preuve. Très sensible à l'action des sels métalliques en général, que je ne puis supporter même aux plus faibles doses médicamenteuses, je commis, en août 1903, l'imprudence de manger une grappe de raisin provenant de vignes sulfatées. Bien que cette grappe eût été soigneusement lavée, je fus victime d'un commencement d'empoisonnement assez sérieux pour m'obliger à interrompre mes études pendant quelques semaines. A la même époque, je vis un voyageur sérieusement indisposé après avoir mangé des tomates traitées aux bouillies cupriques peu avant leur maturité.

D'ailleurs quiconque a assisté aux vendanges dans les vignes traitées tardivement sait que la gourmandise de certains vendangeurs laisse dans les vignes des traces *sui generis*. Et cela concorde bien d'ailleurs avec le fait connu que, autrefois, l'on sulfatait les vignes en bordure des routes précisément pour éviter que, les jours de foire, les raisins fussent pris par les passants.

Le cuivre fût-il absolument anodin, il ne viendra à l'idée de personne de contester les dangers de l'emploi d'autres substances antiparasitaires telles que l'arsenic, par exemple, qu'on a conseillé en ces derniers temps pour défendre diverses cultures, parmi lesquelles la vigne.

Pourtant nombreux sont les hygiénistes qui ont mis le public en garde contre divers antiseptiques et produits utilisés parfois dans certaine thérapeutique agricole, viticole et horticole, comme aussi dans la conservation des produits alimentaires.

M. Philippe Malvezin, dans un intéressant mémoire ([1]), a courageusement mis, lui aussi, le doigt sur la plaie, et c'est avec raison qu'il critique les agissements blâmables de ceux qui manient avec une insouciance coupable les armes de Locuste. « Si, dit-il, ces vendeurs peu scrupuleux se contentaient d'escroquer l'argent des trop crédules propriétaires ou négociants, il n'y aurait en quelque sorte que demi-mal, puisque quelques intéressés seraient seuls en cause ; mais lorsque les produits vendus sont des toxiques avérés, des poisons violents qui peuvent provoquer dans l'organisme des désordres que l'hérédité transmet, c'est la société tout entière qui a le droit et le devoir de leur demander compte de leurs actes. » L'on ne peut donc qu'approuver l'intervention récente de M. Cazeneuve, professeur à la Faculté de médecine de Lyon et député du Rhône, quand il a appelé l'attention du législateur sur les dangers que présentent pour la santé publique quelques traitements antiparasitaires et l'arsenic en particulier, quand il a essayé d'arrêter certaines personnes sur la pente dangereuse où elles glissent par l'emploi parfois irraisonné des drogues chimiques.

Il est, certes, indispensable de défendre les vignes greffées ou non, les diverses plantes cultivées, d'assurer la conservation des produits alimentaires, c'est entendu. Mais l'on doit éviter d'employer tout produit capable d'altérer la santé du consommateur.

([1]) Ph. MALVEZIN. — *Sur l'emploi des antiseptiques en vinification*, 1907.

Sous le rapport des effets du cuivre et de divers produits qui peuvent, au moment des vendanges, pénétrer dans les moûts, il y aurait des études précises à faire qui fixeraient à la fois le producteur et le consommateur sur les dangers, s'il y en a vraiment, de l'emploi d'une substance antiparasitaire déterminée. Je me borne à poser la question : il ne m'appartient pas de la résoudre.

D'autres problèmes importants sont soulevés par l'emploi de certaines substances antiparasitaires qui ont un retentissement plus ou moins prononcé sur le fonctionnement physiologique des plantes.

Considérons, par exemple, les bouillies cupriques. On sait que les sels de cuivre sont incorporés le plus souvent à la chaux pour former une bouillie neutre. Cette bouillie doit être *adhérente* autant que possible et assez claire pour être projetée sur la plante avec les pulvérisateurs.

Les bouillies cupriques ainsi employées exercent sur la nutrition générale de la vigne et sur ses produits une action fort variable, mais qui est à la fois d'ordre physique et d'ordre chimique.

A la suite de chaque pulvérisation, les organes aériens sont partiellement recouverts de plaques d'étendue, d'épaisseur, de consistance et de concentration variables, suivant les hasards de la chute. Ces taches forment, pendant un temps variable avec l'adhérence relative, autant d'écrans de valeur optique le plus souvent différente, interposés entre la lumière solaire et les parties vertes ([1]), et agissant sur la quantité totale de lumière arrivant à la chlorophylle (opacité relative) ou sur la nature même des radiations (absorption spectrale).

Les bouillies modifient donc deux fonctions importantes des organes verts : l'assimilation chlorophyllienne et la chlorovaporisation. Et la valeur de ce changement fonctionnel dépendra de conditions fort complexes, c'est-à-dire des propriétés optiques quantitatives (épaisseur) ou qualitatives (couleur) du mélange entier, de celles de chaque tache en particulier ; du moment de l'application des bouillies ; du nombre et de la disposition des plaques, de leur épaisseur et de leur consistance relatives ; de la durée d'adhérence ; de la fréquence des traitements ; de la nature spécifique des vignes et de l'âge des organes traités ; des conditions climatologiques et climatériques ; des agents cosmiques ; de la nature propre des symbioses réalisées, etc.

D'autres fonctions essentielles, pour ne pas être influencées de la même façon que les précédentes par la lumière, n'en sont pas moins gênées par les bouillies qui obstruent les stomates, contrarient la double osmose des gaz au travers des membranes épidermiques et le font avec d'autant plus d'énergie que l'adhérence est plus parfaite.

Bouillies cupriques et substances antiparasitaires sont en outre plus ou moins solubles, dans la majeure partie des cas. Quand il en est ainsi, il peut se faire que la membrane épidermique soit perméable pour elles ou le devienne quand elles exercent une action corrosive suffisante pour détruire la région cutinisée. Les produits solubles peuvent alors pénétrer dans les tissus, c'est-à-dire dans le laboratoire constitué par chaque cellule vivante.

Le protoplasma est donc modifié directement par eux, et la sève élaborée deviendra forcément différente, que ces produits agissent par leur simple présence ou par des réactions encore inconnues.

Enfin une partie des substances antiparasitaires tombe sur le sol, et les produits solubles, entraînés par les pluies, vont arriver au contact des poils absorbants de la racine. Si la membrane de ces poils est naturellement perméable à ces

---

([1]) M. Bellot des Minières a le premier appelé l'attention sur le rôle d'écran ainsi joué par les bouillies et montré, par le simple raisonnement, que la nutrition de la plante est viciée par le fonctionnement insuffisant de la chlorophylle. Mais on n'a pas, jusqu'ici, étudié scientifiquement cette question d'une façon rationnelle.

4

substances, elles pénétreront par cette voie dans les tissus de la plante, où elles pourront causer des troubles chimico-physiologiques (1). Quand la membrane se refuse à les absorber, leur action peut encore être nuisible. Qui ne sait combien les racines sont sensibles à la présence, même à l'état infinitésimal, des sels de cuivre, puisque dans les cultures en solutions nutritives on voit se manifester des désordres caractéristiques dans le racinage si l'on emploie de l'eau distillée provenant de chaudières de cuivre au lieu d'eau distillée dans des alambics en verre?

La nature et l'intensité de ces changements dans l'activité chimico-physiologique de la vigne à la suite de la pénétration des substances antiparasitaires seront en rapport avec de nombreux facteurs parmi lesquels on peut citer : la perméabilité relative de la membrane pour un produit donné; la perméabilité du tissu considéré; l'âge de l'organe; l'action plus ou moins corrosive du produit; l'intensité de la brûlure, si celle-ci existe; la réaction de la plante blessée et la production plus ou moins rapide, plus ou moins étendue de liège cicatriciel; les relations du greffon avec son support, s'il s'agit de vignes greffées; l'attaque du phylloxera et l'affaiblissement dû à d'autres parasites, les procédés culturaux, etc. (2).

En outre, l'intensité relative de certains phénomènes ne pourra que s'exalter par la multiplicité des traitements.

L'on conçoit que ces effets physiques et chimiques des produits antiparasitaires sur la nutrition de la vigne aient une gravité incontestable quant à la vitalité de cette plante et à la nature de ses produits. Quand il s'agit des vignes greffées, les déséquilibres produits par les maladies et les traitements sont souvent exaltés par la greffe et s'ajoutent aux déséquilibres provoqués par le greffage.

Il y a aujourd'hui, malheureusement, beaucoup de chances que les maladies anciennes conservent longtemps leur recrudescence et que les maladies importées par les vignes américaines, fléau bien plus redoutable que le phylloxéra, s'installent définitivement dans le vignoble européen. Il serait donc indispensable non seulement de lutter contre les parasites en vue d'assurer tant bien que mal les récoltes comme on l'a fait jusqu'ici, mais aussi de rechercher les traitements les moins nocifs pour l'homme, pour la vigne et les vins. Cette étude est longue et difficile, mais ce n'est pas une raison pour ne pas l'entreprendre en sériant les questions par la méthode comparative. C'est la seule façon d'établir le degré de responsabilité de chaque cause de déséquilibre, de supprimer ou d'atténuer les plus dangereuses.

Or, l'action directe des maladies et des traitements antiparasitaires sur la constitution des moûts ne peut être mise en doute par personne (3). On sait d'ailleurs

---

(1) En 1901, on signalait la nocivité des sels de cuivre sur les plantes dans une note à l'Académie des sciences, et M. J. de Sokolnicki écrivait vers la même époque *(Revue des hybrides,* mai 1901) :

« Mes multiples expériences me permettent d'affirmer qu'il y a lieu de se préoccuper de l'action du cuivre sur la vigne, attendu que le dépérissement des ceps, que sans causes apparentes l'on observe journellement à partir de la 12e ou 15e année de leur plantation, n'est dû qu'à l'intoxication cuprique. »

« Si sur un terrain humide complanté en vignes l'on projette de temps à autre quelques bribes de sulfate de cuivre, la végétation au bout d'un couple d'ans devient languissante; la fructification s'arrête et le cep semble mourant sans la moindre trace de lésion. »

(2) L'on sait combien certains tissus, surtout jeunes, sont sensibles à l'action de la chaux, des sulfates, etc. Les tissus à épiderme fortement cutinisé peuvent être sérieusement endommagés par des produits anticryptogamiques trop concentrés. Certaines variétés de vignes sont sensibles à un produit quand d'autres ne le sont pas. Et l'on sait quelle importance présente le dosage de chaque élément au point de vue de l'efficacité et des conséquences d'un traitement. L'on sait, en outre, et j'ai pu observer le fait en plusieurs points du vignoble, que les vignes qui ont souffert de la sécheresse, qui ont en partie perdu leurs feuilles et ont des raisins flétris comme cela a lieu si fréquemment dans certaines greffes, sont atteintes plus énergiquement par le mildew quand viennent des pluies. Le sulfate de cuivre grille leurs feuilles quand, appliqué au même moment, à la même dose et de la même manière, il n'endommage pas les feuilles des pieds qui n'ont pas souffert ou qui ont mieux résisté.

(3) Des analyses comparatives ont montré nettement l'influence très défavorable exercée sur la nature et la conservation des vins par certaines maladies, en particulier par le mildew, la pourriture grise, etc.

que la qualité et la conservation des vins sont bien meilleures dans les années sèches que dans les années humides, qu'il s'agisse des vins de vignes franches de pied ou des vins de vignes greffées. Sous ce rapport il y a là l'exemple classique de 1893, année sèche, où la qualité des vins fut infiniment supérieure à celle des vins de 1894, année humide où les maladies sévirent avec intensité.

Mais cette action directe n'est pas la seule en jeu. Les produits antiparasitaires, quand ils pénètrent dans les moûts, sont-ils vraiment sans influence aucune sur la fermentation et la qualité des vins, comme le prétendait M. Viala en 1893? Une telle affirmation était, même à ce moment, en contradiction avec les faits. La microbiologie avait montré depuis longtemps déjà l'influence exercée non seulement par les proportions relatives d'un élément de l'aliment chez les champignons inférieurs, mais aussi l'action nocive exercée par certains métaux sur la végétation de ces plantes, en particulier par les sels d'argent dont l'action était très marquée même à des doses tellement minimes que la chimie était impuissante à les déceler.

A ce moment, en effet, M. Rommier ([1]) avait étudié l'influence des sels de cuivre sur les fermentations des raisins de Folle-blanche des Charentes récoltés en 1889, et de ses expériences faites avec des moûts stérilisés par la chaleur, puis ensemencés avec la levure ellipsoïdale de champagne, en présence de doses variables de sulfate de cuivre, il concluait que « le cuivre, qui retarde la fermentation de la levure ellipsoïdale, peut avoir la même influence sur la sporulation de cette levure sur la pellicule du raisin, mais qu'il n'y peut empêcher l'apport d'autres levures par les insectes.

» Ce fait, ajoutait-il, est de peu d'importance pour les vignes à vins communs, dont le raisin a toujours un ferment quelconque, d'une nature plus ou moins bonne. Il n'en est pas de même pour les vins de qualité, dont le bouquet peut être modifié par le changement de la levure qui lui est propre. Aussi doit-on éviter, autant que possible, les applications tardives des sels de cuivre sur les feuilles de la vigne pour les préserver du mildew. »

De même, en 1891, M. Petit avait signalé, dans la *Vigne américaine*, l'influence des sulfatages sur la maturité et la pourriture dans le pays de Sauternes.

L'on remarquera que, à cette époque, on ne faisait pas autant de traitements tardifs pendant la véraison, comme cela est *obligatoire* aujourd'hui, et pourtant, malgré cela, l'action du cuivre était bien nette sur certaines levures et par suite sur la qualité du vin étudié.

M. Viala en est d'ailleurs bien revenu, pour me servir de son expression relative à la nocivité du cuivre, de son opinion première sur l'action du cuivre dans la fermentation, ainsi qu'en témoignent les lignes suivantes qui expriment, avec un peu d'embarras, sa nouvelle façon de voir.

« Aucun soin de culture, dit-il ([2]), ne doit évidemment être négligé dans les vignes à grands vins, et les traitements contre les maladies cryptogamiques sont peut-être plus indispensables dans les grands crus que dans tout autre vignoble. Et cependant, cette question de l'emploi des sels de cuivre n'est pas sans préoccuper beaucoup d'œnologues par les conséquences qu'ils paraissent avoir sur l'évolution des vins et même sur leur fermentation. Il semble bien — et il ne faut pas craindre de se mettre en présence du fait — que la présence, pour si minime soit-elle, de sels de cuivre dans le moût en fermentation produit des modifications d'où résultent, sinon des altérations de qualité, du moins des *propriétés moins solides de conservation pour les grands vins*.

([1]) Rommier. — *Sur la diminution de la puissance fermentescible de la levure ellipsoïdale du vin, en présence des sels de cuivre* (C. R. de l'Académie des sciences, 10 mars 1890).
([2]) Viala. — *La Viticulture dans le monde* (Revue de viticulture, 1903).

» Nous ne pouvons sans doute pas songer à remplacer les traitements cupriques contre le mildew ou le black-root, ni diminuer les doses des bouillies (¹); mais nous avons à rechercher si d'autres systèmes qui, dans les époques de traitement par exemple, concentreraient toujours l'emploi des sels de cuivre bien avant la véraison, ne nous permettraient pas d'éviter le danger réel d'apporter à la cuve trop de sels de cuivre. Ces sels de cuivre se précipitent sans doute entièrement dans la cuve et on n'en retrouve pas trace dans le vin (²), mais leur action directe sur la fermentation et indirecte sur le vieillissement du vin n'en est pas moins réelle et dangereuse. »

« Si les sels de cuivre, dit M. de Sokolnicki (³), sont néfastes à la vigne, c'est bien pis pour la tenue et la durée des vins dont la presque pluralité sont maigris et finis vers la cinquième année. Heureux lorsqu'ils ne tournent pas en bouteilles, ainsi qu'en justifieraient au besoin de nombreux négociants de notre Bordelais. »

Je n'insisterai pas davantage sur ces questions (⁴) qui n'ont qu'un rapport indirect avec celles que je me suis proposé plus spécialement d'étudier dans ce travail. Si j'ai dû en parler ici c'est que, conformément à la tactique habituelle, on s'en est servi pour essayer de mettre le greffage hors de cause à propos de la qualité défectueuse de certains vins ou de leur défaut de conservation. Il était nécessaire une fois de plus de remettre les choses au point.

Les maladies de la vigne et les traitements aux sels de cuivre ont une responsabilité sérieuse dans le déséquilibre des vins, c'est incontestable. Mais cela ne met pas le greffage hors de cause, car la *reconstitution est responsable* de l'introduction des maladies nécessitant l'emploi des sels de cuivre, comme aussi de l'augmentation de la virulence de plusieurs maladies anciennes. Il ne faut pas déplacer les responsabilités.

Variations de la résistance des mouts des vignes greffées.

Dans les pages précédentes, l'analyse comparative des moûts de quelques vignes greffées et franches de pied a montré que la greffe provoque dans les moûts des *différences de constitution* plus ou moins prononcées suivant les cépages greffons considérés et la nature de leur sujets, comme aussi suivant les conditions extérieures.

Ces variations, plus considérables que dans les francs de pied correspondants, sont *directement* produites, soit par l'opération elle-même, soit par les changements qu'elle amène dans la biologie du greffon et de son sujet.

Elles ne sont pas seules; elles sont accompagnées d'autres changements qui, pour avoir été éliminés dans les expériences citées, n'en existent pas moins dans les vignes reconstituées : tels sont ceux dus à l'emploi de la culture intensive, de la taille longue, au déplacement du vignoble des parties hautes vers les parties basses plus fertiles et mieux irriguées; aux maladies cryptogamiques et aux traitements antiparasitaires.

Cet *enchaînement* est tout naturel et des plus logiques : cependant on l'a nié tout récemment encore. Bien que j'en aie donné déjà des preuves convaincantes,

---

(¹) Voilà donc, avouée par M. Viala lui-même, une des graves conséquences de la reconstitution; on a pallié l'action du phylloxéra, mais l'on a introduit des parasites bien plus dangereux, qui ont déjà rendu presque impossible la culture de certaines variétés de vignes françaises.
(²) L'auteur oublie qu'il a dit, dans son livre des maladies de la vigne, qu'il existe des traces de cuivre dans les vins.
(³) J. de Sokolnicki. — *L'action du cuivre sur la vigne et le vin* (*Revue des hybrides*, mai 1901).
(⁴) On trouvera des détails intéressants dans la brochure déjà citée de M. Philippe Malvezin et dans le rapport de M. Sémichon, au Congrès d'Angers.

je crois devoir revenir ici sur quelques points que j'ai déjà traités, ajouter de nouvelles preuves prises dans les écrits d'américanistes qu'on n'accusera pas de dénigrer la reconstitution (¹) ou de professer de coupables hérésies.

« Il est certain, a écrit M. Prosper Gervais(²), que l'on traite à présent la vigne de tout autre manière qu'autrefois(³) : non-seulement il est indispensable de la défendre contre les maladies cryptogamiques qui sont venues faire cortège au phylloxéra, mais encore on sent le besoin de l'entourer de soins multiples, propres à lui permettre de lutter contre les maux qui la menacent ou l'assiègent et de produire le maximum d'effets utiles. Pour tout dire, on s'est mis à appliquer cette *culture intensive* (⁴) qui a si heureusement transformé d'autres branches de l'agriculture. Les fumures ont pris la première place dans les préoccupations des vignerons et nous les voyons jouer un rôle en quelque sorte prépondérant dans la culture des vignes greffées. J'ai dit des fumures qu'elles constituent le *nœud* de la viticulture nouvelle et je tiens pour certain que, dans bien des cas, elles exercent une action décisive sur la *tenue* des vignes greffées... »

A propos du vignoble russe, le même viticulteur est plus explicite encore :

« Avec les vignes greffées, dit-il, il n'en va pas comme avec nos vignes franches de pied; elles sont moins accommodantes, plus susceptibles, plus sensibles et une foule de soins leur sont nécessaires qui sont des conditions *sine quâ non* de leur emploi... »

Il n'est pas sans intérêt de rappeler que M. Prosper Gervais avait, aux Congrès *internationaux* de Paris (1900)(⁵) et de Lyon (1901), constaté par lui-même et d'après M. Castel, l'influence du sujet sur les qualités du vin (⁶).

Il en arrivait donc, à ce moment, à des idées très voisines des miennes, comme de celles que M. Ch. Laurent a exposées dans ses travaux, et les faits qu'il cite montrent bien nettement que les vignes françaises greffées ne conservent point leur autonomie et que leur chimisme n'est plus le même.

Cependant, tout récemment, au Congrès international d'Angers, présidé par M. Prosper Gervais, l'on a émis sur les effets du greffage par rapport à la tenue des vignes greffées et à la qualité des vins des opinions opposées aux précédentes, d'ailleurs souvent contradictoires, et dont quelques-unes ont un intérêt particulier. L'une des plus curieuses est celle de M. Bacon(⁷), qui s'est exprimé ainsi en se basant sur des expériences négatives de M. Ravaz, relativement à la réaction spécifique du sujet sur le greffon et inversement :

« Le grain de raisin reçoit des racines et des feuilles les éléments nutritifs qui lui sont nécessaires; mais ce grain de raisin possède une *autonomie spéciale*

(¹) A propos du Beaujolais, M. P. Gervais a écrit :
« Les produits de la vigne deviennent si incertains, si aléatoires, si peu rémunérateurs, que les vignerons refusent de poursuivre cette culture sur les bases séculaires qui avaient cependant assis sa prospérité. De telle sorte que les pays à vigneronnage sont, comme les pays à *monoculture*, sous le coup d'une *irréparable déchéance*. » (P. GERVAIS, *Une solution à la crise viticole*. — *Revue de viticulture*, 18 janvier 1902.)

(²) P. GERVAIS. — *La crise phylloxérique* (Rapport au Congrès international de Rome, 1903, p. 14 et suiv.).

(³) « Autrefois, a dit M. Coste-Fleuret, on fumait la vigne à des intervalles très éloignés et l'on pouvait la considérer comme alimentée par les réserves du sol. »
« Avec la vigne française dont les racines plongeantes allaient fouiller le sol dans sa profondeur, on avait moins à redouter un défaut d'équilibre entre les proportions des substances azotées et des éléments minéraux dans les engrais. Aujourd'hui, avec les cépages américains, il n'en est plus de même. » (P. COSTE-FLEURET, *Action spécifique de l'acide phosphorique sur la végétation et les produits de la vigne*. — *Revue de viticulture*, 2 novembre 1901.)

(⁴) « Malheureusement, dit encore M. Coste-Fleuret, c'est principalement aux matières azotées d'origine animale ou végétale que l'on a eu recours pour développer la production de nos vignobles... C'était, suivant l'expression de Liebig, suivre les errements de la *culture vampire*... »

(⁵) Ce Congrès avait lieu au moment de l'Exposition internationale de 1900.

(⁶) Voir p. 151 du 1ᵉʳ fascicule de cet ouvrage et les C. R. des Congrès de Paris (Expositions internationales de 1900) et de Lyon (1901).

(⁷) BACON. — *Le greffage et la qualité des vins en Anjou* (C. R. du Congrès international d'Angers, p. 135).

incontestable, qui lui permet de recevoir ces éléments nutritifs et de les modifier à sa façon, suivant une loi qui est propre à chaque variété, formant ainsi, *quelles que soient les circonstances extérieures*, un produit toujours identique à lui-même. »

S'il en était ainsi, les moûts d'une même variété de vigne auraient une composition constante; les différences signalées dans la constitution des moûts et des vins de vignes greffées par les divers chimistes dont j'ai rapporté les analyses n'existeraient pas [1]; et il n'y aurait pas lieu d'en poursuivre l'étude pour en déterminer les conséquences relatives à la vinification. Il est vrai qu'alors une même variété de vigne donnerait le même raisin dans tous les sols, sous tous les climats et il n'y aurait pas de bonnes et de mauvaises années, ni de crus pour cette variété.

Ce serait la justification complète des prétentions de ceux qui, à l'étranger, ayant greffé nos variétés de vignes de grands crus, croient avec M. Ravaz que la greffe supprime l'influence du sol et prétendent avoir ainsi les mêmes produits que les nôtres, ce qui est heureusement impossible ainsi que je l'ai déjà démontré.

Enfin, et c'est ici le moment d'aborder cette question importante, si le raisin n'avait point été influencé par toutes les circonstances extérieures qui, dans la reconstitution, ont agi sur la vigne européenne, les méthodes de vinification n'auraient pas subi les *changements profonds* que tout le monde connaît et qu'a fort bien exposés M. Sémichon dans son rapport au Congrès international d'Angers.

Je reproduirai ici ce rapport dans ses parties les plus intéressantes, parce que, présenté dans un *Congrès international*, il fixe des *points d'histoire*, conformément à ce que j'avais établi moi-même. Cependant, ce rapport fut *longuement applaudi*, disent les comptes rendus officiels... C'est la preuve que certains documents peuvent être *hérétiques*, *nuisibles* à la viticulture et *faux* quand je les invoque pour justifier mes théories, et être *orthodoxes*, *utiles* à la viticulture et *vrais* quand ils sont commentés d'une certaine façon par mes adversaires.

M. Sémichon étudie d'abord la vinification avant le phylloxéra, puis la vinification depuis le phylloxéra [2] :

« Après les premiers ravages du phylloxéra et la renaissance des vignobles français, dit-il, c'est vers le matériel vinaire et les *procédés mécaniques de vinification* que se sont d'abord portés les efforts du progrès; c'était rationnel. A l'époque où le vin se vendait cher, on cherchait à tout utiliser parce que toute opération couvrait les frais de main-d'œuvre et faisait profit. D'ailleurs, à la suite de la découverte de la submersion des vignobles comme moyen défensif contre le phylloxéra, on planta surtout les plaines; les premiers porte-greffes américains qui réussissaient mieux dans les terres franches d'alluvion agirent dans le même sens et la *prédominance des vignes de plaine s'affirma*. La nécessité de rentrer vite des récoltes abondantes poussa encore au développement de la machinerie qui déborda même par la suite sur les coteaux, bien souvent avec exagération. Le viticulteur *se laissa éblouir* par les calculs de *rendement* et de prix de revient *sans se soucier* que le matériel métallique pouvait avoir une *action fâcheuse* sur la

---

[1] Voir les comptes rendus du Congrès d'Angers, 1907. — Le rapport de M. Pacottet contient ces lignes que je me contente de reproduire : « Doit-on même chercher à refaire les anciens vins? Il ne semble pas que cette restauration doive être tentée pour l'instant. On veut aujourd'hui des vins alcooliques, corsés et fruités, à aspect et à caractères de vins jeunes. Il faut, avant tout, sastisfaire la clientèle jusqu'au jour où elle reviendra aux vins légers, peu teintés, très parfumés d'autrefois. »

[2] Sémichon. — *L'évolution des méthodes de vinification* (C. R. du Congrès international d'Angers, p. 212 et suiv.). J'engage vivement le lecteur qui désire se faire une opinion motivée à lire ce rapport en entier, ainsi que les comptes rendus très instructifs du Congrès d'Angers.

qualité du vin, aussi bien par le contact direct du métal que par l'influence de manipulations et d'aérations exagérées (¹).

» En dépit des installations les plus somptueuses et des machines les plus perfectionnées, la vinification comportait toujours beaucoup d'aléas ; les *vins piqués, cassés* et *tournés* apparaissaient encore de temps en temps dans les caves sans qu'on puisse toujours en *discerner clairement les causes* et les remèdes.

» Autrefois, ces accidents n'avaient pas la même importance ; les vins qui présentaient une défectuosité étaient livrés aux flammes et donnaient des eaux-de-vie dont la vente laissait encore un petit bénéfice, de sorte que *les vins malades se trouvaient rarement entre les mains des consommateurs*. Hélas ! Ce fut encore une des mille conséquences fâcheuses du phylloxéra ; le marché des eaux-de-vie, à la faveur de cette grande crise viticole, a été envahi par les alcools d'industrie d'un prix de revient trois ou quatre fois moindre ; aussi n'y a-t-il plus de place sur ce marché que pour les eaux-de-vie de marque, et les esprits de qualité courante produits par les vignobles méridionaux ne s'y vendent plus qu'à perte. De là est résultée *la multiplication sur le marché des vins défectueux*. Les *insuccès de la reconstitution du vignoble* (²), les hésitations, *les difficultés d'adaptation des vignes greffées* (³), l'apparition de *nouvelles maladies cryptogamiques*, du mildew, du black-root, *devaient fatalement* (⁴) avoir leur répercussion sur la qualité des vins, occasionner des accidents plus nombreux et faciliter même le développement des décompositions microbiennes, *nouvelles causes d'accumulation des vins défectueux* (⁵).

(¹) On peut ajouter à cela les modifications de l'encépagement et l'emploi des plants d'abondance, ce qui est aussi de l'*histoire*. « Le nouvel encépagement adopté dans le Midi à la suite de l'invasion phylloxérique, dit M. Roy-Chevrier, a accordé une place beaucoup trop large à des plants d'abondance et à jus incolore, tels que l'Aramon. Il est tout indiqué, pour faciliter la vente de leur vin, pâle et aqueux, de leur adjoindre d'autres cépages, teinturiers et plus alcooliques et plus corsés. Quelques hybrides directs ont montré qu'ils étaient capables de jouer ce rôle. Les maîtres de la viticulture, ceux dont les avis font autorité, s'inclinent devant cette nécessité quasi humiliante. (Roy-Chevrier, *Les producteurs directs et la qualité des vins*, C. R. du Congrès d'Angers, p. 196). C'est aussi l'avis de M. Prosper Gervais, *L'avenir de la culture méridionale* (Revue de viticulture, 1906).

« Qui eût pu prévoir, il y a vingt ans, dit encore M. Roy-Chevrier, que les Viniferas greffés, fins cépages à jus blanc, emprunteraient aux hybrides directs l'alcool et la couleur que leur refuse trop souvent le soleil, et le supplément d'extrait sec que réclament à la fois le soin de leur santé et les exigences de l'exportation ? » (Roy-Chevrier, *Ibid.*, Congrès d'Angers, p. 193.)

M. Duarte d'Oliveira n'a-t-il pas aussi (Congrès d'Angers, p. 155) signalé l'emploi, dans la reconstitution en Portugal, de cépages d'abondance, analogues aux pisse-vins français ?

(²) « La reconstitution a commencé en Bourgogne par de graves erreurs. » a dit M. Pacottet dans son rapport au Congrès d'Angers (C. R., p. 120).

(³) « Il est évident, dit M. Duarte d'Oliveira, que la maturation s'accomplissant plus difficilement sur les plants greffés qu'avec les plants indigènes (*Vitis Vinifera*), il en résulte logiquement une diminution de sucre et d'alcool, sans augmentation de glycérine et d'éthers *qui modifient le vieux type caractéristique du Porto*, malgré toutes les *corrections œnologiques*. » (Duarte d'Oliveira, *Le greffage et la qualité des vins de Porto*, C. R. du Congrès d'Angers, p. 154).

M. Kosinsky signale deux faits importants au même Congrès : « 1° la faible résistance des raisins de vignes greffées aux maladies cryptogamiques, à cause de leur pellicule plus mince, qui en fait une proie plus fréquente, surtout à la pourriture grise ; 2° la diminution notable de la coloration des vins récoltés, cause importante de la diminution générale de culture des cépages à vin rouge.

» Tout cela impose la nécessité de vendanger les grappes des vignes greffées avec une précaution plus grande et d'exécuter pour la fabrication des vins un très soigneux triage des grains atteints de maladie. Les vins rouges d'une coloration intense et suffisamment brillante sont devenus, malgré tout cela, exceptionnels dans les années humides ; et même les vins blancs sont devenus plus sujets aux maladies des vins résultant des altérations des grains. » (V. Kosinsky, *Le greffage et la qualité des vins de Hongrie*, C. R. du Congrès d'Angers, p. 171.)

(⁴) Comparer avec ce que j'ai dit maintes fois dans mes travaux. Ce sont les termes mêmes dont je me suis servi.

(⁵) Comparer avec ce qu'a écrit M. P. Gervais : « Il est manifeste, dit-il à propos de la crise viticole, que l'exagération des plantations, l'application immodérée de la culture intensive, la poursuite excessive des gros rendements, la surabondance des récoltes, la pléthore d'une production mal réglée en désaccord avec les besoins de la consommation, ont exercé une influence décisive qu'il était aisé de prévoir...

» M. le docteur Cot a mis le doigt sur la plaie : il a diagnostiqué le mal et l'a défini d'un mot : *Nous avons trop de vins et trop de mauvais vins*. C'est la vérité même : trop de vins en 1900 ; trop de vins en 1901 ; trop de

» Les *anciennes habitudes de vinification*, l'emploi empirique du soufre, du plâtre et du sel, déjà insuffisantes pour empêcher les altérations, sont *devenues manifestement impuissantes*. Le terrain était alors admirablement préparé à l'éclosion d'une foule de pratiques nouvelles préconisées par certains industriels, et le viticulteur désemparé était particulièrement disposé à accueillir toutes les panacées. *Aux vieux usages d'antan, qu'on pourrait appeler la* **médecine des plantes**, *vint se substituer la* **médecine des drogues**, *infiniment plus dangereuse si elle n'est pas bien réglementée*.

» Avec des allures quasi scientifiques et sous des étiquettes où le barbarisme le dispute au charlatanisme, certains commerçants sans scrupules ont proposé des remèdes infaillibles et ont trop habitué certains vignerons sans méfiance à *apprêter leurs vendanges* à la sauce du jour, mise à la mode par une habile réclame.

» Je me hâte d'ajouter qu'une réaction heureuse contre cette tendance s'est produite et se propage tous les ans depuis que des maisons sérieuses ont réduit ce commerce des *produits dits œnologiques* à ce qu'il doit être, ne les vendant que sous leur nom propre, avec garantie de composition et d'origine, et avec l'indication des cas particuliers où l'on peut tirer un avantage de leur emploi.

» Ces deux écueils dans la vinification, *exagération de la machinerie* et *exagération de la droguerie*, sont presque aujourd'hui dans le domaine du passé (¹). *Ils ont touché peu ou prou tous les vignobles*, et si les derniers reconstitués en ont moins souffert, c'est qu'ils ont profité de l'expérience des autres. Ces tendances étaient d'ailleurs pour ainsi dire la continuation de l'empirisme d'autrefois simplement transformé dans sa manière. On n'y considérait presque pas la conduite rationnelle des phénomènes physiologiques et chimiques qui sont l'essence même de l'industrie du vin (²). Cette conduite rationnelle, c'est la vraie science œnologique. Elle avait un rôle bien intéressant en jetant un peu de lumière au milieu de tant de pratiques obscures. Nous allons voir comment, guidée par les découvertes de Pasteur, cette science a peu à peu progressé. En prévenant les accidents et les maladies des vins, elle devait délivrer la vinification d'une foule d'aléas et *l'hygiène alimentaire de certains dangers*. »

On reconnaîtra que cet historique de la transformation progressive des procédés de la vinification ne peut être plus précis et plus conforme à ce que j'ai dit

---

mauvais vins en 1900, trop de mauvais vins en 1901. Et ce sont les mauvais vins qui sont la cause essentielle, la cause unique pour ainsi dire de *l'intensité de la crise.....* » (P. Gervais, *Une solution à la crise viticole*. — *Revue de viticulture*, 11 janvier 1902).

(¹) Voici ce qu'écrivait en 1901 M. Prosper Gervais, auquel nous laissons la responsabilité de ses assertions : « Nous avons vu, dès le début de l'année 1901, un *certain commerce* rechercher les mauvais vins de préférence aux bons. Il faut que cela soit dit : nous avons vu de nombreux courtiers sillonner nos campagnes à la recherche des vins *tournés* ou *cassés*, ou sur le point de l'être, les acheter à vil prix — depuis un franc l'hectolitre ! — et faire de ces achats le point de départ d'une campagne de baisse qui a tout gagné de proche en proche et a eu pour résultat l'effondrement de tout le marché. Ce sont ces vins, savamment remaniés par d'habiles chimistes-œnologues, sulfités, bisulfités, sulfuriqués, phosphoriqués, collés, filtrés, maquillés, remis sur pied, qui, durant toute la campagne de 1901, étaient expédiés à Paris à 8 fr. 50 et 9 francs l'hectolitre franco des deux ports !

» Il convient d'affirmer bien haut qu'il n'est point de remède à la situation actuelle, si l'on ne s'applique à obtenir, avant tout et par-dessus tout, la **sincérité du produit**. » (P. Gervais, *Une solution à la crise viticole*. — *Revue de viticulture*, 11 janvier 1902.)

Diverses questions se posent pour celui qui lit ces déclarations si nettes : d'où proviennent donc ces vins avariés et guéris, dont le nombre est tel qu'il a pesé ainsi si lourdement sur le marché ? Ne serait-ce pas des produits de *vignes greffées* et *reconstituées* d'après les méthodes chères aux américanistes ? Poser la question, c'est la résoudre. Quelques-uns des produits employés pour guérir les vins avariés ne sont-ils pas les mêmes que ceux employés légalement, avec mesure, sous le nom de *correctifs des vendanges* ou d'antiseptiques ? Le danger qu'ils peuvent présenter tiendrait-il exclusivement au *moment* de leur emploi ? En un mot, peuvent-ils être bons comme *préservatifs* et mauvais comme *remèdes* ? C'est un point sur lequel il serait bon d'être fixé.

(²) Cela n'empêchait pas cependant les vignerons d'autrefois de faire d'excellents vins, se conservant en général fort bien. Ces faits sont bien significatifs et confirment ma thèse. Combien les anciens vins auraient été parfaits si on leur avait appliqué les procédés perfectionnés d'aujourd'hui !

à plusieurs reprises des conséquences de la reconstitution et du greffage (¹). La suite du travail de M. Sémichon n'est pas moins probante.

« La plupart des accidents et des maladies des vins ont pour origine une *constitution défectueuse des raisins* causée, soit par une maturation mauvaise, soit par l'action des insectes ou des cryptogames parasites de la vigne. Il en résulte que les levures sont dans de mauvaises conditions de développement, que la fermentation s'opère mal ou est incomplète, que les germes bactériens toujours abondants sur la vendange se trouvent au contraire dans un milieu qui leur est favorable. Or, c'est presque toujours par des végétations microbiennes que les vins s'altèrent, un peu plus tôt ou un peu plus tard, au point de perdre leur qualité de boisson hygiénique et alimentaire... »

Ce principe posé, M. Sémichon dit que l' « on doit aiguiller les efforts et les progrès en œnotechnie vers les *mesures préventives* ». Et il ajoute : « D'après ce qui vient d'être dit sur l'origine des maladies du vin, on peut penser que les actions préventives dans la technique œnologique seront de deux ordres, d'ailleurs reliés très intimement : les unes tendront à *corriger* (²), dans la mesure du possible, la *composition anormale* des raisins ou des moûts ; les autres pourront avoir un effet physiologique susceptible d'entraver le développement des germes de maladie. »

L'auteur étudie les *correctifs de la vendange*, dont quelques-uns étaient employés même avant le phylloxéra : sucre, tartrate neutre ou carbonate de potasse, acide tartrique, tanin, et pour lui leur emploi est à conseiller : « Il suffit que ces diverses pratiques soient faites avec *ménagement* au moyens de *produits purs*. » Comme on le voit, il n'est pas d'accord complètement avec M. Couderc, dont j'ai cité précédemment l'opinion à propos de la *nocivité* de ces substances (³).

Passant ensuite aux mesures d'ordre physiologique, il dit que l'on « a été contraint d'abandonner en grande partie les espérances que l'on avait fondées sur la *méthode des levures pures ensemencées dans des moûts stérilisés* ». La raison, c'est la grande *variabilité des moûts*, ce qui fait qu'une levure bien adaptée une année ne l'est plus l'année suivante.

« Le problème s'est alors posé autrement.

» Les raisins mûrs apportent à la cuve des levures nombreuses parmi lesquelles certaines sont mieux adaptées à la composition du moût et s'y développeront avec plus d'activité, elles prendront le pas sur les autres. Également ces raisins apportent des ferments très divers qui, s'ils se multiplient, causeront des altérations plus ou moins graves ; parmi eux se trouvent notamment les germes des maladies qu'on rencontre le plus souvent dans les vins.

» *Quelles sont les causes qui, dans un vin bien réussi, entravent presque*

(¹) Je prie le lecteur impartial de comparer ces documents, présentés dans des Congrès *internationaux*, avec l'article plus modéré, certes, que j'ai fait paraître dans le *Times* sous le titre de : The Crisis in the Vineyard. London, 25 avril 1908, et qu'a reproduit l'*Œnophile* sous le titre de : *La crise vinicole mondiale*, numéro de mai 1908. Les faits que j'ai rapportés étaient, comme on voit, puisés à bonne source, puisqu'ils m'étaient fournis par des adversaires avérés de mes théories. Voir également le rapport instructif de M. Pacottet sur *Le greffage et la qualité des vins en Bourgogne* (C. R. du Congrès d'Angers, p. 109, etc.). — Pourtant ces mêmes adversaires m'ont accusé de soutenir une thèse *mensongère* et même *antipatriotique !*

(²) Voir ce qui a été dit p. 176, à propos de ces *corrections obligatoires*.

(³) Dans son rapport au Congrès d'Angers, où « l'orateur fut très applaudi », M. Roy-Chevrier s'exprimait ainsi : « Le greffage a maintenu la qualité de nos vins, c'est entendu. Mais il n'a pu empêcher que la jeunesse des vignes nouvelles, le *Botrytis*, le *Mildew*, la *Cochylis* et autres plaies égyptiaques n'aient fait, certaines années, de nos grands vins de Pinot *de tout petits vins*.

« Au chevet du vin malade s'est abattue la légion des médecins et apothicaires œnologues, les uns armé de pilules de tanin, de globules d'acide citrique, de cachets de métabisulfite, d'infusions de Banyuls, de sirop de glycérine et *autres remèdes inavouables* offerts **avec discrétion assurée**, les autres de seringues compliquées et diverses appelées pasteurisateurs ou filtres, et le patient torturé de toutes les façons a gardé du cauchemar de sa maladie le plus désagréable souvenir. Il s'est demandé comment s'y prenaient ses ancêtres pour vivre *centenaires* et inspirer à la ronde l'amour et l'envie par l'éclat de leur santé rutilante. » (Roy-Chevrier, *Les producteurs directs et la qualité des vins*, C. R. du Congrès d'Angers. p. 202.)

complètement la multiplication des bactéries et même celle des levures sauvages, qui aident par conséquent les levures les plus actives, les meilleures au point de vue industriel?

» Résoudre ce problème serait assurément nous ouvrir une voie féconde.

» C'est certainement dans les *variations de composition des moûts* (¹) qu'on est le plus tenté de chercher la solution... L'acidité est un facteur important qui peut déterminer la prédominance d'une espèce ou d'une autre; la richesse saccharine a aussi son influence; de même la nature et la qualité des matières azotées. »

Enfin, M. Sémichon examine le rôle en vinification des antiseptiques naturels ou apportés : alcool, couleur, tanin, sucres, matières azotées, acide sulfureux. Et il termine son exposé du traitement des vendanges par les lignes suivantes :

« La réaction du milieu fermentescible sur les micro-organismes qu'il contient est particulièrement importante et cependant difficile à préciser. Ce milieu est constitué par l'ensemble d'une foule de substances qui agissent chacune à leur manière sur les cellules vivantes. La *réaction du milieu* est la résultante de toutes ces actions particulières. Il faut donc savoir comment ces actions se combinent, comment elles s'ajoutent ou se retranchent; se neutralisent-elles en contrariant leurs effets ou bien chacune agit-elle séparément en toute indépendance de l'action des autres?

» Autant de problèmes à résoudre dont nous ne possédons pas encore la clef. »

Rappelons à l'appui de l'exposé de M. Sémichon que, en 1904, MM. Mazé et Pacottet(²), ayant étudié deux vins tournés et amers, dont l'acidité était peu élevée, ont écrit les lignes suivantes :

« La constitution du vin jouerait ainsi un grand rôle dans l'évolution et la spécificité de la maladie. Nous avons dit que les diverses espèces de ferments que nous avons isolés peuvent se développer indifféremment dans un vin susceptible de s'altérer : l'histoire de nos deux vins amers en est une preuve.

» Et on peut se demander si en réalité ce n'est pas la *composition du vin* qui détermine le germe de la maladie qu'il est susceptible de présenter sous l'influence des invasions microbiennes. »

M. Cazenave prétend qu'il y a « une *résistance spécifique du vin* connue dans ses effets et non dans ses causes » (³).

J'arrête ici ces longues citations, malgré tout leur intérêt, parce que je suis obligé de me borner. Elles sont d'ailleurs assez démonstratives pour éclairer le lecteur qui veut juger impartialement la reconstitution et ses résultats.

Les divers problèmes dont a parlé M. Sémichon ne peuvent être tous examinés

---

(¹) « Tous les viticulteurs sont unanimes pour répondre que le vin récolté aujourd'hui est moins alcoolique, plus riche en acidité et surtout *moins facile à conserver* que celui que l'on obtenait avec les anciennes vignes (province de Messine), mais qu'il reste toujours de bon goût. » (F. Paulsen, *Influence du greffage sur les produits des vignes greffées*, C. R. du Congrès d'Angers. p. 159.)

Voir, pour les changements de constitution du raisin, les très curieux rapports de M. de Dreux-Brézé sur *Le greffage et la qualité des vins d'Anjou* (C. R. du Congrès d'Angers, p. 122, 1907) et de M. Lepage, professeur à la Station viticole de Saumur, sur le même sujet (C. R., p. 140). La discussion qui suivit ces rapports, d'après les comptes rendus officiels, est des plus instructives et suffit à elle seule à montrer le parti pris des membres du Congrès qui la dirigèrent. Le comble fut d'amener certains rapporteurs à voter des conclusions en contradiction formelle avec les faits cités par eux. Les contradictions sont d'ailleurs la caractéristique du Congrès d'Angers, où une centaine environ de congressistes prétendirent représenter la viticulture mondiale.

Remarquons encore qu'à ce même Congrès M. Salas y Amat a signalé de curieuses modifications dans la vinification du Xérès, résultant du vieillissement prématuré du cépage *Palamino* qui fournit ce vin recherché. Les *jeunes vignes* greffées produisent de suite des moûts de qualité identique aux vieilles vignes quand celles-ci n'avaient des vins de qualité qu'après dix ans d'âge au moins. (Salas y Amat, *Le greffage et la qualité des vins en Andalousie*, C. R. du Congrès d'Angers, p. 149.)

(²) *Revue de viticulture*, 1904.

(³) Cazenave. — *L'Œnologie à Mendoza* (Œnophile, mars 1905).

ici(¹). Mais il y en a un sur lequel M. Ch. Laurent et moi avons les premiers appelé l'attention et que je vais étudier sommairement ici : c'est celui des *variations de la résistance des moûts de plantes greffées par rapport aux moûts des francs de pied correspondants.*

Étant donné ce que l'on sait des variations de composition provoquées par la greffe, variations incontestables, qu'on les appelle *variations de nutrition* comme je l'ai fait, ou qu'on leur donne le nom de *variations agronomiques* (²), il est impossible que les moûts fournis par des plantes greffées se comportent de la même manière que les moûts des francs de pied correspondants. L'expérience directe l'a démontré ainsi qu'on va le voir.

En 1904, le 11 octobre, les moûts de Verdot dont la composition a été donnée page 173 du premier fascicule de ce mémoire, furent placés dans des vases stérilisés et abandonnés à la température du laboratoire(³).

« Bien qu'ils fussent ainsi dans des conditions sensiblement comparables, ayant tous été traités de la même manière, ils se sont comportés bien différemment. Les moûts de greffe sur Rupestris du Lot, 101¹⁴ et Vialla ont été attaqués au bout de six jours ; ceux des greffes sur Riparia-Gloire, Riparia-tomenteux et Taylor–Narbonne l'ont été au bout de onze jours ; enfin ceux de la greffe sur Aramon-Rupestris Ganzin nº 1 et du franc de pied l'ont été au bout de seize jours seulement. On peut donc dire que le déséquilibre produit par la greffe dans la composition chimique du raisin de Verdot a eu une influence sur la résistance des moûts aux moisissures.

» Ces résultats (s'ils ne correspondent pas à un cas particulier, comme il sera facile de le voir par d'autres expériences) montrent que la greffe peut, dans certains cas, avoir sa part de responsabilité dans les maladies des vins, si fréquentes et si redoutables aujourd'hui. L'inégalité de résistance suivant les plantes servant de support fait voir que, sous ce rapport, il y aurait lieu encore de faire un choix rationnel des sujets, si c'est possible. »

Comprenant toute la portée de ces observations, M. Ch. Laurent a fait depuis une série de recherches qui sont venues compléter les précédentes. Il a étudié, non seulement les variations de résistance des moûts de raisins, mais aussi celles de moûts de choux, de tomates, etc. Il a opéré de diverses façons, en se servant des méthodes connues, usitées pour les cultures bactériologiques, comparativement avec des cultures à l'air libre, qui se rapprochent le plus des conditions de la pratique courante en vinification.

Pour les choux, M. Ch. Laurent a opéré de la façon suivante (⁴) :

Des bouillons ont été faits avec 10 grammes de plantes sèches traitées par 500 centimètres d'eau distillée à l'ébullition pendant deux heures, en renouvelant l'eau au fur et à mesure de son évaporation. Après avoir filtré et complété à 500 centimètres cubes, ces bouillons ont été stérilisés et ensemencés avec des cultures pures de *Botrytis cinerea*.

Des variations très nettes ont été ainsi obtenues dans le développement du champignon, et M. Laurent en a donné des photographies comparatives qui permettent de s'en rendre compte.

(¹) J'en avais déjà posé un certain nombre dans mon travail intitulé : *Premières notes sur la reconstitution des vignobles français par le greffage* (Revue de viticulture, 1904).

(²) C'est ce qu'on a trouvé au Congrès d'Angers pour combattre mes conclusions. Peu importe que les variations amenées par le greffage soient des variations de nutrition ou des variations agronomiques, ce qui importe, c'est de savoir qu'elles existent, c'est d'en connaître les effets *bons* ou *mauvais*. Ce n'est pas par des changements de mots ou de définitions qu'on solutionne les questions, mais par l'examen loyal des faits.

(³) Lucien Daniel et Ch. Laurent. — *Composition comparée des moûts du Verdot greffé et franc de pied* (Revue générale de Botanique, 1905).

(⁴) Ch. Laurent. — *Variations de la composition et de la résistance de plantes greffées et non greffées*. Rennes, 1906.

Avec le *Penicillium glaucum*, des variations de développement et de résistance ont été observées sur les bouillons de culture des francs de pied et des greffés. Le sens des variations dépend de la nature des sujets et des greffons. Pour une même plante, il peut y avoir une résistance différente quand elle sert de sujet ou de greffon. Des variations intéressantes ont été obtenues aussi avec les moûts de tomate.

En 1905, M. Ch. Laurent étudia la résistance comparée des moûts des raisins dont l'analyse a été reproduite page 174, tableau II, dans le premier fascicule de ce mémoire. Ces moûts provenaient de raisins rouges, de raisins blancs destinés à la cuve et d'un raisin de table, le chasselas.

A l'air libre, les moisissures, où se trouvait surtout le *Penicillium glaucum*, apparurent à des époques différentes ainsi que le montre le tableau ci-dessous :

CÉPAGES	DATE D'APPARITION de la moisissure	NATURE du DÉVELOPPEMENT
Moûts de Cabernet-Sauvignon provenant de Léognan.		
Cabernet-Sauvignon greffé sur Riparia-Gloire.....	Douzième jour.	lent.
id. id. Riparia tomenteux.	Onzième —	id.
id. id. Rupestris du Lot...	Onzième —	id.
id. id. Taylor-Narbonne...	Neuvième —	rapide.
id. id. Aramon-Rupestris Ganzin 1.	Dixième —	id.
id. id. 101[14]............	Onzième —	lent.
id. id. Vialla............	Neuvième —	rapide.
id. franc de pied.......	Onzième —	lent.
Moûts de Cabernet-Sauvignon provenant de Maizeris.		
Cabernet-Sauvignon franc de pied	Onzième jour.	lent.
id. greffé...................	Dixième —	id.
Moûts de Chardonnay provenant de Thomery.		
Chardonnay franc de pied	Dixième jour.	rapide.
id. greffé sur 101[14]..................	Douzième —	lent.
Moûts de Durif provenant de Thomery.		
Durif franc de pied	Vingtième jour.	lent.
id. greffé sur 101[14]..	Treizième —	rapide.
Moûts de Chasselas provenant de Thomery		
Chasselas franc de pied.......................	Douzième jour.	lent.
id. greffé sur Aramon-Rupestris Ganzin 1..	Neuvième —	rapide.
id. id. 120[2]	Douzième —	lent.
id. id. Rupestris du Lot...........	Douzième —	id.
id. id Riparia-Gloire.............	Dixième —	id.

Les cultures les plus avancées étaient celles des moûts de Cabernet-Sauvignon greffé sur Taylor-Narbonne, de Cabernet-Sauvignon sur Vialla, de Durif sur 101^{14} et de Chasselas sur Aramon-Rupestris-Ganzin n° 1.

La méthode des ensemencements a donné des variations bien marquées dans la résistance des moûts à un champignon trop connu en viticulture, le *Botrytis cinerea*. Ces variations, photographiées et reproduites dans la thèse de M. Laurent[1], sont très marquées et très intéressantes.

De ces essais, M. Ch. Laurent conclut que les moûts des raisins rouges étudiés ne se sont pas comportés comme ceux des raisins blancs ; qu'il y a, à la suite de la greffe, variation des résistances vis-à-vis du *Botrytis* comme il y a variation vis-à-vis du *Penicillium*, mais que le sens des variations n'est pas le même pour ces deux moisissures.

En 1906, le même auteur a étudié les résistances des moûts dont la composition chimique a été indiquée dans le tableau III de la page 174 du premier fascicule de ce mémoire.

Ces expériences présentaient beaucoup d'intérêt, car, vu les différences climatologiques des années 1905 et 1906, il était à prévoir que l'on enregistrerait des variations de sens parfois différent.

M. Ch. Laurent a pesé les champignons développés sur chaque moût, puis il a dosé les quantités de sucre et d'acide qui ont servi à l'alimentation du *Botrytis cinerea*. De ses essais, il résulte que, pour les raisins rouges (Cabernet-Sauvignon) c'est le franc de pied sur lequel le *Botrytis* s'est développé plus facilement ; viennent ensuite les Cabernet-Sauvignon greffés sur Aramon-Rupestris Ganzin n° 1, sur Riparia tomenteux et sur 101^{14} ; puis les Cabernet-Sauvignon greffés sur Taylor-Narbonne ; enfin ceux des greffés sur Riparia-Gloire, Vialla et Rupestris du Lot.

Pour les raisins blancs (Sauvignon), les moûts se partagent en deux groupes : le moins résistant est le franc de pied, puis viennent les greffés dont quelques-uns sont faiblement attaqués.

Ces résultats sont importants, en ce sens qu'ils montrent bien nettement que les différences de résistance au *Botrytis* constatées en 1905, année plutôt humide, et 1906, année très sèche, ne correspondent pas seulement à des épaisseurs différentes de la peau des raisins, mais à la composition même de ces raisins. Pour le Sauvignon, l'on s'explique que la pourriture noble soit apparue sur les raisins du franc de pied, dont la composition était plus normale quand elle ne venait pas, en 1906, sur les greffes voisines dans le Sauternois.

Les expériences de M. Ch. Laurent sont trop peu nombreuses et ont porté sur un trop petit nombre de raisins de variétés différentes pour permettre d'en tirer des conclusions absolument générales. Mais elles suffisent à prouver très nettement que les changements causés par la greffe dans la composition chimique des moûts sont accompagnés de variations correspondantes dans la résistance de ces moûts au *Botrytis cinerea* et au *Penicillium glaucum*.

Et ce n'est pas trop s'avancer que de dire qu'il en est très probablement de même pour les maladies des vins et pour les levures, c'est-à-dire pour les microorganismes qui agissent sur les moûts et les transforment.

On entrevoit ainsi l'une des causes du vieillissement prématuré du vin des vignes greffées, vieillissement que certains ont présenté comme un bienfait et qui est un grave défaut pour les grands crus [2].

---

[1] Ch. LAURENT. — *Etude sur des modifications chimiques que peut amener la greffe dans la constitution des mantes.* (Thèse soutenue à Paris, le 11 juin 1908, pour obtenir le doctorat ès sciences physiques. Rennes, 1908).
[2] On a nié tout dernièrement (que ne nie-t-on pas dans ces questions où les intérêts ont trop souvent pris le pas sur la science désintéressée?) que le vin des vignes greffées soit veilli prématurément, autrement

La greffe, en modifiant le milieu fermentescible, agit sur les microorganismes qu'il contient et les modifie dans une certaine mesure. Cette modification directe dans les agents de la fermentation et dans les produits de leur activité vitale (autrement dit la surélévation ou l'affaiblissement de leur nutrition propre, de leur activité vitale, de leur *virulence* si l'on peut s'exprimer ainsi) est-elle temporaire ou permanente, et à quel degré? N'y a-t-il pas lieu de croire qu'à chaque modification suffisamment répétée correspondra une forme adaptée d'un microorganisme donné?

S'il en est ainsi, la question de *l'acclimatation des levures* que j'ai déjà posée prendrait une importance qu'il est inutile de souligner davantage.

Deuxième groupe. — Variations spécifiques.

Nous avons vu, en examinant les variations de nutrition générale, que le greffage provoque des changements parfois très profonds dans la biologie des plantes greffées.

Pour terminer l'étude des variations causées par la greffe, il reste à aborder une autre catégorie de modifications intimement liées aux premières : ce sont les *variations spécifiques*.

Dans ce qui va suivre, je ferai d'abord l'examen historique et critique des opinions et des faits concernant la greffe en général, puis j'étudierai en détail les variations spécifiques des vignes reconstituées.

I. — **Généralités.**

Dans toutes mes publications sur la greffe, je me suis servi de termes que j'avais pris soin de définir d'une façon aussi précise que possible, espérant éviter ainsi les critiques injustifiées et les interprétations inexactes de mes théories [1].

Il faut croire que j'ai bien mal réussi ou que je n'avais pas prévu le parti pris. En effet, depuis surtout que j'ai abordé la question viticole, l'on a travesti mes écrits et l'on m'a fait dire parfois tout le contraire de ce que j'ai écrit en réalité. Semblables procédés de discussion ne peuvent que déconsidérer ceux qui les emploient. Mais je suis obligé de les relever, pour ne pas laisser s'accréditer des légendes : trop de gens, en effet, s'en rapportent à des analyses au lieu de remonter aux sources et de se donner la peine de vérifier si les citations sont exactes.

Au Congrès de Lyon, en 1901, j'écrivais [2] : « Je tiens à préciser ici à nouveau ce que j'ai voulu dire en employant certains termes de greffe qui n'ont pas toujours été bien compris, quoique j'en eusse donné la définition dans des publications antérieures. La littérature horticole a été, sous le rapport des termes employés, souvent un dédale où l'on se perd parce que chaque auteur se sert parfois d'un terme à lui, ou parce qu'il emploie un mot en le détournant de son sens propre, ou même en lui donnant plusieurs sens différents.

» Dans la greffe surtout règne cette confusion. Plus d'une fois des auteurs se sont trouvés en désaccord parce qu'ils parlaient de choses différentes. Non seulement l'on ne s'entendait pas sur le sens des mêmes termes employés, mais l'on ne s'est même pas entendu sur la nature des procédés de greffage dont on a pu se servir.

dit qu'il se conserve moins bien que le vin des francs de pied. Il me serait facile de trouver dans les écrits des américanistes de nombreuses preuves que le défaut de conservation des vins de greffe est malheureusement un fait indéniable.

[1] L. Daniel. — *Conditions de réussite des greffes*. Paris 1900.
[2] L. Daniel. — *Les variations spécifiques dans la greffe* (C. R. du Congrès de Lyon, 1901).

» C'est pour ces raisons que je donne ici les définitions indispensables pour empêcher d'équivoquer sur les mots, de confondre entre eux des procédés de greffage différents et d'attribuer des résultats donnés, spéciaux à un procédé, à tous les procédés de greffage indifféremment. Que de résultats négatifs sont dus, en sciences expérimentales, à ce que l'on n'a pas su se placer à nouveau dans les conditions où l'on avait réussi ! »

Et je définissais ensuite la greffe, le greffage et les diverses catégories de variations que la greffe peut entraîner. Pour permettre au lecteur de juger en connaissance de cause, pour déjouer certaines manœuvres récentes et empêcher les équivoques, je vais à nouveau faire un exposé succinct de mes idées sur la variation spécifique, telles que je les ai formulées à diverses reprises.

Quand j'ai commencé mes recherches sur la greffe, en 1889, deux opinions se trouvaient en présence au sujet des conséquences de cette symbiose artificielle ; ce sont celles que j'ai exposées page 28 de ce travail :

1° L'hypothèse de l'*immutabilité absolue* des plantes greffées, autrement dit de la *conservation* de l'autonomie et du chimisme particulier de chaque plante associée ;

2° L'hypothèse de l'*influence réciproque* du sujet et du greffon, autrement dit de la *modification*, à des degrés divers, de ces plantes par une action réciproque parfois très faible, parfois très marquée.

Tandis que la majorité des botanistes et quelques horticulteurs acceptaient la première hypothèse, quelques botanistes et la grande majorité des praticiens se ralliaient à la seconde.

Et ceux-ci avaient déjà à leur actif un certain nombre de faits positifs que leurs adversaires, vu l'impossibilité de les expliquer ou de les admettre sans se donner tort, se bornaient à *nier*, procédé très commode quand on veut se débarrasser des faits par trop gênants. C'est ainsi que tout le monde savait déjà que, dans certains cas, le greffage modifiait certains caractères spécifiques concernant la dimension, la forme, la robusticité, la fructification, le goût des fruits dans quelques plantes greffées (Knight, Thouin, etc.); que la panachure avait été transmise par greffe dans le Jasmin (Bradley), les Abutilons (Lemoine), etc.; que l'on avait déjà signalé des hybrides de greffe (*Cytisus Adami*, etc.), et que des savants renommés, comme Caspary, Darwin, Strasburger, etc., en avaient admis l'existence. Strasburger avait essayé d'expliquer l'origine de ces êtres singuliers, soit par un échange de substances morphogènes, soit par l'union de deux cellules végétatives donnant un hybride analogue à celui formé par deux cellules sexuelles, d'espèces différentes. Guignard, dont les travaux font autorité en la matière, avait démontré nettement, par des considérations d'embryogénie, que le *Cytisus Adami* ne peut être un hybride sexuel.

Je ne fais aucune difficulté pour l'avouer : en commençant mes recherches, j'espérais arriver à prouver par l'expérience rigoureusement comparative que la première hypothèse était la bonne et que l'influence réciproque du sujet et du greffon était bien un mythe, comme le prétendaient la majorité des botanistes.

Or, ce fut précisément l'expérience comparative qui me ramena à une conception plus exacte des faits. Mes essais me firent voir bien vite que les plantes greffées variaient à la suite de leur vie en commun, de leur *symbiose*, ce qui n'avait rien que de logique pour celui qui connaît les effets habituels du parasitisme. En effet, le parasite et son hôte forment, comme la greffe, une symbiose plus ou moins antagonistique et mutualistique ; il est dès lors tout naturel qu'ils réagissent mutuellement l'un contre l'autre et se modifient plus ou moins.

Je fus amené, par la suite de mes observations, à diviser les modifications provoquées par la greffe en deux groupes intimement liés l'un à l'autre, à tel point qu'il est parfois difficile de les délimiter :

1° Les *variations de nutrition générale* portant sur certains caractères morphologiques et sur divers caractères physiologiques auxquels le botaniste classificateur ne prête en général qu'une importance secondaire, mais qui ont une importance fondamentale pour l'agriculteur;

2° Les *variations spécifiques* portant au contraire sur les caractères utilisés en classification par les botanistes pour distinguer les espèces, les races ou les variétés.

Dès le début de mes publications, je fis voir que les premières existaient dans toutes les greffes, mais à des degrés très variables, qui en déterminaient l'importance pratique; que leur valeur dépend essentiellement de deux facteurs, s'ajoutant ou se retranchant suivant les conditions internes ou externes des milieux : le bourrelet et les différences des capacités fonctionnelles des deux associés.

J'insistai sur ce fait que, une variation quelconque une fois obtenue chez le sujet ou chez le greffon, cette modification pouvait être *fugace, temporaire* ou *permanente* suivant les cas, quand il s'agissait de la conserver par bouturage, marcottage, greffe ou tout autre procédé de multiplication asexuelle.

Étudiant ensuite la descendance de quelques plantes greffées, je constatai tantôt l'absence de variations bien nettes, tantôt au contraire la transmission plus ou moins prononcée de quelques propriétés du sujet à la descendance du greffon. Tout en signalant la rareté de ces transmissions, j'indiquai que l'hérédité des caractères acquis par le greffage peut être *nulle, partielle* ou *totale*, suivant les greffes considérées.

Que de fois j'ai indiqué que les variations spécifiques que je décrivais étaient spéciales à une ou plusieurs greffes dans la série des greffes que j'avais faites! Combien de fois n'ai-je pas répété que la variation, lorsqu'elle se montrait sur plusieurs exemplaires différents d'une même série de greffes, n'était point uniforme, identique sur tous ces exemplaires; que des organes identiques dans une greffe en voie de variation, n'étaient point influencés de la même manière ou au même degré; que, dans certains cas, l'action était surtout marquée au voisinage de la soudure; qu'il était, comme d'ailleurs en hybridation sexuelle, très difficile d'obtenir à nouveau une variation de greffe déterminée!

J'ai cherché une explication de cette hétérogénéité des effets de symbioses, en apparence identiques, dans les variations de la structure des bourrelets qui sont toujours plus ou moins différents, la cicatrisation étant indépendante du greffeur; j'ai montré que l'on ne réalisait point, dans des greffes en apparence semblables et formées de parties différentes de mêmes individus, des symbioses identiques commes relations de capacités fonctionnelles. Et j'ai même indiqué que chaque plante avait une aptitude particulière à la variation dont il fallait tenir compte.

Malgré ces distinctions si précises et bien des fois répétées, de nombreux contradicteurs, M. Ravaz en particulier, m'ont fait *généraliser*, en affectant de croire que, en citant des exemples de variations spécifiques, je parlais de toutes les greffes. Et triomphalement, ils ont annoncé que, ayant reproduit mes greffes, ils n'avaient obtenu aucun des résultats que j'avais décrits[1].

---

[1] Je ne puis mieux faire, pour montrer le vice d'une semblable argumentation, que de reproduire ici la réponse de M. Gouy à M. Ravaz : Cet auteur, dit-il, « conclut de ses expériences que, *chez la vigne*, l'influence réciproque du sujet et du greffon est nulle. Nous sommes persuadés que les observations de M. Ravaz ont été faites avec tout le soin et toute l'impartialité désirables; mais nous nous inscrivons en faux contre cette conclusion.

» M. Ravaz aurait dû dire : Par les quelques centaines d'expériences que j'ai faites à Montpellier, je n'ai pas constaté de phénomènes affirmant l'influence réciproque spécifique du sujet et du greffon. Cela, c'était son droit; il ne lui était pas permis d'affirmer autre chose.

» Mais ces phénomènes, qui n'ont pas été constatés à Montpellier par M. Ravaz, ont été constatés ail-

D'autres ont cherché, surtout en viticulture, à créer des confusions et reporté sur la variation spécifique ce que j'ai présenté comme variation de nutrition générale. L'on sait que les critiques que j'ai faites de la reconstitution telle qu'elle a été comprise en France et à l'étranger reposent presque complètement sur les variations de nutrition qui ont des conséquences déplorables pour la santé des vignes européennes et qui amènent une détérioration marquée des produits des crus classés, au moins dans l'immense majorité des cas. Il suffit de lire mes ouvrages, et en particulier ce que j'ai publié dans les pages précédentes du premier fascicule de ce Mémoire, parues en 1906, pour constater que l'on ne peut se méprendre sans parti pris sur la nature et le sens de mes critiques.

Cela n'a pas empêché les organisateurs et certains rapporteurs du Congrès d'Angers (1907) de présenter mes critiques de la reconstitution, de façon à faire croire qu'elles reposaient exclusivement sur l'existence des variations spécifiques. Toutes les discussions furent basées sur cette *équivoque* qui aboutit à la négation de la variation spécifique [1].

Il était facile, dans ces conditions, de dire que l'on avait réfuté mon argumentation et infirmé mes observations. Il était tout aussi simple de nier les faits que j'ai rapportés et que j'ai fait contrôler. Il eût été plus difficile, sans précisément donner raison à mes théories, de les expliquer, comme d'ailleurs d'expliquer nombre de variations décrites par M. Lepage, de Dreux-Brezé et quelques rapporteurs étrangers.

Point n'est besoin d'insister davantage sur ce sujet; toutefois, il me faut souligner une coïncidence piquante autant qu'instructive. Pendant que, à Angers, des viticulteurs proclamaient (*à l'unanimité*, disent les comptes rendus officiels) la faillite de mes théories et l'*immutabilité absolue* de la vigne, un autre Congrès réuni dans la même ville, celui des horticulteurs, proclamait la *dégénérescence* des variétés fruitières à la suite de leur greffage inconsidéré et demandait que l'on prît des mesures sérieuses en vue de conserver nos meilleures variétés menacées de disparaître comme l'avait prévu le célèbre physiologiste anglais Knight, il y a une centaine d'années, et comme je l'avais fait prévoir pour la vigne au Congrès de Lyon.

Autre milieu, autre ambiance, me dira-t-on. C'est possible. Mais la vérité serait-elle, comme le vieux Janus, à double face, et montrerait-elle l'une ou l'autre de ses faces suivant les intérêts [2] ?

---

leurs par d'autres observateurs qui ne sont ni moins consciencieux, ni moins compétents que M. Ravaz.

» Ces observateurs, beaucoup plus prudents et plus réservés dans leur argumentation que M. Ravaz, *ne généralisent pas* ce qu'ils ont vu. Ils ne disent pas : Il existe partout des variations spécifiques par greffages puisque nous pouvons en montrer.

» Point du tout. Ils disent simplement : Les variations spécifiques par greffage sont relativement *rares;* elles constituent des *exceptions;* mais ces exceptions existent, puisqu'en voici ; et l'on en trouvera, on en provoquera probablement d'autres; on pourra vraisemblablement en tirer parti dans la pratique.

» N'est-ce pas là un langage beaucoup plus scientifique et plus sensé que celui de M. Ravaz qui dit : il n'y a pas, il ne peut pas y avoir de variations spécifiques par la greffe, puisque je n'en ai pas constaté ni produit dans mon champ d'expérience particulier. Des milliers d'expériences négatives ne prouvent rien contre la possibilité de ces variations. Quelques expériences positives, au contraire, prouvent non seulement leur possibilité, mais leur existence, si l'art de raisonner n'est pas un vain mot. » (*Revue des hybrides*, 1903.)

[1] On peut se demander comment, si cette variation n'existe pas, il peut y avoir des greffages améliorants comme l'ont admis divers rapporteurs. Rejeter ces greffages améliorants, c'est refuser au greffage un de ses rares mérites pour la vigne. Nous verrons plus loin que les partisans du maintien absolu des caractères de la vigne ont eux-mêmes rapporté des exemples très nets de variations spécifiques dans les vignes reconstituées.

[2] Voici ce qu'écrivait, en 1903, M. Prosper Gervais, président du Congrès d'Angers, organisé par M. Viala, à propos de mes recherches, dans son rapport au Congrès de Rome, p. 43 :

« Peut-être n'eussé-je point rappelé ces étranges théories de l'honorable M. Daniel, si l'on ne s'était plu à leur donner quelque retentissement, et si elles n'apparaissaient aux yeux de quelques-uns comme le prélude d'une évolution que, sous l'impulsion de quelques hardis novateurs, serait à la veille de subir la viticulture nouvelle : s'il en devait être ainsi, l'œuvre de la reconstitution — telle que nos aînés et nous l'avons faite — *ne manquerait pas de champions pour la protéger et la défendre.* La masse des viticulteurs ne saurait, en tout cas,

On m'objectera peut-être qu'il s'agit en horticulture de variétés dont les caractères peuvent se modifier sans que l'espèce change pour cela. La poire greffée sur coignassier est toujours une poire et non un coing. L'argument porte à faux de deux façons. On verra, dans la suite de ce travail, des exemples où les caractères mêmes de l'espèce sont profondément modifiés. Et les caractères de l'espèce fussent-ils vraiment immuables que mes théories n'en seraient pas infirmées pour cela, car j'ai pris « le terme spécifique dans le sens le plus large, c'est-à-dire comme s'appliquant, suivant les cas, aux caractères de race ou même de variété et cela à l'imitation de la zootechnie, pour ne pas créer de mots nouveaux ». Or, en viticulture, le danger de la détérioration ([1]) ne réside pas dans la transformation de la vigne européenne en vigne américaine; il réside dans la *mutation, brusque ou progressive, temporaire ou permanente, de variétés sélectionnées*, si impressionnables par rapport aux changements de milieux.

D'après ma définition, il y a variation spécifique dès que l'un des caractères d'une variété, d'une race, d'un hybride ou d'une espèce, subit un changement appréciable à la suite de la greffe, que ce changement porte sur un caractère botanique de faible importance pratique ou sur un caractère utilitaire que le classificateur considère comme peu intéressant, qu'elle que soit son importance pratique.

Un autre genre de confusion faite par quelques auteurs, et en particulier par MM. Ravaz et Passy, consiste à dire que j'ai présenté la variation spécifique comme amenant un mélange de caractères tels qu'ils sont *exactement intermédiaires* entre ceux du sujet et du greffon. Et ces auteurs ont cité des variations dans lesquelles un tel mélange des caractères n'existe pas, ce qui est contraire à mes théories. Dans ces derniers temps, M. Passy a figuré et décrit des poires obtenues par surgreffe, lesquelles ne rappelaient ni la variété sujet, ni la variété greffon. J'en avais décrit d'assez analogues et figuré avant lui.

Quand j'ai décrit les premiers cas de variations spécifiques que j'ai obtenus, j'ai dit (et je l'ai répété maintes fois) que ces variations étaient de deux sortes : les unes étaient *plus ou moins intermédiaires* entre les caractères du sujet et ceux du greffon([2]); les autres se manifestaient par l'apparition de *caractères nouveaux* dont l'origine était plus difficile à reconnaître que dans le premier cas. Pour celui-ci, l'orientation de la variation dans le sens du sujet ou dans celui du greffon trahissait l'action réciproque de ces plantes, ce qui était moins net dans le cas d'une variation désordonnée, sans rapport apparent avec la plante modificatrice.

En signalant de nombreux cas de mutation de poires à la suite du surgreffage, M. Passy a prouvé une fois de plus, sans le vouloir, l'existence de variations spécifiques causées par la greffe, variations qui sont en opposition formelle avec l'hypothèse de la conservation intégrale des caractères du greffon dans ce mode de multiplication. C'est ainsi que, en voulant combattre des théories que l'on n'a pas suffisamment comprises, on arrive à en montrer expérimentalement le bien fondé.

---

s'émouvoir de ces pronostics ; elle peut, en attendant leur réalisation problématique, demeurer impassible ou indifférente, et, comme on dit vulgairement, dormir sur ses deux oreilles. Plût au ciel que nos vignes greffées ne fussent pas plus sérieusement menacées par les maladies cryptogamiques que par les variations spécifiques! Ce ne sont pas les variations spécifiques qui ont empêché nos vignerons de l'Hérault de restaurer leurs fortunes et de s'enrichir, aussi longtemps que les prix des vins ont été suffisamment rémunérateurs; et *je ne sache point qu'aucun de nous s'attache à la culture de la vigne avec un autre objectif que celui de* **gagner de l'argent**. Qu'on garantisse à nos vignerons une certaine fixité dans les prix de vente, et je me porte garant pour eux qu'ils acceptent d'avance gaiement et en souriant toutes les variations spécifiques qu'on leur annonce. »

Faut-il s'étonner, après de telles déclarations, que certains de mes contradicteurs et moi ne puissions nous entendre? Nous ne parlons pas le même langage, nous n'avons pas les mêmes principes, nous ne suivons pas le même chemin......

([1]) Il en est de même pour l'amélioration dont il sera question plus loin.
([2]) Et cela quel que soit le nombre des caractères sur lesquels a pu porter la variation.

Cette grande variété dans les variations spécifiques provoquées par le greffage n'a rien de surprenant si, comme je l'ai indiqué depuis longtemps, on considère qu'elles offrent un certain parallélisme avec ce qui se passe dans l'hybridation sexuelle.

Personne ne songerait à mettre en doute l'existence de celle-ci parce que les produits du croisement ne sont pas toujours exactement intermédiaires entre les parents; parce qu'ils présentent souvent des caractères nouveaux dont on serait bien embarrassé pour préciser l'origine; parce que l'on ne peut les reproduire avec certitude en refaisant des croisements en apparence identiques; parce que certains d'entre eux présentent, au lieu d'un mélange de caractères des parents, les caractères d'un seul parent ou un caractère renforcé de l'un d'eux; parce que quelques-uns peuvent présenter des caractères entièrement nouveaux, etc.

Pourquoi vouloir demander à la variation spécifique, provoquée par la greffe, plus qu'on ne demande à la variation par croisement? Pourquoi la greffe n'amènerait-elle pas tantôt des variations ordonnées dans le sens d'un des conjoints, tantôt des variations désordonnées comme le fait le croisement sexuel? Nous verrons par de nombreux exemples qu'il en est bien ainsi.

Enfin, l'on ne s'est pas contenté d'altérer mes écrits ou mes définitions: *on m'a même prêté ce qui a été écrit par d'autres*, ce qui est plus grave et plus significatif encore. J'en citerai l'exemple le plus connu et le plus récent.

Sur la demande du directeur du *Times* ([1]), j'ai publié dans le numéro du 25 avril 1908, un article de vulgarisation intitulé *The Crisis in the Vineyard*, dans lequel, après de sévères mais justes critiques des procédés de la reconstitution, je mettais le public viticole du monde entier en garde contre les périls de la situation actuelle.

Loin de me savoir gré de mes études et de mes avertissements, certains viticulteurs m'ont prêté des intentions malveillantes et m'ont attribué, entre autres inexactitudes, la paternité de cette phrase que je n'ai jamais écrite : « Les vins du Midi ne se conservent plus, malgré les drogues dont on est obligé de les saturer. »

Ces lignes, présentées entre guillemets comme s'il s'agissait d'un extrait de mon article, provenaient en réalité d'un commentaire de celui-ci, paru dans le *Times* sous le titre de « *Vine-Growing in the Midi* », commentaire auquel j'étais complètement étranger. En suis-je responsable en bonne et saine justice?

Il me suffira, j'en suis sûr, de faire appel à la loyauté de ceux qui ont agi de bonne foi dans cette affaire pour qu'ils reconnaissent leur erreur matérielle. S'il en était autrement, je n'insisterais pas. Chacun saura conclure ([2]).

Lorsque j'eus constaté et défini, ainsi qu'il a été dit, les variations spécifiques des plantes greffées, j'en cherchai l'explication. A cette époque, divers auteurs, Strasburger en particulier, avaient envisagé plusieurs hypothèses. Je choisis, parmi elles, celle qui me parut le mieux expliquer les faits observés par moi, c'est-à-dire l'hypothèse du passage de *substances morphogènes* au travers du bourrelet.

Ce passage, d'après les données actuelles de la Science, pouvait se faire comme

---

([1]) On sait que le *Times* a publié, à diverses reprises, des études de M. Bellot des Minières où le célèbre viticulteur girondin n'était pas précisément tendre pour les fautes des américanistes et pour les vignes greffées. La demande du directeur du *Times*, qui avait lu mon ouvrage sur *La question phylloxérique*, était des plus naturelles et dans les traditions du grand journal londonien. Elle était des plus flatteuses pour la Science française et pour moi.

([2]) Je prie le lecteur que cette question pourrait intéresser de bien vouloir consulter les *pièces justificatives* annexées à cet ouvrage. Il pourra juger, documents en mains, le rôle de mes adversaires et le mien. Agissant loyalement, consciencieusement, je n'ai rien à cacher. Le débordement d'injures et de méchancetés que m'a valu mon travail prouve combien j'ai frappé juste.

dans la plante autonome, soit par osmose directe au travers des membranes accolées du sujet et du greffon, soit par pénétration directe de masses plasmatiques (Pfeffer), soit enfin par l'intermédiaire des communications protoplasmiques (¹), qui se rétablissent au niveau du bourrelet (Strasburger, G. de Istvanffi, etc.). Je montrai aussi qu'il ne faut pas négliger les déséquilibres de nutrition, particulièrement prononcés dans la greffe et qui ont, sur la variation spécifique, une action souvent bien marquée (²).

Le célèbre physiologiste Pfeffer a d'ailleurs fort bien exposé, dans sa *Physiologie des Plantes,* la causalité du développement et de la formation dans le règne végétal, et cet exposé concorde fort bien avec mes théories.

« Le développement, dit-il, est une chaîne de causes et d'effets, dans laquelle les changements de disposition et les changements d'activité qui en résultent se succèdent en une suite continue. »

Et il montre ensuite que la plante, dont la *constitution spécifique* résulte de conditions intérieures (propriétés héréditaires), peut devenir plus ou moins différente sans que le noyau essentiel de caractères héréditaires soit détruit, lorsqu'elle se trouve dans un milieu extérieur variable. C'est à l'action du milieu extérieur que l'on doit les phénomènes de l'*hétéromorphose,* aboutissant à ces formes parfois si éloignées d'une même plante qu'on les prendrait pour des espèces distinctes si l'on ne connaissait leur origine ou les termes de passage (formes aquatiques et terrestres des plantes, adaptations, etc.).

Ces excitations formatives (ou morphogènes) se trouvent non seulement dans les plantes autonomes, à nutrition autotrophe, mais *très souvent* dans les plantes en symbiose, à nutrition hétérotrophe, à la suite de réactions mutualistiques ou antagonistiques (³).

« Les actions extérieures (excepté celles qui façonnent mécaniquement l'organisme) ne produisent pas elles-mêmes la structure et la forme, mais sont seulement cause d'une modification d'activité dans la plante, qui amène un changement de forme. »

Pfeffer montre également qu'il y a des relations entre toutes les parties de l'individu et que celles-ci se commandent entre elles.

« Le mécanisme entier de la vie, dit-il, est essentiellement formé de chaînes d'actions réciproques. Une influence variée et corrélative de toutes les parties est absolument nécessaire pour obtenir, malgré tous les changements, une action d'ensemble harmonique et pour produire et maintenir les conditions de prospérité et d'existence. Avec un tel enchaînement intime formant un tout, un changement autonome ou induit dans un organe, même s'il est inaperçu, se répercute sur les autres organes. »

On conçoit que toute cause qui modifiera les chaînes d'actions réciproques dont parle Pfeffer pourra *provoquer des changements morphogéniques*, des hétéromorphoses, des excitations ou des déclanchements. Or c'est le cas de toutes les ruptures d'équilibre, amenant une disette ou une suralimentation, qu'il s'agisse

---

(¹) D'après Pfeffer, « par le transport de la substance vivante, ou des *matières excitatrices particulières*, les filaments protoplasmiques travaillent à assurer l'enchaînement des excitations...

» Dans les tissus, ces communications ont une haute importance pour l'influence réciproque et l'action harmonique de l'ensemble des cellules. »

(²) Voir L. Daniel, *Essais de Tératologie expérimentale* (Revue bretonne de botanique, 1906-1907) et diverses publications antérieures.

(³) « Dans les actions combinées mutualistiques ou antagonistiques, il y a très souvent des hétéromorphoses très frappantes, ou, ce qui revient au même, des actions d'excitation formative (morphogènes).

» Je rappelle seulement la formation spécifique des galles et le cas de l'*Euphorbia Cyparissias* dont les bourgeons prennent une forme spéciale, aussi longtemps que l'*Æcidium* parasite y habite. Les Lichens montrent d'une manière qui n'est pas moins instructive comment, dans des conditions constantes, des formes typiques se maintiennent longtemps. » (Pfeffer, *Pflanzenphysiologie,* p. 21.)

d'un aliment déterminé ou de l'ensemble des aliments; c'est le cas de nombre d'opérations d'horticulture et en particulier celui de la greffe (¹).

Ces variations spécifiques se produiront sur la plante même, mais elles ne peuvent manquer d'atteindre aussi sa descendance. « Les organismes actuels, dit Pfeffer, *ne sont pas des êtres complètement immuables*. Par suite de modifications presque imperceptibles, se rattachant à la marche du développement, des variations apparaissent occasionnellement, se répètent dans les descendants et agissent sur eux de telle sorte que, dans des conditions extérieures semblables, ils deviennent différents de leurs devanciers. Un changement de cette nature manifeste en tout cas *une acquisition de propriétés héréditaires*, qu'il s'agisse d'une variation dans la forme ou dans les produits des échanges de matière. »

Ainsi se comprend tout naturellement *l'influence du sujet sur la postérité du greffon*, que j'ai observée dans certains cas d'une façon indéniable.

L'idée des «*prétendues substances morphogènes*» est donc, quoi qu'en dise M. Ravaz, bien définitivement admise dans la Science, tout comme celle de la *variation spécifique*; cela dans les plantes autonomes, tout comme dans les associations, les symbioses dans lesquelles rentrent les greffes.

Et quelles sont ces substances morphogènes, qui provoquent des variations spécifiques, des hétéromorphoses, des excitations ou des déclanchements suivant les cas? S'agit-il de corps que l'on trouve accidentellement dans la plante, qui ne jouent par conséquent qu'un rôle réduit et qui peuvent manquer sans que l'organisme en souffre sensiblement? Ou bien s'agit-il au contraire d'éléments essentiels, constitutifs de la plante, de ceux qui sont nécessaires à son existence? C'est encore Pfeffer qui va nous l'apprendre en exposant l'état actuel de nos connaissances sur ces points si intéressants pour le biologiste et le praticien.

Les substances morphogènes appartiennent à divers groupes.

Les unes font partie des éléments fondamentaux de la substance vivante; tels sont l'oxygène, l'azote, etc. Qui songerait à mettre en doute leur passage du sujet au greffon et *vice-versa*, puisque que ce sont des *aliments indispensables* aux deux plantes et que celles-ci prospèrent en symbiose pendant une période plus ou moins longue et particulièrement prononcée dans diverses greffes usuelles?

L'on a vu, par l'étude comparative des greffes et des francs de pied de même nature, que, du fait même de la greffe, les substances dans la composition desquelles entrent l'oxygène et l'azote subissent des variations de quantité; il en est de même de leurs éléments constituants. Les aliments fournis par le sujet au greffon et inversement par le greffon au sujet n'ont plus dès lors la concentration ou la constitution normale, comme dans les francs de pied; ils varient en quantité et en qualité d'une façon plus ou moins marquée. Il peut donc y avoir, et c'est conforme à l'expérience journalière, une augmentation ou un ralentissement de l'activité vitale. De là tout un ensemble de phénomènes plus ou moins faciles à percevoir par nos sens, mais qui n'en existent pas moins, qui retentissent sur le fonctionnement physiologique du sujet et du greffon et peuvent en modifier plus ou moins les caractères spécifiques.

Et c'est bien conforme aux lois générales de la physiologie. « Les conditions extérieures, dit Pfeffer, ne modifient pas seulement l'ampleur des échanges, mais aussi la quantité relative des produits, et, dans une certaine mesure, leur qualité. »

Même en dehors de la greffe, on en connaît de nombreux exemples. Les champignons nourris avec des peptones donnent de l'ammoniaque en quantité considérable. Si l'on cultive sans chlorures le *Phaseolus multiflorus*, on constate l'arrêt

---

(¹) L. Daniel. — *Essais de Tératologie végétale ; origine des espèces (Revue bretonne de botanique,* 1906-1907).

de formation des tanins. Au contraire, dans les galles, qui sont des symbioses antagonistiques et mutualistiques, ces dernières substances sont formées en grande quantité.

L'on sait aussi que le Gui, parasite remarquable par ses facultés d'élection qui lui permettent de vivre sur des plantes très éloignées en classification (Rosacées, Légumineuses, Amentacées, Conifères, etc.), demande seulement à son support la sève brute dont il a besoin.

Or, on a recherché la composition du Gui venu sur nos plantes différentes, comme le Peuplier, le Robinier et le Sapin. Voici les chiffres obtenus d'après Chodat [1] :

	PEUPLIER	ROBINIA	SAPIN	PEUPLIER	ROBINIA	SAPIN
Cendres	3.037	2.06	1.609	3.401	2.132	3.139
P^2O^5	4.769	3.458	7.887	26.229	12.025	13.109
SiO^2	5.813	11.773	2.033	4.791	6.413	1.219
CaO	66.467	75.038	67.429	32.555	45.392	27.133

Ces résultats sont ceux d'analyses faites par des chimistes différents sur des échantillons provenant dès lors de régions différentes. Ils montrent que la constitution du Gui est variable suivant les régions pour un même support, et, pour une même région, suivant la nature du support. Et pourtant celui-ci n'agit que par sa sève brute, puisque le Gui ne reçoit pas la sève élaborée par son hôte et ne lui passe pas la sienne [2].

Aux variations du chimisme correspondent dans le Gui des changements morphologiques importants, à tel point qu'on a même voulu faire des variétés ou des sous-espèces de cette plante suivant la nature du support.

En étudiant la structure anatomique de Guis provenant d'hôtes différents, j'ai constaté qu'ils n'avaient pas une structure absolument identique.

Et chacun a pu voir que chacun de leurs hôtes présente des réactions variées et différentes vis-à-vis ce parasite, réactions qui déterminent une souffrance plus ou moins marquée, aboutissant même à la mort dans quelques cas.

Or, il suffit de se reporter aux analyses comparatives [3] des organes de certaines plantes greffées et franches de pied pour voir que la greffe entraîne des variations très nettes dans les échanges de matière, ayant une certaine analogie avec les variations de composition du Gui suivant les hôtes qui l'hébergent. C'est ainsi qu'on y voit des changements en plus ou en moins dans les proportions relatives de l'alcool, du tanin, de la matière colorante pour les moûts; dans celles des éléments des cendres pour les haricots, les choux, etc.

Certaines des variations du chimisme peuvent même être perçues par nos sens : tels sont les changements de coloration quand ils existent, mais ils sont assez rares dans les conditions ordinaires de la végétation.

« Les modifications provoquées par les variations du milieu extérieur, dit Pfeffer, ne peuvent être constatées d'ordinaire que par un examen approfondi [4], parce qu'il y a rarement des produits mis en évidence comme les pigments.

---

[1] CHODAT. — *Principes de Botanique*, 1907, p. 22.
[2] J'ai obtenu la mort rapide d'une tige de Saule, privée entièrement de feuilles et à laquelle j'avais laissé une belle touffe de Gui la couronnant. Cela ne serait pas arrivé si le gui avait vraiment nourri son hôte.
[3] Voir pages 128 à 134 et 168 à 175.
[4] C'est pour cela que nombre de variations échappent à celui qui se contente d'observations superficielles, comme cela se passe trop souvent en viticulture et même en horticulture.

» La coloration indique d'une manière particulièrement frappante les changements dans les produits réactionnels. On remarque ainsi facilement les conséquences variées occasionnées par les conditions extérieures. Si un changement de température, de lumière, de nutrition, arrête la production des pigments dans une plante et détermine, au contraire, les mêmes phénomènes dans une autre, on peut en conclure que les conditions extérieures donnent l'impulsion à une activité nouvelle de la plante. »

L'on a vu, dans les pages précédentes (1), que les changements de coloration s'observent assez fréquemment dans les plantes greffées par rapport aux témoins, de telle sorte que, dans ces cas, les changements de nutrition sont alors rendus bien évidents, indépendamment de l'analyse chimique qui les corrobore. Le vignoble reconstitué nous en fournit chaque année des exemples fort nets, tant dans le cours de la végétation de la vigne qu'au moment des colorations d'automne de certains cépages.

Il est donc bien établi par les variations des substances où figurent l'oxygène et l'azote que ces produits morphogènes ont une action indéniable sur les caractères des plantes greffées.

Mais les éléments fondamentaux de la substance vivante ne sont pas les seules substances morphogènes. On peut encore faire rentrer dans ce groupe les *catalyseurs*, qui provoquent des déclanchements, des excitations, etc. Parmi ceux-ci, on peut citer des métaux comme le fer, le magnésium, le potassium, etc.; des enzymes ou ferments, et les sécrétions réactionnelles qui servent aux plantes dans l'attaque ou la défense.

Les proportions des métaux varient à la suite de la greffe, et l'analyse chimique comparative l'a démontré comme pour le reste des éléments constitutifs de l'individu.

Quant aux ferments et aux produits de sécrétion, la greffe ne peut manquer d'en faire varier aussi les proportions. Cela résulte de nos connaissances biologiques actuelles. On sait, en effet, d'après Pfeffer, que, « par suite d'une adaptation à des conditions de nutrition et de vie, les enzymes sont plus abondamment sécrétées chez les plantes hétérotrophes que chez les plantes autotrophes... »

« Dans la plante, toute action du dehors détermine à un plus ou moins haut degré une réaction opposée, aussi importante pour le résultat que l'action elle-même. La plante s'accoutume (2) peu à peu à de plus fortes concentrations, et, comme l'animal, à des doses de poison de plus en plus considérables (3).

» En dehors des moyens directs de défense, les actions en retour contre l'agresseur entrent aussi en balance. Il est, lui aussi, un organisme capable de réaction; ses armes d'attaque sont affaiblies lorsque l'énergie de son activité et de ses sécrétions toxiques est diminuée par les sécrétions de l'organisme attaqué, etc. Les actions combinées mutualistiques et antagonistiques produisent des résultats et des substances qui n'apparaîtraient pas si les êtres agissaient isolément (produits réactionnels spécifiques des lichens et corps particuliers qui apparaissent dans les cultures de bactéries mélangées).

(1) Voir pages 46 à 55.
(2) J'ai signalé des cas d'accoutumance à propos de greffage. C'est ainsi que la greffe de *Myosotis palustris* sur Héliotrope échoue si l'on prend pour greffon un myosotis poussé dans sa station normale. Elle réussit, au contraire, si l'on a élevé le myosotis en baquets avec des quantités décroissantes d'eau et rendu le greffon moins aqueux.
(3) C'est ainsi que des parasites cryptogamiques de la vigne se sont habitués, dit-on, au sulfate de cuivre. Cette année (1908), les maladies cryptogamiques ont pris une extension considérable malgré les traitements. Cela justifie mes critiques sur la reconstitution : en voulant garantir la vigne européenne contre le phylloxéra, on l'a livrée aux maladies cryptogamiques, infiniment plus dangereuses. Qui pourrait affirmer aujourd'hui qu'on se débarrassera du mildew et du black-root, ces inquiétants cadeaux des greffeurs sur pieds américains. Niera-t-on encore ces faits écrasants pour mes adversaires? Combien les événements, à mon grand regret pour les viticulteurs, me donnent raison !

» Il y a là des réactions très complexes, considérées jusqu'ici en les rapprochant des maladies infectieuses des animaux. Il serait très important pour comprendre ces phénomènes d'étudier de plus près les principes physiologiques sur lesquels ils reposent. Les recherches sur les maladies infectieuses n'ont pas seulement établi l'existence primitive des toxines et antitoxines; elles ont aussi permis de constater que les actions et réactions opposées produisent de la façon la plus variée les substances qui servent à l'attaque et à la défense. Les immunités qui subsistent plus ou moins longtemps se rangent parmi les conséquences transitoires ou permanentes des réactions physiologiques induites. »

Nous verrons plus loin que certaines variations de greffe, au point de vue de l'hérédité des caractères acquis, ont en effet un rapport étroit avec l'action des toxines.

On m'objectera peut-être qu'il est prématuré de comparer les effets du parasitisme bactérien et ceux de la greffe. Il n'en est rien. L'on sait, en effet, qu'à un certain moment on établissait une différence très tranchée entre les bactéries et les parasites mycologiques considérés au point de vue médical. On admettait que seuls les microbes donnaient des toxines et des antitoxines, des produits d'attaque et de défense. Et à plus forte raison devait-on penser que dans la greffe il en était de même que pour les champignons parasites. Or, des études récentes ont montré que la distinction ainsi établie entre les bactéries et les parasites mycologiques n'était pas fondée, car ces derniers, qu'ils soient des parasites exclusifs ou qu'ils le deviennent comme certains saprophytes, sécrètent des poisons très virulents, éminemment dangereux pour l'hôte.

En un mot, on peut dire que le parasitisme, quelle qu'en soit la nature, obéit à des lois générales qu'on ne saurait nier aujourd'hui, lois dont l'importance en pratique est aussi considérable qu'elle l'est en théorie.

Le greffon et le sujet ne peuvent donc manquer de réagir l'un contre l'autre et de donner naissance à des produits réactionnels que l'on parviendra facilement à mettre en évidence à l'aide des méthodes actuelles, le jour où l'on voudra étudier cette question intéressante, dont il serait difficile actuellement de préjuger tous les résultats.

La lutte mutuelle est d'ailleurs très nettement mise en évidence par la tendance, plus ou moins marquée suivant les cas, qu'ont le sujet et le greffon à s'affranchir, c'est-à-dire à s'isoler l'un de l'autre pour revenir à la vie autotrophe que la greffe leur a fait perdre. J'en ai observé de nombreux exemples comme tout greffeur. Un des plus curieux est la pénétration des racines adventives du greffon dans les tissus du sujet, qui s'observe dans la greffe des plantes grasses, dans certaines greffes de pommier, où le bois ancien se décompose, et dans les greffes de plusieurs Solanées vers la fin de la végétation. La *figure 82* représente deux racines fasciées de tabac glutineux qui pénètrent dans la moelle encore vivante de la tomate et la digèrent en attendant que, arrivées au sol, elles se munissent de poils absorbants comme dans la vie normale. Les cellules du parenchyme médullaire de la tomate ont donné naissance à du liège de cicatrisation destiné à isoler les racines parasites.

Dans cette greffe, la réaction du sujet contre son greffon est saisie sur le vif.

Il paraît rationnel d'admettre que la lutte qui s'exerce ainsi entre le sujet et le greffon influe sur les caractères spécifiques comme cela a lieu pour les galles, par exemple. Chacun sait d'ailleurs combien le degré d'intensité de cette lutte est important par rapport à la *santé* et à la *durée* des plantes greffées.

A côté des substances qui viennent d'être indiquées et dont le rôle morphogène est bien connu, se placent d'autres produits dont le rôle morphogénique n'a pas été encore établi, et qui, sous leur forme chimique propre, échappent en

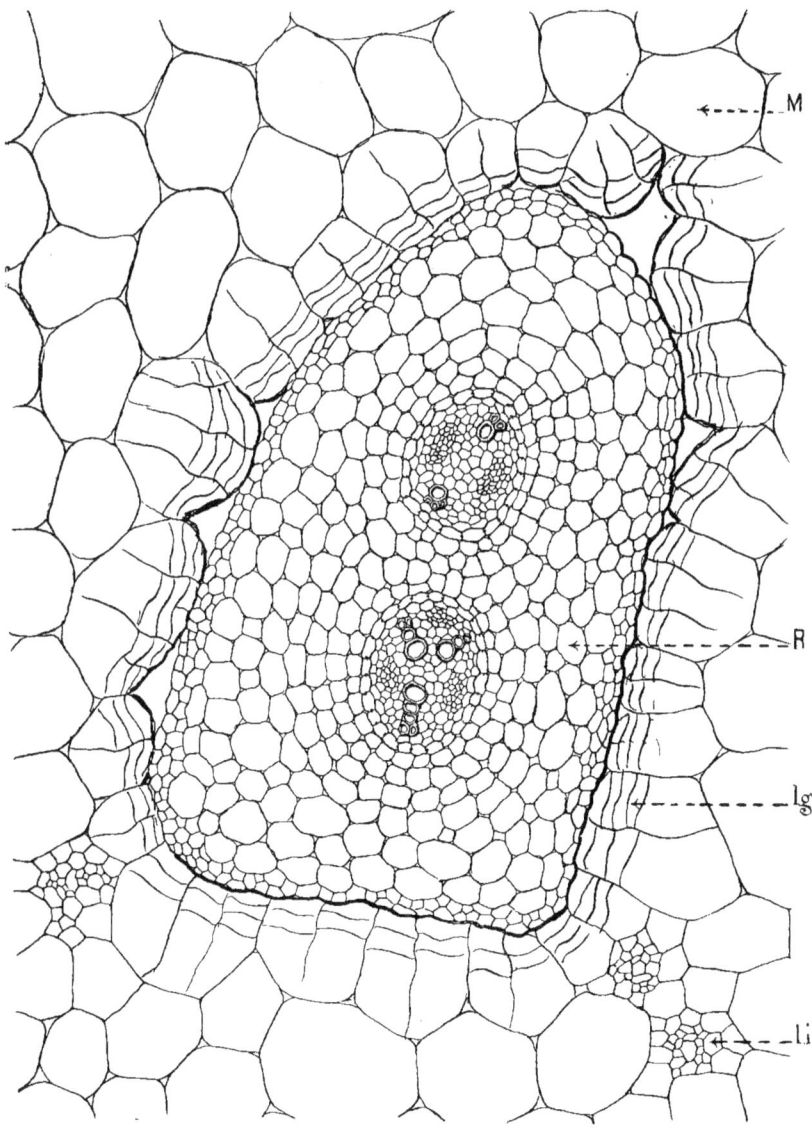

Fig. 82.

Coupe transversale d'une tige de Tomate servant de sujet à un greffon de *Nicotania glutinosa*. On voit deux racines adventives soudées R provenant du greffon pénétrer dans la moelle M de la Tomate sujet. Celle-ci cherche à isoler le parasite par une formation de liège *lg*. — *li*, liber interne de la Tomate.

totalité ou en partie aux échanges de matière : ce sont les hydrates de carbone et certains aliments, d'une part; les acides, les parfums, les alcaloïdes, les glucosides, etc., d'autre part.

Dès l'instant que leur rôle morphogénique n'est pas démontré, on ne devrait pas logiquement s'occuper des variations de ces corps au point de vue des variations spécifiques. A plus forte raison l'on ne peut, de la façon de se comporter de l'un de ces produits, conclure que la variation spécifique n'existe pas.

« La recherche méthodique, dit Pfeffer, doit tendre à éclairer chaque processus d'échanges de matière dans sa marche et son importance. On s'égare inévitablement si, dans une étude dirigée vers un seul objet, on ne tient pas assez compte de l'enchaînement et de la dépendance réciproque des phénomènes. L'insuffisance ou l'exagération d'une seule fonction influence plus ou moins toutes les autres.

» On ne peut savoir si, pour atteindre tantôt un but, tantôt un autre, une plus ou moins grande quantité d'aliment entre en réaction. Il n'est pas rare que le même résultat soit obtenu par des voies différentes et qu'un même corps soit produit par synthèse ou par décomposition...

» Dans la nature, tout n'est pas à chaque instant en mouvement et en transformation. Dans un être vivant une particule de carbone peut rester plus de mille ans à l'état de partie constitutive de l'enveloppe cellulaire. Une substance plastique peut, dans certaines conditions, rester intacte d'une façon passagère ou durable dans certains organes ou dans certaines cellules d'une plante.

» En tout cas, des expériences réelles prouvent pleinement que l'on commet une faute tout à fait fondamentale quand on rend un corps unique responsable de la structure ou de tout le mécanisme vital. Celui-ci ne peut être l'œuvre d'une substance unique... »

Il était nécessaire de rappeler ces données fondamentales de la physiologie pour étudier et comprendre le rôle du bourrelet, pour essayer de résoudre le problème du passage des substances morphogènes ou non morphogènes de l'un à l'autre conjoint. Je me suis déjà occupé de cette question ([1]), mais des études récentes, auxquelles on a donné une portée qu'elles n'ont pas, m'obligent à revenir sur ce point. Je ne saurais mieux faire que de donner ici l'exposé du problème de la perméabilité relative du bourrelet tel qu'il a été présenté dans sa thèse par M. Ch. Laurent ([2]).

« Différents auteurs, en étudiant les plantes greffées, dit-il, ont été amenés à constater la localisation de certains principes immédiats dans le sujet et le greffon et à se demander si ces substances peuvent passer d'une plante dans l'autre en traversant le bourrelet, soit en nature, soit après transformation.

» C'est là une question qui paraît très simple au premier abord, mais qui est cependant fort complexe.

» En effet, étant données la structure du bourrelet et l'impossibilité presque absolue d'observer directement le passage des substances des cellules du sujet dans les cellules du greffon, on est réduit à rechercher si la substance dont on étudie la migration peut être décelée dans celle des deux plantes qui n'en fabrique pas.

» Il est certain que des substances alimentaires passent au travers du bourrelet pour aller du sujet dans le greffon et du greffon dans le sujet; à côté de la perméabilité du bourrelet à ces substances alimentaires, qui est une condition *sine qua non* de la vie en symbiose des deux plantes associées, on peut

---

[1] Voir pages 32 et suiv., puis 114 et suiv. de cet ouvrage.
[2] Ch. LAURENT. — *Étude sur les modifications chimiques que peut amener la greffe dans la constitution des plantes*, chap. VI, p. 84. Rennes, 1908.

imaginer une imperméabilité plus ou moins absolue à certains principes immédiats élaborés dans l'une des deux plantes.

» Les moyens d'investigation dont dispose la chimie actuelle permettent de trouver dans la plante certains principes qu'elle élabore; mais, si elle peut soupçonner en partie la série des réactions qui peuvent s'effectuer dans la synthèse de ces produits, il lui est impossible d'en suivre les diverses phases.

» S'il est impossible au chimiste de suivre pas à pas l'élaboration d'un principe immédiat, il éprouve la même difficulté à en suivre les transformations; il pourrait à la rigueur chercher à acquérir une notion de la quantité de produit que la plante peut élaborer en un temps donné et la quantité du même produit qu'elle peut transformer dans le même temps, mais il ne faut pas se dissimuler que ce serait là un travail excessivement difficile.

» Pour fixer les idées, envisageons, par exemple, la production de l'inuline dans certaines Composées. Cette matière hydrocarbonée prend naissance, à un certain moment, dans les tissus de la plante, elle est transformée soit au fur et à mesure de sa formation, soit plus ou moins longtemps après celle-ci, en d'autres substances qui servent à l'édification des tissus. C'est là un fait indéniable que l'on peut constater au moment de la digestion des réserves d'un grand nombre de tubercules de plantes de cette famille.

» On conçoit qu'il serait peut-être possible de savoir quelle quantité d'inuline peut être fabriquée en un temps donné et quelle quantité de cette substance peut être détruite et transformée dans le même temps, et établir ainsi le bilan entre son élaboration et sa transformation.

» Mais ce qu'il est impossible de mesurer dans l'état actuel de nos connaissances, c'est la quantité d'inuline qui, après transformation, s'unit à d'autres substances provenant, par exemple, des sèves pour former dans la plante, soit de la matière de cellule, soit des produits d'excrétion ou autres.

» Dans une greffe dans laquelle l'une des plantes fabrique normalement de l'inuline alors que l'autre n'en fabrique pas, on pourra observer la diminution de la quantité de ce produit existant avant la greffe ou celle qui peut se former pendant la durée de la vie en symbiose, et constater dans l'autre plante la présence ou l'absence de ce produit.

» Plusieurs cas peuvent se présenter :

» 1° Si l'on pouvait s'assurer que la quantité d'inuline ne diminue pas dans le sujet ou continue à augmenter tant que celui-ci peut en fabriquer, le greffon n'en présentant à aucun moment, on n'aurait aucune notion sur la perméabilité du bourrelet à cette substance, car le greffon, n'en ayant pas besoin, pourrait la laisser dans le sujet.

» 2° Si l'on fait une greffe inverse de la précédente, le greffon, possédant un appareil végétatif aérien, fabrique dans ses tissus une quantité d'inuline qu'il est bien difficile d'apprécier.

» Deux observations pourraient être faites : dans la première *(a)*, le sujet ne présente pas d'inuline; dans la seconde *(b)*, il en présente.

» *a)* Lorsque le sujet ne présente pas d'inuline, on peut dire que le bourrelet est imperméable à cette substance, mais on ne peut fournir aucun renseignement sur sa perméabilité à certains produits de transformation de cette substance.

» *b)* Lorsque le sujet présente de l'inuline, deux hypothèses peuvent être envisagées : dans la première, le bourrelet est perméable à l'inuline, qui peut le traverser soit par osmose, soit par simple filtration. Dans la seconde, l'inuline se transformerait en plusieurs substances diffusibles au travers du bourrelet, lesquelles permettraient la reconstitution de la molécule de cette substance dans le sujet.

» Quelle que soit l'idée que l'on puisse se faire de la perméabilité du bourrelet, chaque fois qu'une substance ou des dérivés directs de celle-ci, qui ne sont fabriqués que dans l'une des plantes associées, seront décelés dans l'autre plante, on pourra admettre logiquement que *leur présence est une conséquence de la greffe*. Mais dans l'état actuel de la science, il serait exagéré de prétendre que si une substance considérée fabriquée par l'une des plantes ou quelques-uns de ses dérivés ne peut être décelée dans l'autre, d'autres dérivés de cette substance ne pourraient s'y rencontrer.

» En résumé, dans cette question comme dans toutes autres questions similaires, si un fait positif peut donner une certitude, un grand nombre de faits négatifs ne sauraient renseigner sur la possibilité du phénomène qu'on envisage. »

Après avoir ainsi fort clairement exposé toutes les faces du problème, M. Ch. Laurent examine les faits. Il rappelle que l'on possède quelques données sur les alcaloïdes, les hydrates de carbone et les [glucosides.

Le premier travail sur les variations de principes immédiats est dû à Bernelot Moens (1882), qui constata dans des greffes de quinquinas différents que la cinchonidine avait augmenté dans le greffon et la quinine dans le sujet. Van Leersum, pour savoir si le résultat était bien dû à la greffe, fit une série d'expériences *comparatives*, à la suite desquelles il reconnut nettement l'influence de la greffe sur la composition de l'écorce du greffon, influence *inégale* suivant les greffes et s'exerçant seulement jusqu'à un demi-mètre de la suture.

Strasburger et Klinger, en 1885, ayant constaté le passage de l'atropine d'un *Datura* greffon dans les tubercules d'une Pomme de terre servant de sujet, le passage des produits d'échange du sujet au greffon et *vice versa* fut considéré comme expérimentalement démontré.

En 1891, je publiai les premiers résultats de mes recherches sur la migration des matières hydrocarbonées dans un certain nombre de plantes, et je montrais expérimentalement que la question était beaucoup moins simple qu'elle n'en avait l'air, que *tous les produits des plantes greffées ne se comportaient point à la façon de l'atropine*. C'est ainsi que, ayant greffé des *Barkhausia* sur racine tuberculeuse de *Taraxacum*, je vis le greffon se développer fort bien et utiliser progressivement l'inuline du sujet. Au contraire, dans des greffes de Laitue et de Chicorée sur racines semblables de *Taraxacum*, les greffons meurent, car ils laissent intacte la réserve d'inuline du sujet.

Dans le premier cas, sujet et greffon contiennent normalement de l'inuline; le bourrelet a été perméable à cette substance ou à ses dérivés. Dans le second cas, les greffons sont normalement dépourvus d'inuline et cette substance n'a pas traversé le bourrelet soit en nature, soit après transformation.

En 1894, Vöchting constatait aussi l'arrêt de l'inuline dans des greffes de Topinambour et de Soleil. Et j'ai montré que non seulement on ne trouve pas d'inuline dans le grand soleil greffé avec l'*Helianthus multiflorus* ou l'*H. lætiflorus*, mais que ce Soleil se lignifie d'une façon exagérée et prend un volume anormal.

Je n'insisterai pas sur les variations curieuses de la fonction de réserve que l'on trouvera résumées dans la thèse de M. Laurent. Pour montrer le danger qu'il y aurait à baser une conclusion sur un fait unique, je citerai seulement le cas des greffes du Lis et du Haricot sur eux-mêmes. J'ai greffé au cours du développement de la tige le Lis blanc sur lui-même, et j'ai constaté que, tandis que la portion greffon avait, après reprise, accumulé d'abondantes réserves d'amidon, la partie sujet n'en présentait pas trace. Dans les haricots greffés sur eux-mêmes, j'ai obtenu, en faisant varier l'époque et les conditions de greffage, de l'amidon, soit exclusivement dans le greffon, soit en plus grande abondance dans celui-ci. Pourrait-on conclure de l'absence de l'amidon ou de sa faible quantité dans le sujet que le bourrelet est imperméable ou moins perméable à la substance génératrice de ce produit de réserve? Ce serait absurde. La seule explication possible est celle que j'ai formulée : sujet et greffon sont à des états biologiques différents ; l'un souffre d'un excès d'humidité, l'autre de disette d'eau. Dans celui-ci, la pression intra-cellulaire deviendrait excessive et mortelle si la plante n'abaissait cette pression par la transformation du sucre en amidon, conformément aux lois de Pfeffer. La perméabilité du bourrelet n'est pas en jeu dans la circonstance, comme on pourrait le croire d'après un examen superficiel des résultats, puisqu'il n'y a aucun changement de membranes.

Dans des travaux récents, on a mis en doute le passage de l'atropine dans les tubercules de la pomme de terre. M. Lindemuth a greffé la pomme de terre avec des Daturas, des Jusquiames et autres Solanées. Lewin a étudié chimiquement les tubercules obtenus. A l'analyse il n'a pu caractériser chimiquement l'atropine, mais il a rencontré des traces d'une substance qui avait la propriété de remettre en marche le cœur d'une grenouille arrêté par la Muscarine [1].

Enfin MM. Arthur Meyer et Ernst Schmidt ont constaté que les tubercules de pomme de terre provenant de greffes de Datura ne donnent pas d'atropine et qu'aucune substance contenue dans ces organes ne possède de propriété mydriatique [2].

M. Ch. Laurent a analysé comparativement, en opérant de la même manière sur les témoins et les greffes pendant trois années de suite, des greffes de Belladone sur Tomate, faites par le procédé de la greffe ordinaire ou par greffage mixte. Cinq fois sur six il a obtenu la réaction mydriatique sur le chat et le chien, ainsi que sur lui-même. Les solutions hydro-alcooliques de tomate lui ont donné cinq fois sur six des cristaux offrant de l'analogie avec l'atropine du Codex examinée comparativement. Enfin la répartition de cette substance à effets mydriatiques était variable dans chaque série de greffes et, avec le greffage mixte, elle a pu être décelée dans les fruits de la tomate sujet.

Et l'on conçoit qu'en présence de ces résultats, le plus souvent positifs, M. Ch. Laurent ait ainsi conclu [3] :

« Après avoir constaté, à la suite de la greffe de la belladone sur la tomate, la présence dans cette dernière d'une substance que de patientes recherches ne m'ont jamais permis de découvrir quand cette dernière plante vit d'une façon autonome, laissée entière ou taillée comme on le fait dans la pratique ordinaire, *je ne puis m'empêcher d'attribuer à la greffe l'apparition de cette substance* à effets physiologiques voisins de ceux des alcaloïdes de la Belladone [4]. »

Dans une étude parue en 1907, M. Guignard [5] s'est occupé de la migration possible de glucosides cyanhydriques dans les greffes de *Phaseolus lunatus* sur

---

[1] LINDEMEITH. — *Ueber angebliches Vorandhensein von Atropine...*, 1906.
[2] MEYER et SCHMIDT. — *Die Wanderung der Alcaloïde aus dem Propfreise in die Unterlage*, 1907.
[3] *Loc. cit.*, p. 102.
[4] Récemment M. Lutz, se plaçant exclusivement sur le terrain chimique, a prétendu que des expériences analogues à celles de Strasburger ne pouvaient donner que des résultats imprécis, parce que, pour la Belladone en particulier, la plante vivante ne contient pas d'atropine pour ainsi dire, mais de l'hyoscyamine aux dépens de laquelle l'atropine prendrait naissance au cours de la dessiccation en vertu d'un processus encore mal connu. On ne peut donc songer à rechercher l'atropine dans la pomme de terre.
Cette objection n'a pas la moindre valeur au point de vue spécial qui nous occupe ici. Peu importe qu'il s'agisse d'hyoscyamine ou d'atropine en l'espèce ; peu importe le processus de formation de ces substances. Ce qu'il faut retenir, c'est que le sujet contient, comme son greffon, une substance à effets mydriatiques, quand des témoins de même espèce que le sujet n'en contiennent pas dans les conditions de l'expérience et même n'en contiennent jamais qu'après leur greffe avec un greffon contenant une substance à effets mydriatiques.
[5] L. GUIGNARD. — *Recherches physiologiques sur la greffe des plantes à acide cyanhydrique* (C. R. de l'Acad. des sciences, 1907).

P. vulgaris, de *Photinia* greffé sur Coignassier et de *Cotoneaster* greffé sur *Cratægus*. Voici ses conclusions :

« Lorsqu'une plante à glucoside cyanhydrique est greffée sur une autre plante dépourvue de ce composé ou inversement, il n'y a aucun transport du glucoside, ni du greffon dans le sujet ni du sujet chez le greffon.

» Le résultat est différent lorsque les individus associés appartiennent non plus à deux genres distincts, mais à un même genre, comme par exemple le *Cotoneaster microphylla* et le *C. frigida*. Ici le glucoside cyanhydrique est sûrement dans les deux espèces, et si l'on greffe la première sur la seconde, on constate nettement, par des analyses comparatives faites sur des pieds greffés et non greffés, le passage du glucoside du greffon dans l'écorce du sujet.

» Malgré les échanges de matière qui s'effectuent pour la nutrition et le développement chez les plantes greffées, certains principes organiques restent localisés dans l'un ou dans l'autre des conjoints : c'est là un fait que l'étude des plantes à acide cyanhydrique me paraît nettement mettre en évidence. *Dans la symbiose artificielle que réalise le greffage, chaque espèce conserve son chimisme propre et son autonomie.* »

Les faits relevés par M. Guignard ont été considérés par certains viticulteurs comme en opposition avec mes idées et mes recherches sur la greffe. Voici comment ils ont été commentés par M. R. Brunet, secrétaire de rédaction de la *Revue de viticulture* ([1]) :

« Nos lecteurs, dit-il, connaissent les idées, les faits ou les hypothèses exposés sur l'influence réciproque du sujet et du greffon. Ils ont pu suivre les idées particulières émises par M. Daniel et par les viticulteurs antiaméricanistes qui ont suivi ses hypothèses, auxquelles certains faits mal interprétés, et surtout trop généralisés, pouvaient donner un semblant de vérité. Certains esprits qui, de parti pris et par un entêtement injustifié, ont toujours mal accepté la grande œuvre de la reconstitution du vignoble par les vignes américaines quant à leur résistance phylloxérique, ont pu accepter l'affirmation dangereuse pour la renommée de nos grands vins, de la diminution, de la détérioration même de la qualité des vins des vignes greffées sur porte-greffes américains.

» Bien des observations, confirmées de toutes parts dans les vignobles à grands crus, avaient cependant apporté des preuves indéniables du maintien de la qualité des grands vins produits par les vignes greffées. Tout récemment, le Congrès d'Angers, par des rapports très documentés, apportant des observations comparatives concluantes et importantes, enterrait la légende de la *destruction* de la qualité des vins par le greffage sur vignes américaines.

» M. L. Guignard, membre de l'Institut, dont les travaux de science pure jouissent de la plus grande estime dans le monde scientifique de la France et de l'étranger, vient, par des expériences très rigoureuses et d'une netteté indiscutable, de détruire la base fragile sur laquelle semblaient étayées les conclusions prématurées de tous ceux qui acceptaient cette influence réciproque du sujet et du greffon et qui en déduisaient les pires catastrophes pour le vignoble. *Pour solutionner définitivement ce problème*, M. L. Guignard a greffé des plantes à acide cyanhydrique, des Haricots ou des Rosacées (plantes herbacées ou plantes ligneuses) sur des plantes de même espèce ou de même famille, qui ne renferment pas normalement ce corps très facile à déceler et à reconnaître, même en proportion infime. Il a fait de nombreuses greffes en sens inverse et dans aucun cas ([2]), il

---

([1]) R. Brunet. — *Les effets de la greffe* (*La Viticulture tourangelle*, 1908). Je tiens à faire remarquer ici que je ne rends nullement M. Guignard responsable de ces commentaires de son travail. Si je les ai reproduits ici *in extenso*, c'est uniquement parce qu'ils sont typiques et révèlent très nettement la tactique de certains de mes contradicteurs.

([2]) Comparer avec les travaux de M. Guignard, qui a vu l'acide cyanhydrique passer du sujet au greffon dans les *Cotoneaster*.

n'a vu l'acide cyanhydrique passer du greffon au sujet ou du sujet au greffon. L'un et l'autre, greffon ou sujet, conservent toujours leurs caractères et leurs propriétés. »
Et c'est ainsi que l'acide cyanhydrique, qui n'existe pas dans la vigne, en vient à commander la physiologie de celle-ci et à montrer que la qualité des vins n'est pas modifiée par la greffe sur cépages américains.

Même, en dehors de cette curieuse action (télépathique peut-être) d'un produit sur des plantes qui n'en renferment pas, les faits établis par M. Guignard n'ont point solutionné le problème ni détruit mes conclusions, quoi qu'en dise M. Brunet. Et il me sera facile de le démontrer.

Les faits qu'il a signalés sont nouveaux en ce sens qu'ils montrent, dans la série des greffes étudiées, la façon de se comporter d'un produit jusqu'ici non examiné encore à ce point de vue. Mais *ils ne changent rien* à ce que l'on savait jusqu'ici au point de vue général. J'écrivais en 1891 : « Telle substance qui passait librement des feuilles dans la racine ne peut, au travers du bourrelet, pénétrer dans le sujet ; telle autre au contraire y passera fort bien. » C'était le cas de l'inuline et de certains hydrates de carbone que j'avais en vue. Or le cas de l'acide cyanhydrique est *identique* à ce que j'ai observé pour l'inuline, sauf que le passage de cette substance n'est pas, dans les greffes de Composées, limité à l'espèce comme dans le cas des Rosacées étudiées par l'auteur.

Que M. Guignard ait conclu, comme je l'avais fait pour l'inuline, que le glucoside cyanhydrique passe au travers du bourrelet dans certains cas, non dans d'autres, c'était son droit ; mais il ne devait en aucune façon généraliser et conclure à la conservation du chimisme propre de l'espèce et à son autonomie *chez les plantes greffées*. Cela pour les raisons suivantes :

Il n'a opéré que sur quelques plantes à glucoside cyanhydrique. Qui prouve dès lors que toutes, et dans tous les cas, se comportent comme celles qu'il a étudiées ? Il n'a pas prouvé que le glucoside n'est pas passé sous une autre forme et que les processus de sa formation ou de son utilisation sont restés les mêmes, ce qui a son importance au point de vue de l'immutabilité du chimisme.

Comment peut-il affirmer, en admettant qu'il en fût exactement comme il le dit dans toutes les plantes à glucoside cyanhydrique, que tous les autres principes immédiats se comportent comme celui-ci ? Le chimisme n'est pas l'œuvre d'un seul produit. Prétendre le contraire, c'est tomber dans l'erreur signalée par Pfeffer, c'est-à-dire rendre une substance unique responsable de tout ce qui se passe dans une plante donnée. Et, en raisonnant à la façon de l'éminent botaniste, on comprend qu'on en soit arrivé à une erreur plus grande encore : l'acide cyanhydrique n'existe que dans un petit nombre de plantes ; alors comment cette substance peut-elle commander ce qui se passe dans les plantes qui n'en élaborent pas, et servir à tirer une conclusion générale envisageant la greffe dans le règne végétal tout entier ?

Il paraît bien difficile que les processus de la nutrition (absorption, formation de matières nutritives, échanges et produits résiduels), qui constituent le chimisme particulier de l'espèce, ne varient pas après la greffe, quand on sait que le greffon pompe la sève brute par l'intermédiaire des poils absorbants du sujet, et que celui-ci doit se nourrir de la sève élaborée par le greffon. On sait en effet que chaque plante a un chimisme variable suivant le milieu où elle vit. Si l'on admet que le chimisme du greffon est immuable comme celui du sujet, il faut que le greffon commande à sa façon l'osmose du sujet, autrement dit qu'il puisse modifier à son gré les propriétés spécifiques des poils absorbants de son conjoint. Réciproquement, il faudrait que le sujet réagît à son tour sur le greffon de façon à lui faire fabriquer les produits nécessaires à sa croissance et cela de la même façon que ce sujet l'eût fait à l'aide de ses propres organes aériens.

En un mot, s'il en était ainsi, le greffon modifierait les propriétés absorbantes du sujet dont le chimisme spécifique varierait *ipso facto;* le sujet obligerait le greffon à modifier son chimisme chlorophyllien héréditaire. Ce serait un remarquable exemple d'influence réciproque du sujet et du greffon, en un mot, tout le contraire de l'autonomie admise par l'auteur.

D'ailleurs les termes autonomie et symbiose sont en opposition formelle. La plante autonome est indépendante jusqu'à un certain point des plantes voisines dans les conditions normales. Les plantes greffées, à l'état de symbiose ou vie en commun, ne peuvent, même par définition, conserver leur autonomie, puisqu'elles se prêtent mutuellement leurs appareils propres.

Si elles la conservaient vraiment, toutes les plantes pourraient se greffer les unes sur les autres ; il n'y aurait pas de lutte entre elles, pas de tentatives d'affranchissement, pas d'augmentation ou de diminution de la durée, pas d'avance ou de retard dans la végétation, la floraison, etc., lorsque toutes les conditions seraient égales d'ailleurs en dehors de la greffe. Les greffons de même nature ne présenteraient pas de différences suivant la nature de leurs sujets et inversement ; les questions si complexes de l'adaptation n'existeraient pas, etc. Or, chacun sait combien les faits de ce genre sont fréquents.

Quant à la conservation du chimisme propre de l'espèce, l'on connaît en pratique horticole et viticole bien des faits qui vont à l'encontre de cette hypothèse. Pour n'en citer qu'un seul exemple, il me suffira de rappeler que certaines variétés de poirier, greffées directement sur coignassier, fournissent des poires très pierreuses. Si on les surgreffe sur une autre variété vigoureuse, greffée déjà sur coignassier, elles donnent alors des fruits de bonne qualité, non pierreux. La variété intermédiaire a empêché la formation anormale des sclérites. Qu'y a-t-il dans le second cas qui ne se trouve pas dans le premier ? Un simple bourrelet de plus, et cela *suffit* pour modifier le chimisme du greffon.

Si sujet et greffon conservaient ainsi leur chimisme propre et leur autonomie, un très grand nombre de greffes usuelles seraient inutiles et l'on ne s'astreindrait pas en pratique à faire une opération coûteuse et gênante. Les praticiens sont bien renseignés à cet égard, quoi qu'on pense.

Voici ce que dit Ysabeau dans le *Jardinier de tout le monde* (Paris, s. d., p. 77) :

« La greffe est un mariage forcé, mariage souvent mal assorti, qui ne donne pas toujours d'heureux résultats. C'est un végétal qu'on fait vivre aux dépens d'un autre d'une espèce voisine, comme il vivrait par ses propres racines aux dépens du sol. Les physiologistes ne sont pas d'accord sur les relations intimes de la greffe et du sujet : les uns admettent l'influence du sujet sur la greffe ; les autres la nient d'une façon absolue. *Dans la pratique, le jardinier est journellement en présence de faits d'une incontestable valeur* qui prouvent l'existence de cette influence dans un grand nombre de cas.

» Par exemple, s'il greffe un Pommier sur Paradis, il a pour résultat un arbre nain ; sur Doucin, il obtient un arbre de taille moyenne ; sur Égrain, c'est-à-dire sur un sujet né d'un pépin de pomme, il a un arbre de première grandeur. N'y eût-il que ce fait, et il n'est pas certes le seul de même nature, le jardinier serait assurément fondé à soutenir que le sujet influe *quelquefois* sur la greffe, et à croire que cette influence s'exerce *très souvent*, bien qu'à des degrés différents, selon le plus ou moins d'analogie qui peut exister entre l'un et l'autre. »

Comme on le voit, les faits relatifs à l'acide cyanhydrique ont été mal interprétés. Non seulement ils ne sont pas en contradiction avec mes théories et avec mes recherches, mais ils les confirment en apportant une contribution à la question complexe des effets du bourrelet dans les greffes. Fussent-ils même en désaccord avec la façon de se comporter des alcaloïdes et des hydrates de carbone dont j'ai parlé que l'on ne pourrait s'appuyer sur eux pour nier la possibilité de l'échange de substances morphogènes entre les conjoints. Pour justifier une semblable prétention, bien des conditions seraient nécessaires.

La plus importante, qu'ont négligée mes contradicteurs, c'est que, en l'espèce, *il est nécessaire d'envisager des substances morphogènes*. Jamais personne n'a indiqué que l'acide cyanhydrique en fût une, ainsi qu'il a été montré précédemment. Il en est de même des alcaloïdes.

Si même il s'agissait d'un produit morphogène, il faudrait que celui-ci pût émigrer du point de fabrication au lieu d'utilisation ou de réserve et non qu'il se formât exclusivement sur place. Dans le cas de migration, il faudrait encore que le bourrelet fût situé sur le chemin de migration de la substance morphogène considérée.

Enfin on peut encore faire une dernière critique à propos des conclusions de M. Guignard. Cet auteur n'a pas suffisamment tenu compte des *faits positifs* établis avant lui au sujet du passage des alcaloïdes ou il a cherché à en atténuer la portée en contestant leur exactitude. C'est aller bien loin à mon avis, et il est facile de le démontrer.

Parce que MM. Arthur Meyer et Ernst Schmidt n'ont pas retrouvé d'alcaloïde mydriatique dans la pomme de terre greffée avec le *Datura*, cela ne veut nullement dire que M. Klinger n'en avait pas obtenu dans l'expérience de Strasburger. Les greffes examinées dans les deux cas n'étaient pas rigoureusement comparables.

Parce que le professeur Lewin n'a pas, dans des greffes analogues, mais non les mêmes d'une façon absolue comme état biologique, isolé chimiquement l'alcaloïde à effets mydriatiques, cela ne l'a pas empêché de constater la présence de traces d'un produit capable, comme l'hyoscyamine, de remettre en mouvement le cœur d'une grenouille arrêté par la muscarine. Je sais bien qu'à ce sujet on a fait une objection assez singulière.

« Il y a lieu, dit M. Guignard, de faire observer que l'arrêt du cœur déterminé par la muscarine peut, d'après divers observateurs, disparaître sous l'action de diverses substances autres que l'hyoscyamine, telles que la guanidine, la vératrine, la digitaline, etc.; de sorte qu'il n'est pas absolument certain que, dans l'expérience de Lewin, l'arrêt constaté (¹) fût dû à la présence de l'hyoscyamine. C'est pourquoi MM. Arthur Meyer et Ernst Schmidt ajoutent qu'ils ont l'intention de continuer leurs expériences à ce sujet. »

Franchement on se demande ce que la guanidine, la vératrine, la digitaline, etc., viennent faire dans la greffe des Solanées. Depuis quand ces substances ont-elles été signalées dans la pomme de terre saine, non en voie de décomposition? A-t-on jamais trouvé dans une pomme de terre normale non greffée un produit capable de rétablir les mouvements du cœur de la grenouille arrêtés par la muscarine? La question unique est de savoir si la pomme de terre saine renferme ou non, après la greffe, un produit à effets mydriatiques qui n'existe pas chez la plante franche de pied, cultivée dans les mêmes conditions et soumise aux mêmes traitements chimiques, à l'état frais ou à l'état sec. Il ne faut pas l'oublier et faire trop complaisamment *dévier* la discussion.

D'ailleurs, si la greffe pouvait faire produire à une pomme de terre saine de la guanidine, de la vératrine ou de la digitaline, ce serait bien plus extraordinaire que de constater le passage de l'hyoscyamine du greffon dans le sujet.

En outre, si les expériences de chimistes spécialistes de la valeur de Klinger et de Lewin étaient vraiment critiquables, cela voudrait-il dire que les expériences de M. Ch. Laurent sont inexactes, quand les effets mydriatiques de la tomate

---

(¹) C'est un lapsus de l'auteur. C'est « la disparition de l'arrêt » qu'il faut lire sans doute.

greffée ont été constatés non seulement par lui, mais par moi-même et par divers physiologistes à qui il avait demandé d'assister à ses expériences?

Tous ces résultats, différents suivant les expérimentateurs, ne montrent-ils pas pour celui qui n'a pas de parti pris que les greffes donnent des résultats non *uniformes*, mais *variables* non-seulement avec les plantes et les conditions extérieures, mais avec la nature des bourrelets? Tout cela est la confirmation de mes théories; cela ne se comprend pas avec les hypothèses contraires. On peut dire : autant de greffes, autant de symbioses différentes comme état biologique, par conséquent comme chimisme en général et comme chimisme particulier quantitatif d'une substance considérée.

M. Guignard, après avoir indiqué que la question de la migration des alcaloïdes est controversée, a écrit ceci : « Quant à quelques autres substances organiques, telles que l'inuline, l'amidon, on est mieux fixé sur la façon dont elles se comportent dans les greffes. » Mais, tout en indiquant mes recherches sur l'inuline et celles de Vöchting sur la même substance, il laisse de côté tous les faits que j'ai observés à propos du dépôt des réserves (amidon, sucres, etc.) dans diverses plantes greffées, et il ajoute : « D'autres faits du même genre pourraient encore être cités, mais ce serait *s'écarter de l'objet de ce travail*, qui est de rechercher si, dans la greffe d'une plante à principe cyanhydrique sur une autre plante qui en est absolument dépourvue, ou inversement, il y a migration de ce principe de l'une dans l'autre. »

On comprend fort bien que si l'auteur avait ainsi limité ses conclusions au seul glucoside cyanhydrique qu'il a fort bien étudié, il eût pu parler de la sorte et ne pas tenir compte des données sur la question se rapportant à d'autres principes immédiats. Tout le monde aurait compris sa réserve. Mais il ne l'a pas fait; bien au contraire il a terminé par une conclusion aussi générale qu'absolue et qui ne s'accorde précisément pas avec le peu qu'on sait sur les variations de la fonction de réserve après la greffe. En effet, même en dehors des cas du Lis et des Haricots dont j'ai parlé, il serait difficile de comprendre, avec l'hypothèse de la conservation de l'autonomie et du chimisme propre de l'espèce, comment la Betterave se tuberculise en haut d'une tige de cette plante lui servant de sujet (Vöchting); comment un Navet, qui normalement se tuberculise en automne, ne se tuberculise plus qu'au printemps quand il sert de sujet à un Chou cabus pommant en avril, etc., etc. On peut s'étonner à bon droit que l'auteur n'ait pas, avant de généraliser, examiné et discuté tous les faits opposés à sa thèse, et dont l'authenticité ne saurait faire de doute.

En résumé, les intéressantes expériences de M. Guignard apportent une contribution appréciable à la solution de la question de la migration des principes immédiats dans les plantes greffées, mais ce serait une grave erreur que de les considérer comme fournissant la solution elle-même. Et, au point de vue particulier de mes théories, on ne peut y attacher une grande importance; le glucoside cyanhydrique n'est pas une substance morphogène, et je ne sache pas avoir prétendu que ce principe ou tout autre analogue commandait l'influence réciproque du sujet et du greffon.

Dans ces conditions, comment a-t-on pu écrire que les recherches relatives au glucoside cyanhydrique allaient à l'encontre de mes théories?

Je n'ai pas voulu d'ailleurs me borner à des critiques, quelque justifiées qu'elles puissent être, ni à l'exposé de faits anciens, malgré que ceux-ci n'aient rien perdu de leur valeur; j'ai tenu à défendre mes idées à l'aide non de mots, mais de faits nouveaux. Voici les résultats de recherches que je me propose de continuer en vue d'aider à la manifestation de la vérité sur ces points particuliers de la migration des principes immédiats morphogènes ou non et de l'autonomie des plantes greffées tout entières ou de l'un quelconque de leurs organes, comme sur beaucoup d'autres sujets viticoles que des intérêts ont empêché et empêchent encore d'étudier avec la sereine impartialité de la Science.

Déjà, dans toutes mes expériences antérieures, j'ai pris soin d'éliminer autant que possible les facteurs morphogéniques qui auraient pu, concurremment avec la greffe ou en dehors d'elle, provoquer des morphoses dans le sujet et le greffon, comme ils en produisent parfois dans les plantes autonomes.

Parmi les agents morphogènes (lumière, chaleur, eau et produits d'osmose, blessures, actions parasitaires et croisements sexuels), il est possible d'éliminer les effets de la lumière, de la chaleur et du croisement sexuel.

Les autres agents morphogènes sont impossibles à isoler dans la greffe et par conséquent on ne peut savoir d'une façon absolue si les morphoses observées sur le sujet et le greffon sont dues exclusivement aux variations de l'eau dans l'association (hydromorphoses), de l'aliment minéral ou organique (chimiomorphoses), de l'eau chargée de matières nutritives (automorphoses) (¹) consécutives aux blessures du sujet ou du greffon, de produits réactionnels résultant de la vie accidentellement parasitaire imposée aux deux associés (biomorphoses).

Ce que l'on peut toujours affirmer, c'est que si ces morphoses se produisent seulement chez les plantes greffées et non dans les témoins cultivés comparativement en dehors de la greffe, elles sont consécutives à la symbiose telle qu'elle a été réalisée dans les conditions spéciales de l'expérience.

Que ces variations soient externes (forme extérieure), internes (structure), d'ordre physiologique (nutrition) ou biologique (résistances), elles prouvent, quand elles se manifestent, que la plante greffée perd son autonomie; cela n'est pas contestable.

Cette année (1908), j'ai étudié plus particulièrement, en m'entourant de toutes les précautions possibles pour assurer la rigueur des comparaisons avec les témoins francs de pied, la greffe des Haricots, celles du *Leucanthemum lacustrum* sur *Anthemis frutescens* et de l'*Helianthus multiflorus* sur *Helianthus annuus*.

1. *Greffes de Haricots en solutions nutritives.*

La greffe des Haricots se fait facilement à l'aide de mon procédé de la greffe sur germinations que j'ai le premier indiqué dès le début de mes recherches sur la greffe (²).

On sait que, dans ces plantes, où les couches génératrices libéroligneuses sont assez peu actives, le bourrelet a pour effet, quand il est prononcé, de réduire la taille des greffons et des sujets dans la grande majorité des cas.

Ce fait a été observé tant par moi que par M. Ch. Laurent (³). Récemment, M. Griffon (⁴) a prétendu que dans ses greffes de Haricots, il avait obtenu des exemplaires de taille uniforme, dont quelques-uns plus grands que les témoins. M. Griffon, n'ayant pas fait ses greffes lui-même, ne les a sans doute pas surveillées de leurs débuts à leur complet développement. Il n'indique pas, dans ces conditions, si ses observations ont porté sur l'ensemble des exemplaires, ou bien

---

(¹) Les automorphoses correspondent à la fois à des hydromorphoses et à des chimiomorphoses dues à un apport plus élevé, dans les bourgeons de remplacement, des matériaux des sèves. Tous les facteurs morphogènes n'agissent d'ailleurs que par les ruptures d'équilibre entre les capacités fonctionnelles normales Cv et Ca, étudiées précédemment. Cela qu'il s'agisse des morphoses consécutives au croisement ou à tout autre facteur.
(²) L. Daniel. — *Sur la greffe des plantes en voie de germination* (C. R. de l'A. F. A. S., 1892).
(³) Ch. Laurent. — Thèse déjà citée, 1908.
(⁴) Griffon. — *Nouveaux Essais sur le greffage des plantes herbacées* (Bulletin de la Société botanique de France, 1908).

s'il s'agit d'exemplaires traités comme le font les praticiens; par exemple, si l'on a éliminé les greffes non réussies pratiquement, celles qui sont souffreteuses, pour ne conserver que les beaux exemplaires. Cela expliquerait peut-être cette uniformité, là où j'ai vu le contraire.

Quoi qu'il en soit, l'on verra, par les expériences nouvelles que j'ai faites cette année (1), que j'ai obtenu des résultats conformes à ceux que j'ai précédemment décrits.

J'ai éliminé diverses causes de morphose (lumière, chaleur, croisements, actions mécaniques diverses, action des pluies, etc.) par l'emploi des cultures en solutions nutritives qui m'avaient servi en 1901 (2), puis en 1902, en collaboration avec M. V. Thomas (3), pour étudier déjà la greffe des Haricots au point de vue de l'absorption des matières minérales.

Des Haricots de Soissons à rames et des Haricots Noirs de Belgique nains ont été élevés dans une solution nutritive *(fig. 83 et 84)* comprenant :

> 4 grammes de nitrate de chaux;
> 1 gramme de nitrate de potasse;
> 1 gramme de sulfate de magnésie;
> 1 gramme de phosphate tripotassique.

Le tout était dissous à la dose totale de 3 grammes par litre d'eau employée.

Comme comparaison, j'ai, en outre, cultivé les mêmes races de Haricots dans de la mousse humide, sans addition de substances minérales.

Je n'ai pas choisi au hasard les Haricots de Soissons et les Haricots Noirs de Belgique. Les expériences de 1902 m'avaient, en effet, révélé une particularité intéressante. Par suite de la concentration élevée de la solution utilisée à cette époque, les deux races s'étaient chlorosées, greffées ou non, mais elles l'avaient fait d'une façon bien différente. Le Haricot Noir de Belgique s'était montré bien plus sensible à l'affection que le Soissons et la greffe avait modifié, d'une façon variable suivant les exemplaires, la résistance relative de chaque race. Toutefois, par suite de la concentration trop forte de la solution, je n'avais pas obtenu la fructification de mes plantes. Toutes avaient péri avant de donner les gousses et les graines, mais à des époques assez variables. Les Noirs de Belgique témoins étaient disparus rapidement, les premiers, quand les Soissons avaient vécu plus longtemps.

La solution dont je me suis servi cette fois, étant moins concentrée, j'ai pu prolonger l'existence de mes Haricots et même obtenir la fructification de quelques-uns d'entre eux. Les résultats de ces nouveaux essais ont été particulièrement nets et fort démonstratifs, ainsi qu'on va pouvoir en juger.

J'avais, le 1er mai, fait germer les Haricots qui, le 5 mai, furent mis dans la solution nutritive, en place par conséquent. Le 11 mai, je fis les greffes, au moment où les deux premières feuilles opposées des Haricots Noirs de Belgique étaient suffisamment développées.

Tout en conservant des témoins francs de pied de chaque race, j'ai greffé le Haricot Noir de Belgique sur Soissons *(fig. 83, pl. hors texte)* et le Soissons sur Noir de Belgique *(fig. 84, pl. hors texte)*, réalisant ainsi les greffes inverses, suivant en cela la méthode que j'ai bien des fois employée dans le cours de mes recherches sur la greffe en général.

Le tout, témoins et greffés, a été placé dans mon laboratoire de telle façon

---

(1) L. Daniel. — *Sur la greffe de quelques variétés de Haricots (C. R. de l'Acad. des sciences*, 6 juillet 1908).
(2) L. Daniel. — *La théorie des capacités fonctionnelles.* Rennes, 1902.
(3) L. Daniel et V. Thomas. — *Sur l'utilisation des principes minéraux par les plantes greffées (C. R. de l'Acad. des sciences*, 1902).

Fig. 83.
Cultures comparatives de Haricots en solutions nutritives.
1. Greffe mixte de Haricot noir de Belgique sur Soissons ;
2. Noir de Belgique témoin ;
3. Soissons témoin ;
4. Soissons greffé sur noir de Belgique.

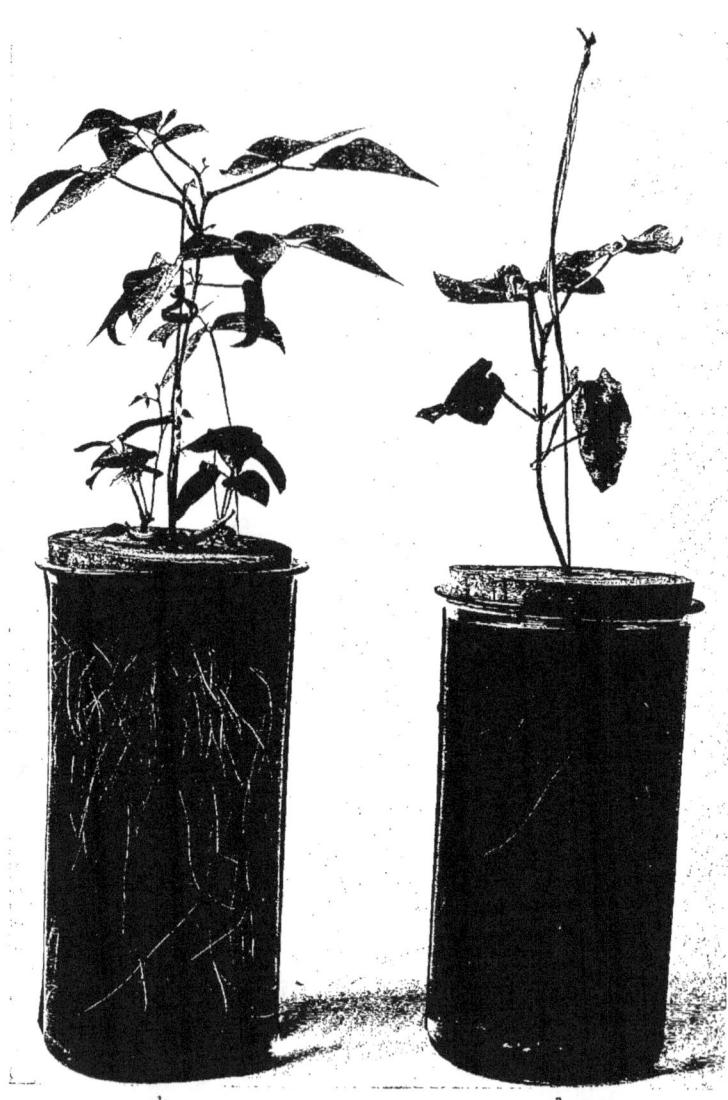

Fig. 84.

Haricots en Solutions nutritives :

1. Noir de Belgique greffé sur Soissons ;
2. Noir de Belgique témoin.

On voit sur le sujet les tiges fasciées pincées (pousses de remplacement).

que, le milieu extérieur étant identique pour toutes les plantes, les différences existantes ne pouvaient provenir que de la greffe. Les résultats ont été loin cependant d'être identiques.

Le Haricot de Soissons témoin ne s'est pas chlorosé d'une façon sensible, au moins pendant un temps assez long. Il a atteint sensiblement sa taille normale, puisqu'il avait, fin juillet, 4^{m}10 de haut. Ses feuilles et ses tiges étaient d'un beau vert, de teinte plus faible toutefois que les Soissons élevés dans la mousse humide. Il ne s'était pas ramifié vers la base. Il portait de nombreuses inflorescences, belles au début, mais dont les fleurs s'épanouirent mal et n'ont dans aucun cas donné de fruits. A la fin, la chlorose s'est produite quelque peu, et il a fini par mourir en août après avoir atteint 4^{m}30 de haut.

Le Noir de Belgique témoin est resté de petite taille et s'est chlorosé de très bonne heure. La chlorose est d'abord apparue sur les feuilles composées alternes qui se sont développées au-dessus du premier nœud à feuilles opposées entières. Celles-ci, d'abord bien vertes, ont bientôt manifesté elles-mêmes des signes de chlorose; elles se sont desséchées et recroquevillées sous l'influence de la lumière. A la fin de mai, toutes les feuilles étaient tombées; la tige seule persistait, mais elle ne tarda pas à se dessécher elle-même. Cette race se comportait donc comme elle l'avait déjà fait dans nos expériences de 1902, bien qu'en solution moins concentrée cette fois-ci.

Les Soissons et les Noirs de Belgique témoins cultivés dans la mousse prospérèrent suffisamment malgré la pénurie de nourriture minérale. Ils restèrent bien verts, mais leurs dimensions étaient réduites tout naturellement, vu l'insuffisance de nourriture. Dès l'instant qu'ils conservaient leur belle teinte verte et ne manifestaient aucun signe de chlorose, c'est que cette affection constatée sur les témoins élevés dans la solution nutritive était bien due aux matières minérales contenues dans celle-ci, agissant simultanément, ou bien à l'une d'elles en particulier.

On voit de suite que cette façon particulière, *spécifique*, d'absorption différente dans le Soissons et le Noir de Belgique, se prêtait fort bien à une étude sur l'influence réciproque du sujet et du greffon. Il était tout indiqué de rechercher la manière de se comporter de ces deux plantes de capacités fonctionnelles d'absorption Ca et $C'a$ différentes, et de voir si chacune d'elles conservait, après la greffe, son absorption propre et son chimisme particulier; si elle était vraiment indépendante en tout de son associée, en un mot si elle conservait son autonomie; si enfin tous les exemplaires se comportaient de la même manière dans chaque série. Voici les résultats que j'ai obtenus et fait contrôler pour qu'on ne puisse pas en nier l'authenticité suivant la méthode habituelle de certains adversaires, méthode facile à employer par chacun sans grand effort.

Les Haricots Noirs de Belgique greffés sur Soissons ont, par rapport aux témoins, manifesté une plus grande vigueur, se sont ramifiés davantage et ont pris une teinte verte contrastant beaucoup avec celle des témoins. Dans cette série, un des Haricots greffons s'est mal soudé grâce à une défaillance dans la surveillance au moment de la reprise et il est mort malgré mes soins ultérieurs. Un autre est resté très souffrant au moment de la mise à l'air libre pour des raisons analogues et, après avoir langui une quinzaine de jours, a fini lui aussi par mourir. Le reste a bien réussi, mais il s'en faut de beaucoup que la réussite et le développement ultérieur soient restés les mêmes. J'ai même observé sur l'un d'eux des monstruosités intéressantes qui n'existaient pas sur les témoins ou ne s'y montraient pas au même degré. Il a présenté, au lieu d'un nœud à feuilles opposées, trois nœuds successifs de feuilles ainsi opposées quand il aurait dû avoir un seul nœud de feuilles opposées et les autres alternes. Des feuilles à quatre folioles, qui se voient aussi dans les témoins, étaient plus fréquentes sur mes Haricots greffés.

Ces résultats confirment mes observations antérieures. C'est d'ailleurs conforme à ce qu'ont observé bien des fois les praticiens en horticulture et en viticulture par rapport aux différences de vigueur, etc., des différents exemplaires, dans une même série de greffes, et il serait oiseux d'insister sur ce point.

Mais ce qu'il y avait de particulièrement frappant, c'est que les greffons, ou bien n'étaient pas chlorotiques, ou bien l'étaient beaucoup moins que les témoins.

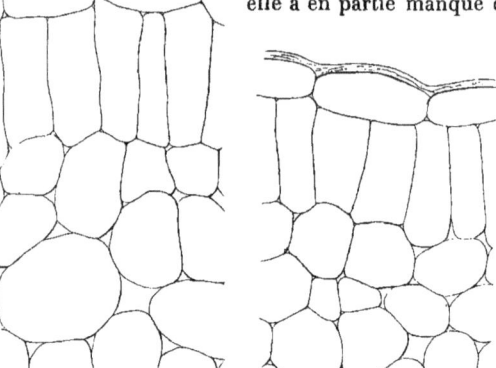

Fig. 85.
Coupe transversale de la feuille du Soissons témoin.

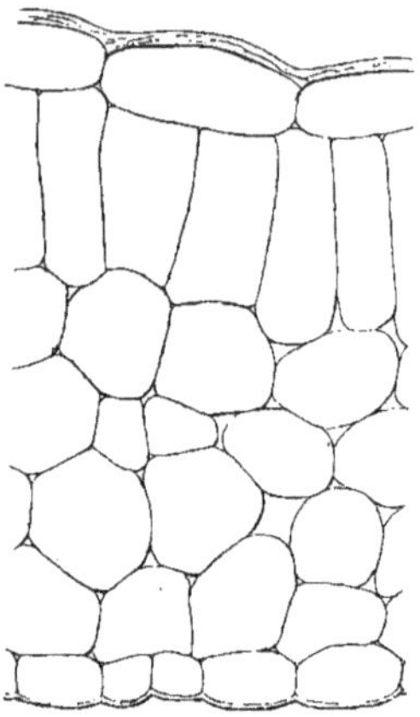

Fig. 86.
Coupe transversalee de la feuille du Soissons greffé sur Noir de Belgique.

Cette résistance à la chlorose s'est maintenue jusqu'à la fin de la végétation dans certains exemplaires, quand elle a en partie manqué dans d'autres au point d'arrêter la croissance et d'empêcher la fructification normale, sans toutefois provoquer la mort du greffon. A la fin de juillet, les greffons vivaient fort bien quand les Noirs de Belgique témoins étaient morts à la fin de mai. La plupart des greffons avaient fleuri normalement; sur quelques-uns, on voyait des gousses vertes en nombre variable, de un à cinq. Quelques-uns de ces fruits ont donné des graines dont les unes ont avorté à des degrés divers de développement; les autres ont mûri complètement en donnant des graines bien noires et des graines à téguments rougeâtres. Ces graines, bien constituées, étaient toutes plus petites que celles des témoins cultivés en pleine terre et cela se conçoit fort bien, vu les conditions anormales qui ont présidé à leur formation.

Ce ne sont pas seulement les greffons qui ont, dans cette série, offert des résultats intéressants. Les Haricots de Soissons qui leur servaient de sujet ont eux-mêmes donné lieu à de curieuses remarques.

Ces sujets avaient été greffés à 10-15 centimètres au-dessus des cotylédons, dans le premier entre-nœud de l'axe épicotylé. Après la reprise, c'est-à-dire à la fin de mai, ils avaient donné, à l'aisselle de chaque cotylédon, des pousses de remplacement. Or, dans la proportion de quatre sur cinq, ces pousses étaient *fasciées* d'une façon très nette. Même, sur l'une de ces fasciations, la courbure fut suivie de rupture sur l'une des faces, sous l'influence de l'excès de pression interne, exactement comme cela se passe dans les nombreuses fasciations de ce genre que j'ai étudiées et figurées il y a quelques années [1]. La cause est évidemment la même.

Les pousses de remplacement furent pincées pour qu'elles ne puissent pas compromettre le développement du greffon; elles ont donné, dans deux cas

---

[1] Voir L. Daniel. — *Essais de Tératologie expérimentale; origine des variétés* (Revue bretonne de botanique, 1906-1908) et travaux antérieurs.

seulement, de nouvelles pousses fasciées, mais beaucoup plus faibles. Après un second pincement, les pousses de remplacement ont toutes été simples.

Sur l'un des exemplaires, on observait des feuilles monstrueuses soudées par leurs pétioles et par une partie importante de leurs limbes.

Comme j'avais sectionné à la même hauteur un certain nombre des témoins élevés dans la mousse humide et que ceux-ci n'avaient présenté de fasciation que sur un seul exemplaire, où elle avait été peu marquée, il faut en conclure que ce sont les substances minérales contenues dans la solution, jointes aux modifications biologiques provoquées par la greffe, qui ont favorisé la production de ces monstruosités.

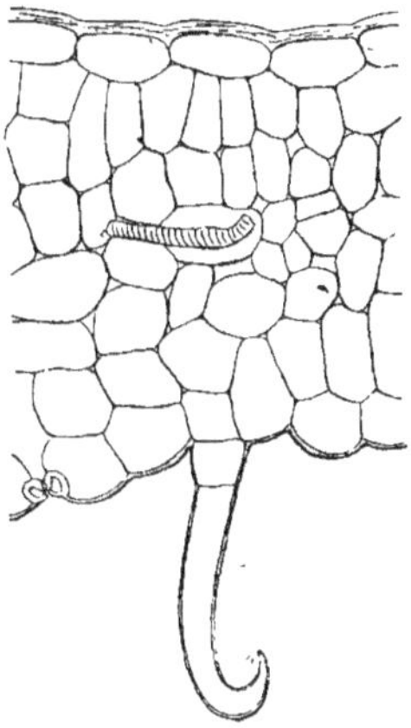

J'ai remarqué, en outre, que, dans tous les sujets, les cotylédons ont persisté plus longtemps que dans les témoins et ont pris une teinte plus verte. Il y a là un fait de suppléance physiologique analogue à ceux que j'ai bien des fois observés sur diverses greffes et dans diverses opérations d'horticulture où des bractées prennent un développement anormal en vue de faire disparaître un excès de sève brute arrivant en un point donné. Dans le cas particulier des Haricots, le greffon n'a pas, au début, de communications vasculaires suffisantes pour enlever à lui seul la sève brute pompée par le sujet; celui-ci utilise, comme appareil supplémentaire, les cotylédons qui acquièrent de la chlorophylle.

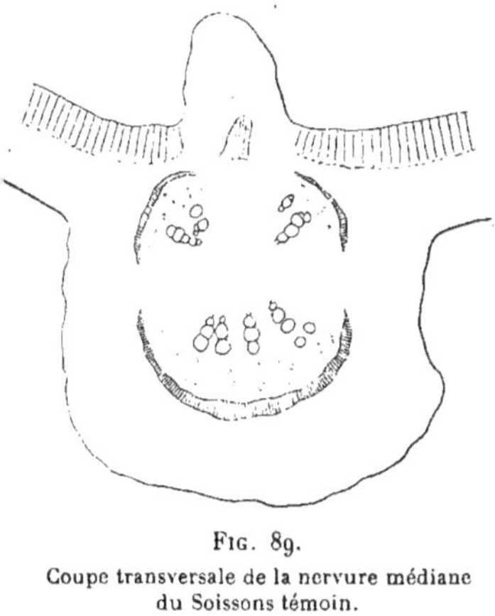

Fig. 87.
Coupe transversale de la feuille du Haricot Noir de Belgique témoin.

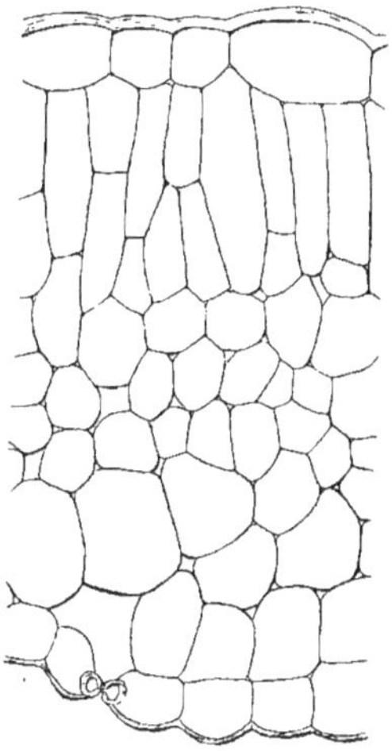

Fig. 88.
Coupe transversale de la feuille du Haricot Noir de Belgique greffé sur Soissons.

Fig. 89.
Coupe transversale de la nervure médiane du Soissons témoin.
Éléments libériens en îlots disséminés dans un parenchyme à grandes cellules ; péricycle légèrement scléreux ; poils tecteurs très rares ; poils glanduleux assez rares.

Enfin, il est bon d'indiquer que, dans cette série de greffes du Noir de Belgique sur Soissons, j'ai conduit les divers exemplaires, les uns par le procédé du greffage ordinaire, les autres par celui du greffage mixte. Dans ce dernier cas, les greffons se sont mieux comportés, en général, que dans le premier.

La série des Haricots de Soissons greffés sur le Noir de Belgique m'a fourni aussi des différences marquées avec les témoins correspondants. Tous sont, de bonne heure, devenus chlorotiques à des degrés divers, suivant chaque exemplaire greffé. Dans quelques cas, la chlorose a persisté jusqu'à la mort des greffons; dans d'autres, la chlorose s'est atténuée vers la fin de juillet; les feuilles supérieures ont reverdi ainsi que la tige, et chaque greffon s'est mis à s'allonger tout en se ramifiant au premier nœud de la tige, c'est-à-dire au voisinage du bourrelet. Cette ramification est à retenir, car elle a eu sur la structure du greffon une influence qui se comprendrait difficilement sans elle. Elle n'existait pas chez les témoins.

Quand les greffons de cette série ont fini de vivre, leur taille, qui était en juillet de 1^m90 à 2^m10 suivant les échantillons, était de 2^m40 à 2^m90 pour les exemplaires ayant repris vigueur, et deux avaient même atteint 3^m20 et 3^m40 de hauteur. Aucun des greffons n'a fleuri normalement et n'a donné de fruits.

Pendant la période de chlorose, les feuilles des greffons étaient beaucoup moins développées que celles des témoins, tant comme dimensions extérieures que comme épaisseur. On peut se rendre compte des différences de dimensions par l'examen de la figure 83, n°s 3 et 4. Quand j'ai détaché ces feuilles pour les photographier et en fixer ainsi les différences de forme et d'aspect par rapport aux témoins, j'ai constaté que les feuilles des Soissons greffés et chlorotiques perdaient plus vite leur turgescence et se fanaient plus rapidement que les feuilles plus rigides des témoins.

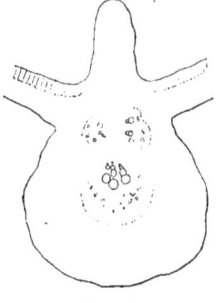

Fig. 90.

Coupe de la nervure médiane du Noir de Belgique témoin.

Le liber forme des îlots; le péricycle n'est pas sclérifié; poils tecteurs nombreux; poils glanduleux assez rares.

Il faut ajouter enfin qu'aux différences si marquées de l'appareil aérien correspondaient des variations dans le racinage des sujets suivant le développement relatif et la santé des parties aériennes. Ces différences étaient faciles à constater *(fig. 83 et 84, pl. hors texte)*, puisque les racines baignaient dans la solution et étaient entièrement visibles quand on enlevait l'enveloppe de papier noir qui les abritait de la lumière. Il était non moins facile de noter les variations successives de ce racinage, ses alternatives de croissance, ce que l'on ne saurait faire par une autre méthode.

A l'examen anatomique, j'ai relevé sur les feuilles et les tiges des greffés des modifications profondes, qui portaient à la fois sur le parenchyme du limbe et sur les nervures. Les cellules du parenchyme du limbe étaient bien vivantes, plus riches en chlorophylle et plus développées chez le Soissons témoin *(fig. 85)* que chez les Soissons greffés, où ces cellules, affaiblies ou mourantes, étaient moins grandes et plus décolorées *(fig. 86)*.

C'était l'inverse pour les Haricots Noirs de Belgique. Le témoin *(fig. 87)* avait un parenchyme moins développé que le greffé sur Soissons *(fig. 88)*; le parenchyme palissadique, moins accusé et moins riche en chlorophylle.

Le système conducteur des nervures présentait une disposition assez nettement intermédiaire entre l'arrangement du Soissons témoin *(fig. 89)* et celui du Noir de Belgique témoin *(fig. 90)* dans le Soissons greffé *(fig. 91)* et le Noir de Belgique greffé *(fig. 92)*.

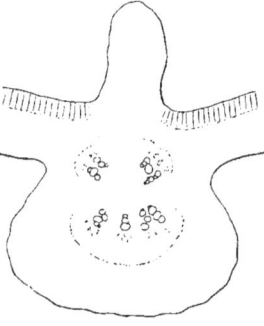

Fig. 91.

Coupe transversale de la nervure médiane du Soissons greffé sur Noir de Belgique.

Éléments libériens rapprochés du bois; péricycle non sclérifié; poils tecteurs plus nombreux; poils glanduleux sans variations marquées.

Mais c'est surtout dans la structure de la tige que l'on pouvait relever des différences très accusées. L'origine de celles-ci est variée et seul un examen attentif du développement et des conditions particulières de l'expérience permet de préciser la cause de certaines d'entre elles. Celui qui prendrait, par exemple, des greffes faites par un autre, sans les avoir suivies pas à pas dans leur évolution en notant journellement les fluctuations du développement, s'exposerait à se tromper gravement sur l'origine des variations anatomiques qu'il constaterait à la fin de la végétation, vu les conditions multiples dont dépend dans une greffe la structure anatomique à un niveau donné.

Si l'on considère une coupe transversale de la tige du Haricot Noir de Belgique témoin faite dans l'axe hypocotylé à quelques centimètres du premier nœud portant les cotylédons épigés, on trouve la structure suivante, que représente le schéma ci-dessous *(fig. 93)*. L'épiderme persiste et porte de nombreux poils; les fibres de sclérenchyme forment des îlots tangentiels. Le liber est peu épais et dépourvu de cristaux. Le bois est peu épais, suffisamment lignifié, mais peu vascularisé.

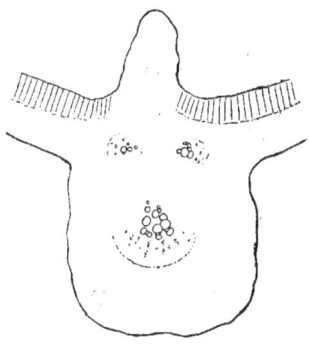

Fig. 92.
Coupe de la nervure médiane du Haricot Noir de Belgique greffé sur Soissons.
Éléments libériens rapprochés du bois; péricycle non sclérifié poils tecteurs peu nombreux, poils glanduleux rares.

La coupe transversale, faite au même niveau, de la tige du Noir de Belgique greffé sur Soissons *(fig. 94)* se distingue de la précédente par ses îlots de fibres plus dissociés, par un liber et un bois plus épais. Celui-ci est plus vascularisé, ce

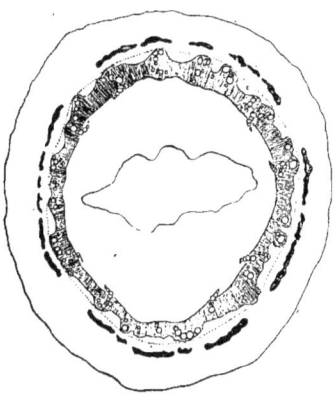

Fig. 93.
Coupe transversale du Haricot Noir de Belgique franc de pied.

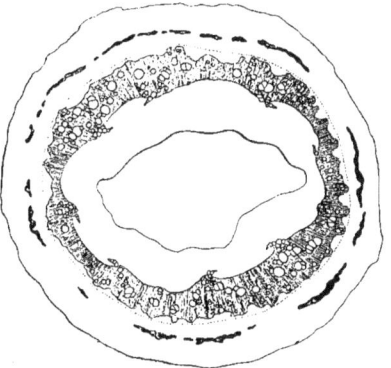

Fig. 94.
Coupe transversale de la tige du Haricot Noir de Belgique greffé.

qui n'a rien de surprenant, le greffon ayant vécu plus longtemps que le témoin correspondant.

Dans le Haricot Noir de Belgique ayant servi de sujet au Haricot de Soissons, la coupe transversale faite à quelques centimètres au-dessous du bourrelet, et par conséquent dans la même région que les précédentes, présente avec celles-ci des différences très accusées *(fig. 95)*, qui ne peuvent provenir de la durée de la vie puisque les sujets ont vécu aussi longtemps que les greffons placés sur Soissons. Elles sont donc le fait de modifications dans la nutrition et *consécutives à la greffe*. Dans cette coupe, on trouve un épiderme persistant sur les lambeaux d'une écorce distendue et entamée par places (¹). Les fibres de sclérenchyme forment des îlots dilacérés.

L'assise péridermique et ses formations peu développées passent de temps en temps en dehors des îlots scléreux et aussi en dedans, formant ainsi une couronne sinueuse. Le liber est très développé, riche en cristaux et présente des fibres sclércuses isolées. Le bois est très développé et très vascularisé; il est très irrégulièrement lignifié. Il présente une zone périmédullaire peu épaisse et ligni-

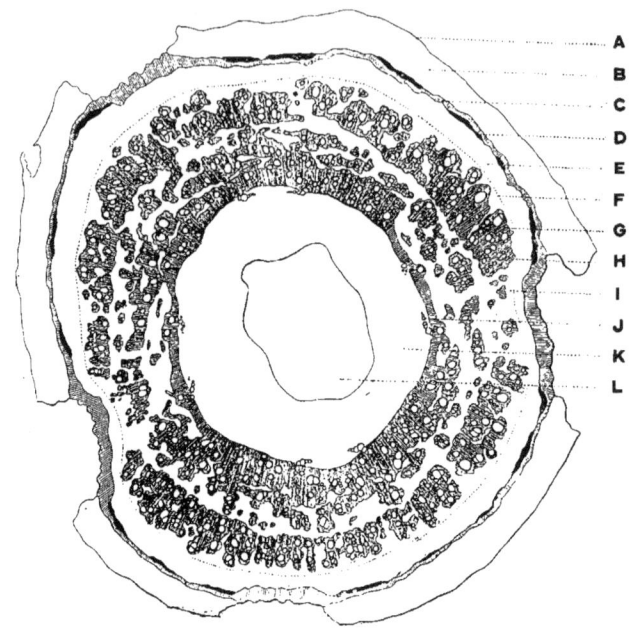

Fig. 95.
Coupe transversale du Haricot Noir de Belgique greffé sur Soissons.
A, épiderme; B, écorce; C, périderme; D, îlots scléreux; E, liber;
F, cambium; G, parenchyme ligneux bien lignifié; H, vaisseaux ligneux;
L, parenchyme ligneux resté cellulosique; J, bois primaire; K, moelle;
L, lacune centrale.

fiée assez régulièrement, qui correspond à la période de vie normale avant la greffe. Vient ensuite une zone de parenchyme cellulosique correspondant en partie à la période de reprise et dans laquelle les membranes se sont lignifiées en quelques points, formant alors des îlots plus ou moins volumineux. Au-dessus de cette deuxième zone s'en trouve une troisième un peu moins épaisse, mais mieux lignifiée, qui correspond à la reprise complète et à l'âge adulte du greffon. La lignification est restée toutefois très irrégulière; les vaisseaux sont plus nombreux et plus larges que dans les deux autres zones.

Les différences de vigueur entre sujet et greffon auxquelles on serait tenté d'attribuer les différences si considérables entre la structure du Noir de Belgique

---

(¹) Ces déchirures sont d'origine diverse. Quelques-unes ont été causées par une pression interne trop élevée, d'autres sont des piqûres de pucerons.

sujet, par rapport au témoin, ne sont pas les seules en cause dans le résultat. Le développement exagéré du tissu ligneux est en partie dû à la ramification, comme dans le cas du Haricot de Soissons greffé sur Noir de Belgique.

Le Haricot de Soissons témoin, coupé transversalement à quelques centimètres du premier nœud de l'axe épicotylé, au-dessus des cotylédons hypogés, présente la structure suivante *(fig. 96)*: un épiderme persistant à poils rares; des îlots scléreux allongés dans le sens tangentiel; une assise péridermique immédiatement accolée aux îlots scléreux à formations péridermiques peu développées; le liber, assez épais, renferme des cristaux peu nombreux, avec des fibres isolées ou réunies par paquets de deux ou trois; le bois est formé de deux zones: l'une interne bien lignifiée et peu vascularisée, l'autre externe, richement vascularisée, mais restée cellulosique, sauf autour des vaisseaux.

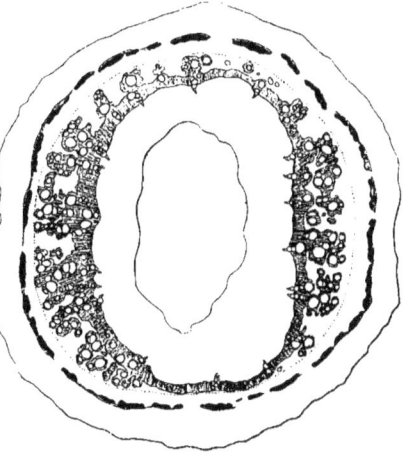

Fig. 96.
Coupe transversale du Soissons témoin.

Si l'on considère maintenant les coupes correspondantes faites dans les Soissons ayant servi de sujet au Noir de Belgique et dans les Soissons greffés sur le Noir de Belgique, on trouve des changements fort nets par rapport à la structure du témoin.

Dans le Soissons qui a nourri le Noir de Belgique greffon, on voit un épiderme persistant à poils rares; des îlots scléreux assez volumineux, un liber peu épais, renfermant de rares cristaux; un bois peu épais, peu lignifié et peu vascularisé *(fig. 97)*. Cette diminution de la vascularisation se comprend fort bien quand on remarque que le greffon Noir de Belgique, peu développé, n'a pu, malgré sa ramification au voisinage du bourrelet, faire atteindre au Soissons sujet un développement comparable à celui que lui aurait donné l'appareil aérien de celui-ci s'il n'avait pas été remplacé par le greffon.

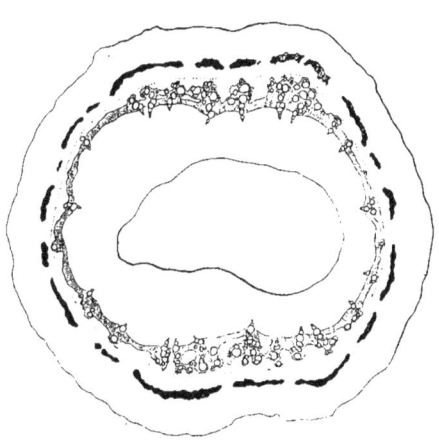

Fig. 97.
Coupe transversale de la tige du Soissons sujet de Noir de Belgique.

Pour terminer cette étude anatomique, il reste à décrire la structure, extrêmement intéressante et un peu déconcertante au premier abord, du Haricot de Soissons greffé sur Haricot Noir de Belgique, ayant reverdi et s'étant ramifié à la fin de la végétation. On trouve, dans une coupe du greffon, passant à un niveau comparable aux précédents *(fig. 98)*, un épiderme persistant à poils très rares; des îlots fibreux peu épais et dissociés; un liber assez épais, avec des cristaux et des fibres très rares, un bois formé de deux zones: l'une interne, peu épaisse et assez bien lignifiée, correspondant à la période de développement antérieur à la greffe; l'autre, très épaisse et lignifiée très irrégulièrement, assez richement vascularisée, et beaucoup plus vascularisée, en tout cas, que la partie correspondante du franc de pied. Cette structure peut s'expliquer par la reprise de vigueur et le reverdissement du greffon, qui ont été suivis d'une ramification sérieuse au voisinage du bourrelet. Mais cela ne nous donne pas la cause même de la ramification, qui reste inexplicable si l'on n'admet une influence chimique et physique du greffon sur le sujet et réciproquement. Les variations de l'eau, si l'on s'en tenait à la vigueur respective des deux races de Haricots, n'expliqueraient pas l'hydromorphose interne constatée sur tous ces greffons; il y a eu fatalement une variation du chimisme dans le sujet sous l'influence du greffon; celui-ci a incontestablement trouvé chez le sujet la substance nécessaire à la ramification basilaire et au développement du tissu ligneux.

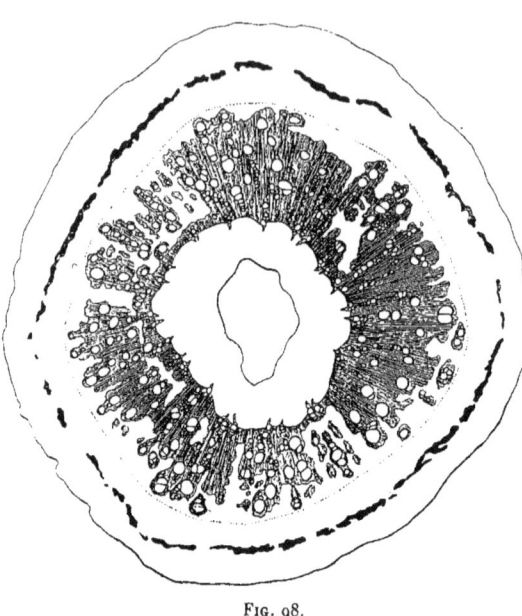

Fig. 98.

Coupe transversale de la tige du Soissons greffé sur Haricot Noir de Belgique, ayant reverdi et s'étant ramifié dès la base, au voisinage du bourrelet.

Ce cas complexe montre une fois de plus qu'il ne faut pas seulement, dans les relations de capacités fonctionnelles entre le sujet et le greffon, considérer seulement les variations du régime de l'eau, mais encore celles des produits dissous, et qu'on ne doit pas assimiler vigueur et capacités fonctionnelles [1].

Tous ces changements d'ordre morphologique et physiologique ont été accompagnés d'une variation marquée dans la résistance des Haricots greffés aux pucerons. Ces insectes ont envahi mes cultures après la reprise des greffes et j'ai dû les écraser à la main, et avec beaucoup de soin, à plusieurs reprises, pour les empêcher de tuer les greffes.

Tandis que les francs de pied élevés dans la mousse humide et les Soissons francs de pied dans les solutions nutritives n'ont pas été attaqués d'une façon sensible, tous les Haricots greffés l'ont été sérieusement et à des degrés divers, suivant les exemplaires considérés. Ce sont toutefois les Soissons greffés sur Noir

---

[1] C'est ainsi que des greffes de Belladone sur Tomate et sur Tabac donnent des greffons dont le développement n'est point proportionnel à la vigueur ou à la taille maxima des plantes associées. J'en ai cité bien d'autres exemples (Voir *La variation dans la greffe*, Paris, 1898, et *La théorie des capacités fonctionnelles*, Rennes, 1902).

FIG. 99

A gauche, greffes multiples, à 4 greffons, de *Chrysanthemum Leucanthemum*, *C. coronarium*, *C. lacustrum* et d'*Artemisia Absinthium* sur *Anthemis frutescens*; à droite, greffe multiple à trois greffons analogue à la précédente, moins le *Chrysanthemum Leucanthemum*.

Fig. 100.

Greffe multiple à 3 greffons primitivement égaux de *Leucanthemum lacustrum* sur 3 rameaux égaux d'*Anthemis frutescens*. Le développement inégal des greffons et leur bourgeonnement basilaire différent sont la conséquence des bourrelets fatalement dissemblables.

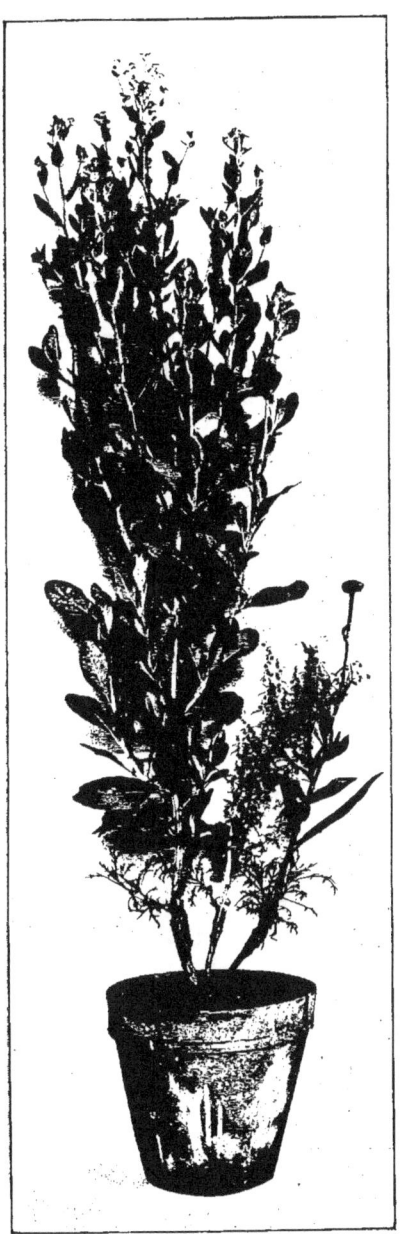

Fig. 101.

Greffe multiple à 3 greffons de *Tanacetum Balsamita*, de *Leucanthemum lacustrum* et d'*Artemisia Absinthium* sur 3 rameaux d'*Anthemis frutescens* égaux au moment du greffage. On voit la prédominance du *Tanacetum Balsamita* sur les autres greffons, et le développement inégal des rameaux du sujet sous l'influence simultanée du bourrelet et des différences de capacités fonctionnelles. — La 2ᵉ année de greffe, le *Tanacetum* persiste seul ; les deux autres greffons meurent.

Fig. 102.

Greffe multiple de la figure 101 précédente, la 2ᵉ année du développement. — Le *Tanacetum Balsamita* resté seul porte de curieuses pousses et des feuilles de forme anormale qui lui donnent un port bizarre. La floraison est plus ou moins modifiée comme époque, comme dimensions des fleurs, etc.

de Belgique qui ont le plus souffert et qui présentaient le plus grand nombre de pucerons, surtout pendant la période où ils étaient le plus chlorotiques.

Ces expériences, qui confirment, en les étendant et les précisant, celles que nous avions faites en 1902, M. V. Thomas et moi, sont faciles à répéter par celui qui désirerait les vérifier. En dehors de la question scientifique, elles ne peuvent manquer d'intéresser les viticulteurs qui connaissent les effets de la chlorose sur les vignes reconstituées.

L'on a déjà vu, dans les pages précédentes, que là où les vignes françaises franches de pied restent vertes ou *reverdissent* après un début de chlorose, les mêmes vignes, greffées sur certaines vignes américaines qui se chlorosent dans les terrains calcaires, deviennent chlorotiques elles-mêmes ; que certaines vignes américaines se chlorosent davantage une fois greffées et que certaines vignes françaises *atténuent* la chlorose de sujets déterminés sur lesquels on les greffe. MM. Viala et Ravaz, ainsi que M. Ponsart, en ont cité d'intéressants exemples ([1]), et l'on sait que la chlorose varie en intensité suivant les exemplaires d'une même série de greffes dans un sol donné.

C'est dire que la plupart des conclusions suivantes, que j'ai tirées de mes dernières recherches sur la greffe des Haricots, peuvent s'appliquer à la vigne, d'après les observations faites jusqu'ici dans les vignobles reconstitués ([2]).

La chlorose a été provoquée par l'absorption de certaines substances minérales contenues dans la solution nutritive employée, puisque les témoins élevés dans la mousse humide sont restés bien verts. Vis-à-vis de ces substances, les deux races de Haricots considérées ne se comportent pas de la même façon et manifestent une capacité d'absorption propre, *spécifique*, telle que le Noir de Belgique se chlorose quand le Soissons reste plus sain.

Au point de vue spécial de la chlorose ainsi produite, la greffe de ces deux races de Haricots, de capacité spécifique différente comme absorption, détermine une influence réciproque très nette entre le sujet et le greffon. C'est ainsi que le Soissons sujet atténue considérablement ou supprime la chlorose du Noir de Belgique greffon et que, dans la greffe inverse, le Noir de Belgique sujet détermine chez le Soissons greffon une chlorose plus ou moins prononcée, plus ou moins durable.

A ces différences correspondent des changements de dimensions, de structure et de résistance aux pucerons.

La seule différence qui existe, dans mes expériences, entre chaque greffon et le témoin franc de pied, consiste dans le changement d'appareil absorbant et dans le bourrelet, puisque toutes les conditions sont égales d'ailleurs. Cet appareil, après la greffe, conserve donc plus ou moins son caractère spécifique d'absorption ; la sève brute qu'il transmet au greffon diffère de celle que celui-ci puiserait à l'aide de ses propres racines dans un milieu identique ; le greffon, nourri par des matériaux différents de ceux du témoin, se comporte d'une façon différente, conformément à ce que l'on sait en physiologie sur l'action des milieux variables. Ainsi se comprennent l'influence si nette du sujet sur le greffon et *vice versa* et les variations morphogéniques et physiologiques constatées dans les greffes réciproques que je viens d'étudier.

Ces modifications ne pourraient, au contraire, s'expliquer avec l'hypothèse de la conservation du chimisme propre et de l'autonomie des plantes greffées.

Or, ces conclusions, en opposition formelle avec celles de M. Guignard, n'ont point été reproduites par les journaux viticoles qui avaient enregistré avec tant

---

([1]) Voir p. 122 et suivantes (1er fascicule de ce Mémoire).
([2]) Outre les observations déjà citées dans ce travail, il serait facile de rapporter ici toute une série de faits du même genre disséminés dans les écrits d'auteurs viticoles et dont personne n'a contesté l'authenticité.

d'empressement les affirmations contraires. Si c'est, humainement parlant, compréhensible, c'est surtout très significatif pour celui qui examine impartialement les faits.

2. *Greffes de diverses Composées Radiées sur* Anthemis frutescens.

J'ai répété en 1908 la série des greffes de certaines Composées Radiées sur *Anthemis frutescens* (¹) et j'ai employé pour cela le greffage multiple. Ce procédé consiste à pincer les sujets pour les faire ramifier, à conduire ensuite chaque

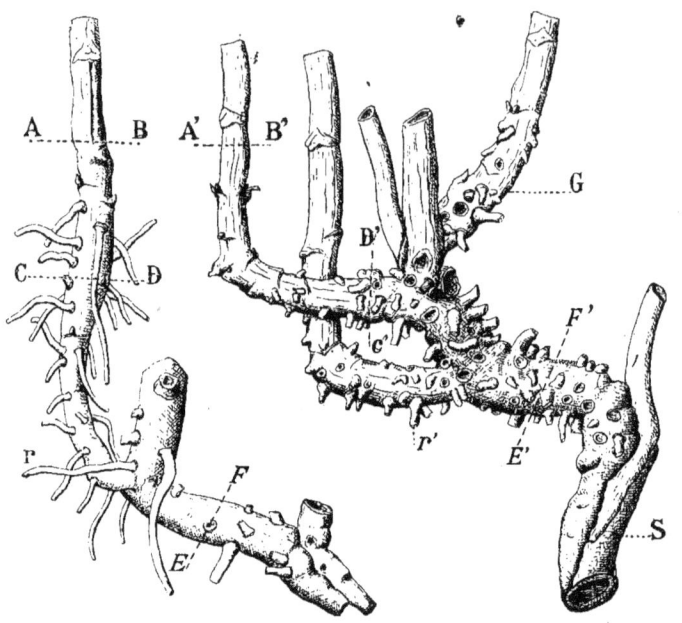

Fig. 103.

A droite, greffe de *Leucanthemum lacustrum* sur *Anthemis frutescens* âgée de trois ans :
S, sujet ; G, greffon ; A'B', C'D', E'F', niveau des coupes ; r', racines adventives aériennes, à pointes desséchées
A gauche, pied normal de *Leucanthemum lacustrum* :
AB, CD, EF, niveau des coupes ; r, racines adventives souterraines fonctionnant normalement.

rameau de remplacement de façon à obtenir deux, trois, quatre ou cinq pousses égales, formant avec la verticale un angle égal et ayant par conséquent une capacité fonctionnelle sensiblement de même valeur. Sur les sujets ainsi préparés, je greffe en fente chaque rameau en employant des greffons égaux de la même plante *(fig. 100)* ou en me servant de greffons égaux en apparence, mais appartenant à des plantes d'espèces ou de genres différents *(fig. 99 et 101)*.

La reprise se fait assez facilement pour certaines greffes; elle est aléatoire pour d'autres et, dans quelques cas, elle n'a lieu qu'exceptionnellement.

Une des greffes qui réussissent en général fort bien, c'est celle du *Leucanthemum lacustrum*, faite sur boutures d'*Anthemis* pincées à l'état herbacé et dont les pousses

(¹) Voir L. Daniel, *Observations sur la greffe de quelques Composées* (C. R. de l'A. F. A. S., Congrès d'Angers, 1903).

sont encore à l'état suffisamment herbacé. Les débuts du développement des divers greffons sont sensiblement les mêmes et l'on pourrait s'attendre qu'il en serait de même par la suite. Ce n'est cependant pas le cas, du moins en général. Par suite de bourrelets différents, les greffons se développent plus ou moins; les pousses latérales de la base, correspondant à des rhizomes, apparaissent sur les uns, non sur d'autres, bien que tous donnent des débuts de racines aériennes sur une portion assez considérable du greffon à partir du bourrelet (fig. 100).

La floraison, modifiée en étendue et en durée, est également influencée dans les proportions relatives des fleurs dont les capitules atteignent un tiers de plus comme diamètre que les capitules des francs de pied.

Dans des greffes de même espèce faites il y a cinq ans, j'ai pu observer le développement des greffons la deuxième, la troisième et la quatrième année après la greffe. Bien que tous les greffons eussent été pris sur les parties aériennes de la plante qui meurent chaque jour pour être remplacées par de nouvelles pousses issues des rhizomes vivaces, ces greffons n'ont point péri en totalité. Ils se sont desséchés à leur extrémité supérieure et ont donné des pousses à direction oblique, rappelant le rhizome, qui, au printemps de la seconde année, ont donné de nouvelles pousses plus ou moins rameuses et portant des fleurs. Au printemps de la troisième année, après le passage au repos effectué comme précédemment, les greffons ont poussé pour la troisième fois et fleuri. La quatrième année, ils sont morts. Mais le fait n'en est pas moins curieux. Le greffage a permis de conserver trois ans une partie normalement annuelle d'une plante vivace.

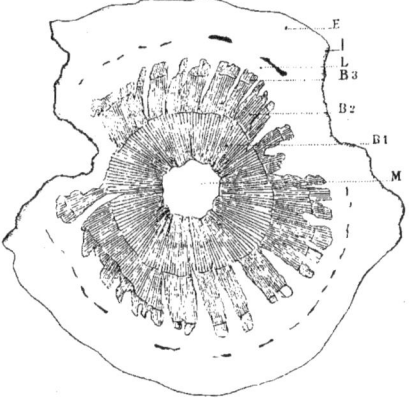

Fig. 104.
Coupe transversale du *Leucanthemum* témoin au niveau EF.

E, écorce; l, liège; L, liber; B_3, B_2, B_1, bois de 3e, 2e et 1re année; M, moelle.
Les taches noires représentent les flots libériens.
Sur cette coupe se voient des plaies causées par les limaces.

D'autre part, l'aspect de la plante, son port et ses dimensions avaient subi des modifications, montrant l'influence profonde exercée sur la plante par la symbiose réalisée.

Bien entendu, à ces modifications dans la forme extérieure et la durée, correspondaient des changements dans la structure anatomique.

J'ai, cette année, repris l'étude anatomique des greffons G par rapport aux témoins de même âge provenant du même pied à l'origine. J'ai fait passer des coupes transversales dans les régions AB et A'B', correspondant au rameau de l'année; CD et C'D' provenant des parties âgées de deux ans; EF et E'F', correspondant aux régions de trois ans (fig. 103).

Les figures schématiques représentent ces coupes et les dessins de détail qui sont figurés ci-dessous vont permettre de se faire une idée des différences de structure que présentent témoins et greffons, venus dans les mêmes conditions, abstraction faite de la greffe.

Dans la région EF, le témoin présente une moelle M assez peu développée, un bois de première année B_1 très marqué formant un anneau complet. Le bois de seconde année B_2 n'est plus formé par un anneau continu, mais il présente des sortes de lames séparées entre elles par des parenchymes en forme de coin. Il en est de même pour le bois de troisième année B_3, qui est moins développé que les autres. Le liber L est moyennement développé, ainsi que l'écorce E et le liège l *(fig. 104)*.

La coupe E'F' dans le greffon est bien différente quant à la nature et à la

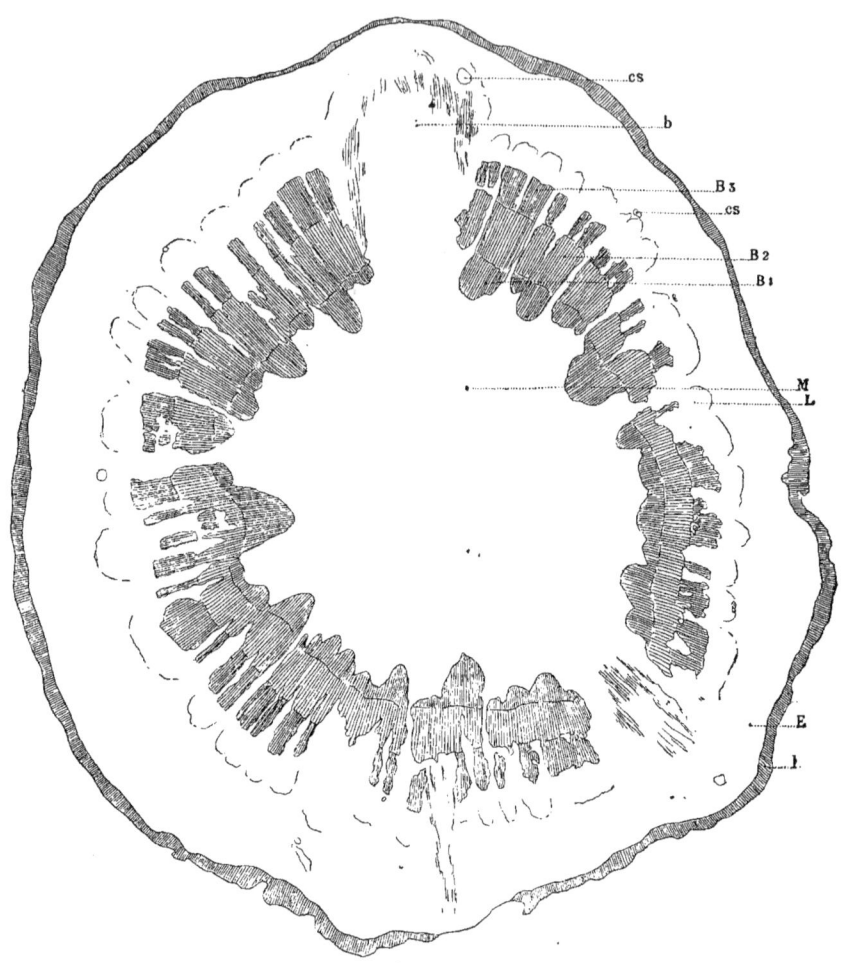

Fig. 105.
Coupe transversale de la tige greffon du *Leucanthemum lacustrum* au niveau E'F'
cs, canaux sécréteurs; b, racine adventive; B_1, B_2, B_3, bois de
1re, 2e et 3e années; L, liber; M, moelle; l, liège; E, écorce.

proportion relative des tissus *(fig. 105)*. La moelle M est très développée et atteint à elle seule les dimensions de la coupe EF tout entière. Le bois est, au contraire, moins développé. Les couches B_1 et B_2 sont discontinues ainsi que la couche B_3, mais celle-ci est un peu plus épaisse que la couche correspondante de EF. Le liber L est également plus développé, ainsi que l'écorce E et le liège l. En comparant ces deux coupes EF et E'F', on voit de suite que le greffon présente une structure se rapprochant beaucoup plus de celle d'un tubercule que le témoin ; l'épaisseur plus grande de cette coupe tient surtout à l'augmentation des parenchymes de réserve.

Pour permettre de comparer la nature des bois secondaires dans les deux coupes E'F' et EF, j'ai figuré à un plus fort grossissement deux portions de ces coupes. On peut remarquer que les épaisseurs des couches successives annuelles du bois sont inégales et que la vascularisation en est différente. Les parties non lignifiées p sont plus accentuées dans le greffon *(fig. 110)* que dans le franc de pied *(fig. 111)*.

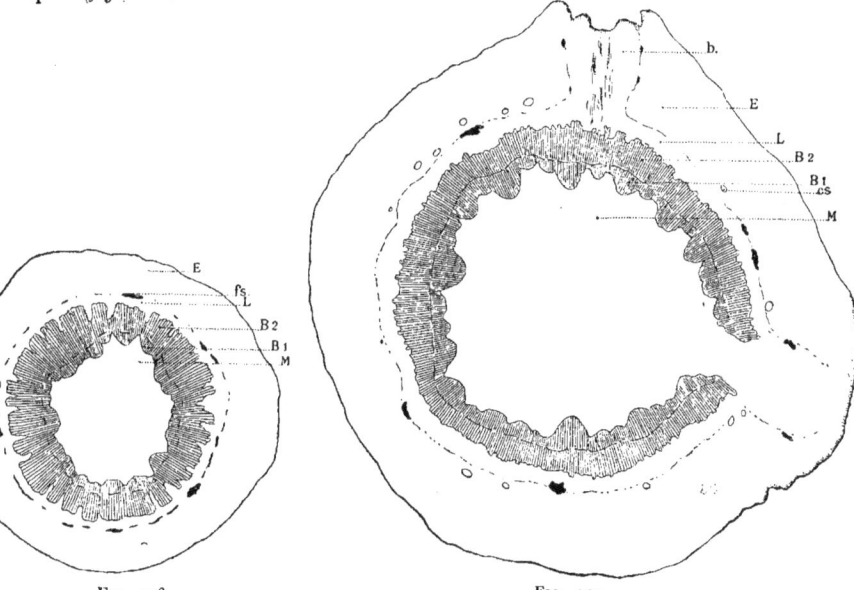

Fig. 106.
Coupe transversale du rameau normal au niveau CD.

Fig. 107.
Coupe transversale du rameau greffon au niveau C'D'.
B_1, bois de 1re année ; B_2, bois de 2e année ; cs, canaux sécréteurs.
Les fibres scléreuses sont peu développées.

Sur les coupes CD *(fig. 106)* et C'D' *(fig. 107)*, AB *(fig. 108)* et A'B' *(fig. 109)*, on voit aussi des différences dans les dimensions et la nature des divers tissus, différences que les figures schématiques font ressortir suffisamment, sans qu'il soit besoin d'y insister.

A un plus fort grossissement, on voit que les bois primaire et secondaire ne se sont pas formés exactement de la même manière et que, à un moment donné, témoin et greffé n'étaient pas au même état biologique, autrement dit n'avaient pas la même capacité fonctionnelle.

Il suffit d'examiner avec soin les figures 110, 111, 112, 113, 114 et 115 pour s'en rendre compte et constater que le *Leucanthemum Lacustrum* greffé diffère anatomiquement et physiologiquement dans ses tiges du même *Leucanthemum* témoin, bien que toutes les conditions de milieu extérieur soient les mêmes en dehors de la greffe.

Les phénomènes que je viens de décrire dans les greffes de *Leucanthemum Lacustrum* sur *Anthemis frutescens* peuvent s'observer, avec de légères variantes, sur les greffes voisines d'*Artemisia Absinthium*, de *Plagius*, de *Tanacetum Balsamita*, de *T. vulgare*, d'*Achillea Ptarmica*, de *Leucanthemum vulgare* sur *Anthemis frutescens*.

On peut s'en rendre compte par l'examen de la figure 101 précédente représentant des greffes multiples de *Tanacetum Balsamita*, d'*Artemisia Absinthium* et de *Leucanthemum Lacustrum* sur *Anthemis frutescens*, la première année de greffe, et de la figure 102, qui montre l'état de cette greffe multiple réduite, la deuxième année, à un seul greffon, le plus vigoureux, le *Tanacetum Balsamita*. Celui-ci est bien différent du type normal; ses appareils végétatif et reproducteur ont subi des modifications profondes; les feuilles et les pousses sont singulièrement modifiées, ainsi que le port général de la plante.

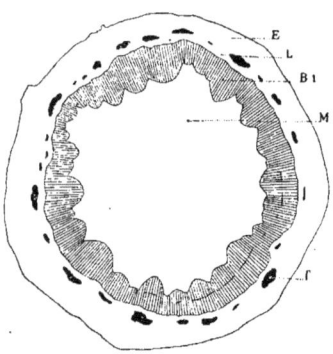

Fig. 108.
Coupe du rameau normal au niveau AB.

Comme dans l'exemple du *Leucanthemum Lacustrum*, les parties aériennes formant le greffon, qui auraient dû périr à l'automne, sont devenues persistantes pendant plusieurs années, absolument comme le sont les parties souterraines.

Même prolongation de la durée s'observe pour les *Artemisia Absinthium*, les *Plagius*, les *Achillea Ptarmica*, les *Tanacetum vulgare*, etc. Une mention spéciale doit être faite pour les greffons de *Leucanthemum vulgare*, qui peut former une boule épaisse au sommet de son sujet, véritable touffe de fleurs au moment de la floraison dans les exemplaires les mieux réussis.

Les tiges et les feuilles, la deuxième année de greffe, sont loin d'être aussi développées et aussi vigoureuses que celles des témoins, dans quelques-unes de ces greffes. On s'en fera une idée en comparant les deux photographies de la figure 116, qui représentent une tige normale et une tige du greffon dans l'*Artemisia Absinthium* la deuxième année de greffe, ainsi que les figures 117 et 118, qui correspondent au témoin et au greffon, âgé de deux ans, du *Plagius*. J'ai d'ailleurs indiqué déjà que, à ces différences extérieures correspondent des différences physiologiques marquées dans la transpiration, la respiration et l'assimilation chlorophyllienne (¹).

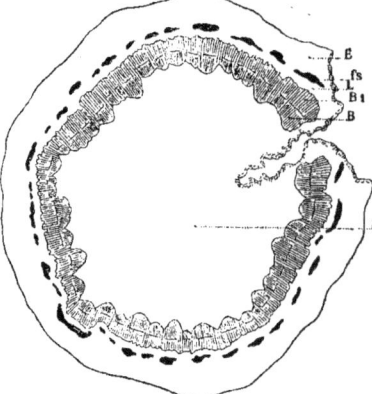

Fig. 109.
Coupe transversale du rameau greffon au niveau A'B'.
fs, fibres scléreuses; B et B₁, bois de printemps et d'automne.

D'autres greffes de Composées Radiées se comportent différemment. C'est ainsi que le Séneçon en arbre, *Baccharis Halimifolia*, greffé sur *Anthemis frutescens*, reprend avec difficulté; quelques greffons poussent et meurent sans fleurir; d'autres fleurissent et meurent sans fructifier; enfin, quelquefois la fructification a lieu, mais le greffon, resté petit et peu vigoureux, en forme de boule de 20 à 25 centimètres de diamètre,

---

(¹) Voir p. 134 et suiv. *in* 1ᵉʳ fascicule de ce Mémoire et *Revue bretonne de botanique*, 1906.

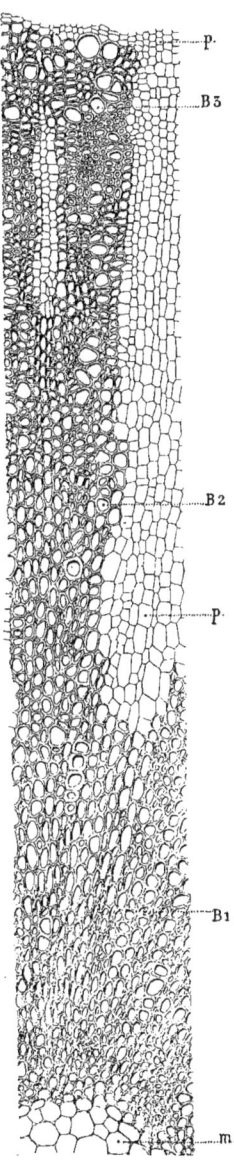

Fig. 110.
Portion grossie du bois de la coupe E′F′ du greffon.
p, parenchyme; B₁, B₂, B₃, bois de 1ʳᵉ, 2ᵉ et 3ᵉ années ; m, moelle.

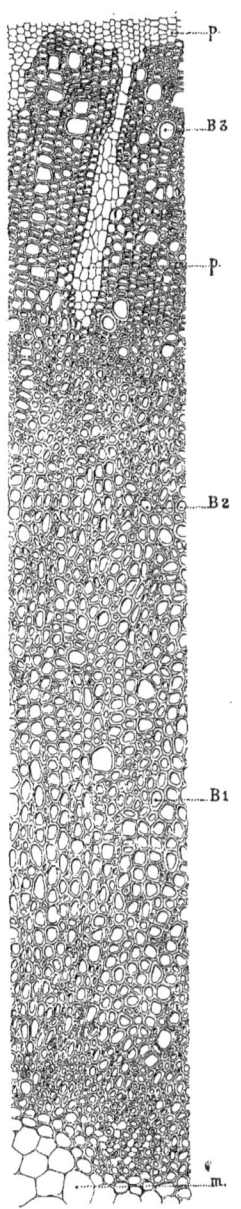

Fig. 111.
Portion grossie du bois de la coupe EF du témoin.
Mêmes lettres que pour la fig. 110.

meurt quand même à l'automne. C'est en somme l'inverse des cas précédents, c'est-à-dire que le greffon normalement vivace s'est comporté comme une plante annuelle.

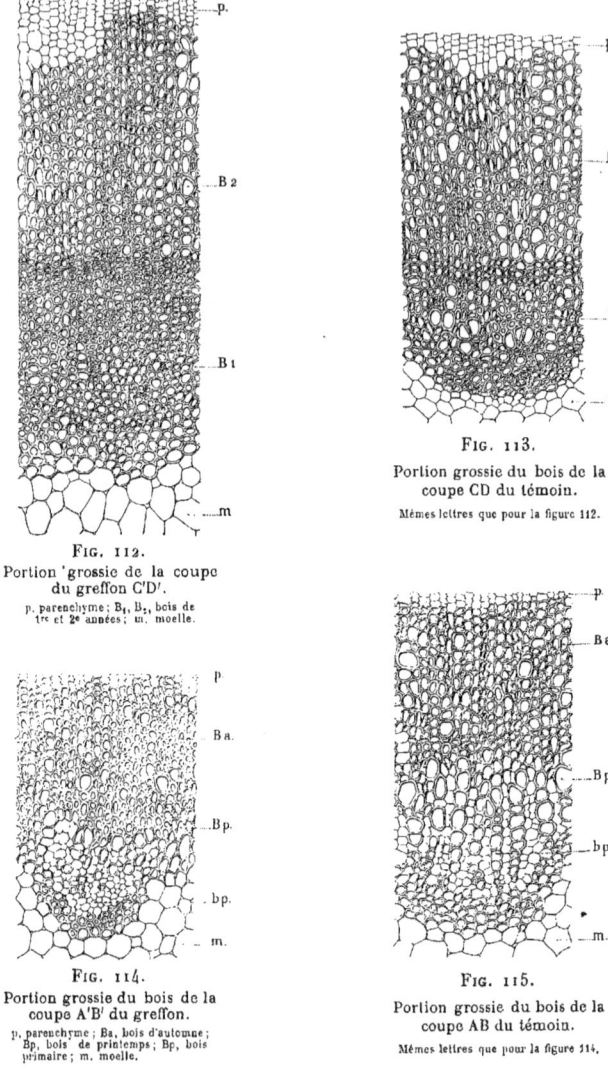

Fig. 112.
Portion grossie de la coupe du greffon C'D'.
p. parenchyme ; B₁, B₂, bois de 1ʳᵉ et 2ᵉ années ; m. moelle.

Fig. 113.
Portion grossie du bois de la coupe CD du témoin.
Mêmes lettres que pour la figure 112.

Fig. 114.
Portion grossie du bois de la coupe A'B' du greffon.
p. parenchyme ; Ba, bois d'automne ; Bp, bois de printemps ; Bp, bois primaire ; m. moelle.

Fig. 115.
Portion grossie du bois de la coupe AB du témoin.
Mêmes lettres que pour la figure 114.

Je pourrais encore citer, dans le même ordre d'idées, plusieurs greffes de Composées Radiées et autres plantes de la même sous-famille, et celles, si curieuses, de *Vernonia* sur *Xanthium*. Il me paraît préférable de décrire d'autres greffes appartenant à la famille des Solanées et des Borraginées, et qui ont aussi leur intérêt au point de vue spécial que j'envisage ici.

3. Greffes diverses de plantes à cycle de développement différent.

Un certain nombre d'espèces de Solanées et de Borraginées présentent des différences profondes dans leurs modes de végétation et de développement ou dans leur adaptation au climat.

Je me suis proposé de rechercher, par exemple, si l'on pouvait, dans ces familles, greffer entre elles des espèces ligneuses et des espèces herbacées, des espèces se développant à des époques différentes ; des plantes des terrains secs et des végétaux de stations humides ; des végétaux laineux et des plantes glabres ou peu velues, etc.

Quelques exemples montreront la diversité des résultats obtenus et combien sont profondes les modifications amenées par la greffe.

J'ai greffé le *Solanum pubigerum*, espèce vivace à tiges sous-ligneuses persistantes sur le *Nicotiana gigantea*, espèce herbacée et annuelle sous le climat de Rennes. Cette greffe réussit assez bien et, sauf les alternatives de rougissement et de verdissement des feuilles sous l'influence des pluies ou de la sécheresse, greffon et sujet se développent bien *(fig. 119)*.

A l'automne, le sujet est bien développé, plus ligneux, un peu plus que les témoins, et d'un vert particulier. Si l'on rentre en serre tempérée les greffes, on constate que le sujet ne meurt pas et qu'elles persistent les années suivantes. Cependant, à la longue, la moelle du sujet perd sa vitalité, et des racines adventives descendent du greffon au travers du parenchyme médullaire ; à la fin le greffon s'affranchit et le sujet meurt.

Dans les greffes de *Lycium europeum* sur Tomate, il s'agit d'un arbrisseau greffé sur une plante herbacée à tissus beaucoup plus mous. Cette greffe réussit fort bien *(fig. 120)*.

A l'automne, les premiers froids sont funestes à la Tomate sujet dont l'absorption se trouve considérablement réduite. Les greffons ne tardent pas à mourir, desséchés par une insuffisance de l'appareil absorbant. Il ne se produit point de lignification exagérée du sujet comme je l'ai observé dans le Tabac précédent, et comme il en sera plus loin donné des exemples pour la Pomme de terre ou les *Helianthus*.

Ici le greffon vivace s'est montré impuissant, au moins dans mes essais, à prolonger la vie de son sujet.

Ces greffes n'en sont pas moins intéressantes, puisqu'elles sont un exemple de plus de la possibilité d'unir entre eux des végétaux de structure et de développement très différents.

Beaucoup plus difficiles à réussir sont les greffes de *Solanum marginatum* sur Tomate. Il s'agit en l'espèce de deux plantes à adaptations opposées, ainsi qu'en témoigne leur villosité différente. En effet la Tomate est verte et peu velue par rapport au *Solanum marginatum*, qui est laineux et blanc.

Pendant plus de dix années consécutives, j'ai, sans pouvoir réussir, essayé de greffer les deux plantes. Invariablement, malgré les soins, la pourriture finissait par les faire périr. Cependant j'ai une fois obtenu leur soudure parfaite *(fig. 121)*, ce qui prouve que leur greffe n'est pas impossible.

On arriverait sans doute les difficultés de la reprise par une éducation combinée du sujet et du greffon, comme je l'ai fait pour des greffes plus difficiles encore à réussir, celles du *Myosotis palustris* sur Héliotrope [1].

Il s'agit de deux espèces dont la première est adaptée aux terrains humides et

---

[1] Voir les figures, avec une description detaillée des faits *in* L. Daniel, *L'accoutumance dans le greffage* (Lyon horticole, 1901), et *La théorie des capacités fonctionnelles* (Rennes, 1902, p. 188).

même marécageux et la deuxième adaptée aux terrains secs. Leur stucture est, par là même, des plus différentes.

En greffant sur Héliotrope le Myosotis des marais provenant de sa station normale, j'ai toujours échoué. J'ai réussi au contraire quelques-unes de ces greffes en prenant pour greffons des exemplaires élevés en baquets contenant de moins en moins d'eau et dont les tiges se durcissaient ainsi progressivement au point de ne plus pourrir pendant la mise à l'étouffée ou de dessécher à la moindre rentrée d'air sec sous la cloche.

Non moins curieuses sont les greffes de *Scopolia carniolica* sur la Tomate. Le *Scopolia* est une Solanée bien connue, voisine de la Belladone, mais qui fleurit et fructifie de bonne heure ; ses tiges aériennes se flétrissent vers la fin du printemps ; elles sont à l'état de dégénérescence sénile au moment où les Tomates de semis sont bonnes à planter dans notre région.

J'ai greffé des tiges, à l'état sénile, de *Scopolia* sur jeunes plants de Tomate ; quelques greffes ont réussi ; grâce à la sève jeune qui était infusée aux greffons, ceux-ci ont repris vigueur, se sont ramifiés et ont donné une seconde floraison, comme dans le cas des plantes remontantes ([1]).

Cette modification dans les habitudes d'une espèce paraît intéressante autant pour la pratique que pour la théorie, surtout si elle n'est pas exceptionnelle.

Dans tous ces exemples, l'influence réciproque du sujet et du greffon est très nette et des plus démonstratives. Il ne viendrait à l'idée de personne de dire que, dans ces cas, sujet et greffon se sont comportés comme s'ils n'étaient pas greffés, autrement dit, qu'ils sont indépendants l'un de l'autre.

4. *Greffes de plantes annuelles et de plantes vivaces par leurs rhizomes.*

Une autre catégorie de greffes intéressantes au point de vue spécial qui est étudié ici, c'est celle des plantes formant des réserves souterraines dans les conditions normales et se reproduisant par tubercules. Il est important de voir si le greffon, placé par exemple sur un sujet incapable de se tuberculiser, va cependant obliger celui-ci à se comporter comme son propre appareil souterrain, ou s'il va présenter des morphoses spéciales en vue du maintien de son existence, ou bien s'il va mourir sans se modifier. Dans les deux premiers cas, il ne sera pas possible de dire logiquement que les plantes greffées conservent chacune leur chimisme propre et leur autonomie.

Parmi ces greffes, les plus intéressantes sont les greffes de Pomme de terre sur Tomate et celles de divers *Helianthus* vivaces sur *Helianthus annuus* qui, lui, est annuel.

La greffe de la Pomme de terre sur la Tomate a été faite par le baron Tschudy ; mais ses essais n'ont point porté sur toutes les Solanées, comme semble le croire un auteur récent. C'est ainsi qu'il constata que la Pomme de terre sujet continuait à produire des tubercules, pendant que son greffon donnait des tomates. Tschudy, enthousiasmé de ce résultat, espérait ainsi doubler l'héritage du pauvre.

Strasburger constata de même, en prenant pour greffon un *Datura*, que la Pomme de terre sujet donnait encore des tubercules. Il en est de même avec la Belladone.

La greffe inverse de Pomme de terre sur Tomate a été, pour la première fois,

---

([1]) L. Daniel. — *Peut-on modifier les habitudes des plantes par la greffe* (C. R. de l'Académie des Sciences, 11 mai 1903).

faite en Amérique par Sutton, à la fin du siècle dernier. Celui-ci constata que le sujet restait annuel et ne se tuberculisait pas, mais que des tubercules aériens nombreux se formaient sur la Pomme de terre greffon.

J'ai fait moi-même des greffes analogues et j'ai constaté que le phénomène observé par Sutton n'est pas général et que, quand il se produit, il varie singulièrement en intensité. Quelquefois, en effet, la Pomme de terre greffon ne produit pas de réserves apparentes et meurt à l'automne avec le sujet. Dans d'autres cas, la tuberculisation s'effectue, mais alors elle peut se faire de plusieurs façons. Tantôt elle est franche, c'est-à-dire que les tubercules aériens sont nombreux et portés par des tiges minces, spécialisées, comme dans la tuberculisation souterraine. Les tubercules restent petits, verts, à bourgeons quelque peu foliacés, et la structure est différente des tubercules normaux.

Tantôt la tuberculisation est partielle et porte sur les bourgeons axillaires, qui prennent la forme mamillaire, et sur la région voisine de la tige. Quelquefois, ces deux modes de tuberculisation coexistent sur le même greffon.

En outre, les tubercules se forment quelquefois fort tard; si les conditions extérieures sont favorables ou défavorables, on peut donc en trouver ou n'en pas rencontrer. Et l'on conçoit fort bien qu'il en soit ainsi, d'autant plus que les greffons n'ont pas la même vigueur en général, les bourrelets jouant naturellement leur rôle dans la valeur de la mise en réserve.

Exceptionnellement la Tomate sujet se lignifie fortement en produisant des tubérosités cicatricielles qu'on prendrait à première vue pour une sorte de tubérisation, quand elles sont, au contraire, formées de tissu ligneux fort dur, à vaisseaux enchevêtrés comme dans le cas des broussins. Mais le plus souvent cette lignification n'existe pas.

Les greffes d'*Helianthus tuberosus* (Topinambour) que j'ai faites en 1908 sur l'*Helianthus annuus* (Grand soleil annuel), cultivées en pot, dans le même terreau que les témoins *(fig. 122 et 127)*, ont été particulièrement instructives, ainsi qu'on va pouvoir en juger par les descriptions et les figures.

Les Topinambours témoins se sont comportés comme à l'ordinaire; leurs parties aériennes se sont desséchées à l'automne et les tubercules souterrains, formés comme de coutume, ont emmagasiné les réserves d'inuline destinées au développement de nouvelles tiges l'année suivante.

Au 20 novembre 1908, les Topinambours greffons s'étaient comportés de façon différente, suivant les exemplaires, bien que tous eussent provoqué un développement ligneux anormal de leur sujet et prolongé l'existence de celui-ci pendant un certain nombre de mois *(fig. 122 et 123)*.

Les uns sont morts sans avoir manifesté aucune tuberculisation. D'autres sont restés vivants beaucoup plus longtemps, mais, tout en se desséchant à la partie supérieure, ont produit à la partie voisine du bourrelet des pousses perpendiculaires à la tige, épaisses et courtes, colorées en violet comme les tubercules souterrains dont elles rappelaient la forme et la disposition. Cette tentative de tuberculisation se comprend facilement et est dans les habitudes de la plante greffon *(fig. 124,* greffe de gauche sur la figure).

Quelques greffons se sont comportés d'une autre manière; les bourgeons de la partie supérieure de la tige, particulièrement ceux qui, normalement, eussent constitué l'inflorescence, se sont épaissis en prenant la forme mamillaire et des réserves ont gonflé le nœud correspondant de la tige *(fig. 124, 125 et 126)*.

Enfin, dans quelques greffons, on trouvait à la fois des bourgeons mamillaires au sommet de la tige, des bourgeons violets à la base de la tige, près le bourrelet et à une certaine hauteur. Même dans l'un d'eux, on trouvait vers le milieu de la tige, des bourgeons de forme et de coloration intermédiaires entre les bourgeons violets et les bourgeons mamillaires.

En résumé, dans les greffons de Topinambours les fonctions physiologiques sont troublées singulièrement par la greffe et provoquent des morphoses curieuses qui peuvent se ramener à trois types :

1° L'action est nulle sur le greffon, qui passe complètement ses produits de réserve au sujet, où ils se transforment en tissu ligneux probablement par une sorte de polymérisation de l'inuline ;

2° L'action s'exerce simultanément sur le sujet, qui se lignifie anormalement, et sur le greffon, qui essaie de maintenir son existence par la mise en réserve s'effectuant :

a) dans des tubercules aériens rappelant la forme, la couleur et la nature des tubercules souterrains et naissant dans les parties inférieures du greffon ;

b) dans des tubercules mamillaires naissant à la partie supérieure du greffon à la place des bourgeons qui auraient dû fournir des fleurs ou des inflorescences ;

c) dans des tubercules naissant sur les parties supérieures du greffon, même quelquefois sur l'ensemble du greffon.

Les greffes de l'*Helianthus multiflorus* et celles de l'*Helianthus lætiflorus* sur Grand Soleil annuel donnent lieu à des observations analogues. Le sujet prend un développement ligneux extraordinaire (*fig. 122*, n° 1) et son racinage est singulièrement favorisé (*fig. 26*) par rapport au témoin (*fig. 27*, fasc. I).

Le greffon présente des feuilles dont la dimension et la structure varient ainsi que les fonctions, comme il a été dit (¹). Cette année (1908), j'ai constaté, en dehors des différences d'aspect et de port faciles à voir sur les figures 129 et 130, que les fleurs elles-mêmes étaient de plus grande taille sur les greffons que sur les témoins (*fig. 128*).

La tuberculisation du greffon se fait quelquefois, mais non toujours, à la base de la tige, près du bourrelet. Je n'ai jusqu'ici jamais observé de tubercules mamillaires vers le sommet de la tige greffon, dans les *Helianthus multiflorus* et *lætiflorus*, comme cela s'est produit cette année dans quelques greffons de Topinambour.

Cela prouve la grande variété des résultats suivant les espèces étudiées et suivant les exemplaires d'une même série de greffes, conformément à la théorie.

On comprend qu'il en soit ainsi, la fonction de réserve étant sous l'étroite dépendance de l'état biologique des greffons, état dépendant lui-même du milieu extérieur, c'est-à-dire des facilités relatives de l'exercice de l'aliment.

J'avais, au Congrès de Lyon, en 1901, signalé dans mon Rapport les curieuses lignifications du Soleil annuel sous l'influence de greffons vivaces. M. Ravaz a confondu ce cas de suppléance physiologique avec les différences de grosseur que présentent parfois entre eux des végétaux de vigueur différente, et en particulier la vigne. Il a essayé de donner une explication *mécanique* de ces faits et, cherché à démontrer que, au niveau du bourrelet, il y a une diminution de tension, on doit donc, en ce point, trouver des tissus plus développés, exactement comme dans le cas de l'incision longitudinale.

Si la cause invoquée par M. Ravaz était la vraie, le bois formé serait du bois *tendre*, plus tendre que le bois normal, conformément aux observations de M. H. de Vries, et ses dimensions ne dépasseraient pas en diamètre celles de la partie ligneuse habituelle.

Or, et je l'ai fait remarquer en 1898, comme en 1901 dans mon Rapport, le bois du Soleil sujet est extrêmement *dur*, beaucoup plus dur que celui du témoin, et il atteint des dimensions qui vont jusqu'à égaler dix fois, et souvent beaucoup plus, l'épaisseur annuelle du bois des témoins. La mécanique est donc impuis-

---

(¹) **Pages** 47 et 134 de ce travail.

Fig. 14.
A gauche, rameau normal de l'Absinthe témoin.
A droite, rameau venu la 2ᵉ année de greffe, sur un greffon d'Absinthe greffé comparativement avec le témoin sur *Anthemis frutescens*.

Les différences ne sont qu'imparfaitement rendues par la photographie.

FIG. 117.
Rameau de *Plagius* greffé sur *Anthemis*, à la 2ᵉ année de son développement.

On remarquera combien cette pousse, choisie parmi les plus développées, est faible et porte des feuilles réduites.

FIG. 118.
Rameau de *Plagius* témoin.

La pousse est plus épaisse, les feuilles plus développées que dans le *Plagius* greffé, bien qu'il s'agisse de parties comparables, venues dans les mêmes conditions en dehors de la greffe.

Fig. 119.
Greffe de *Solanum pubigerum* sur *Nicotiana gigantea*.

Le sujet est beaucoup plus gros que le greffon et s'en
distingue par des tissus beaucoup moins lignifiés.

Fig. 120.
Greffe de *Lycium europeum* sur Tomate.

Le greffon est à tiges minces et dures; le sujet est tendre et aqueux. On voit sur le sujet une pousse latérale, montrant qu'il s'agit d'une greffe mixte.

Fig. 121.

Greffe de *Solanum marginatum* sur Tomate.

Le sujet est vert et un peu velu ; il présente un moignon correspondant au rameau d'appel laissé jusqu'à la reprise définitive.
Le greffon est remarquable par ses feuilles et ses tiges laineuses pourvues d'aiguillons.

FIG. 122

Greffes et témoins dans les *Helianthus* au mois d'octobre :

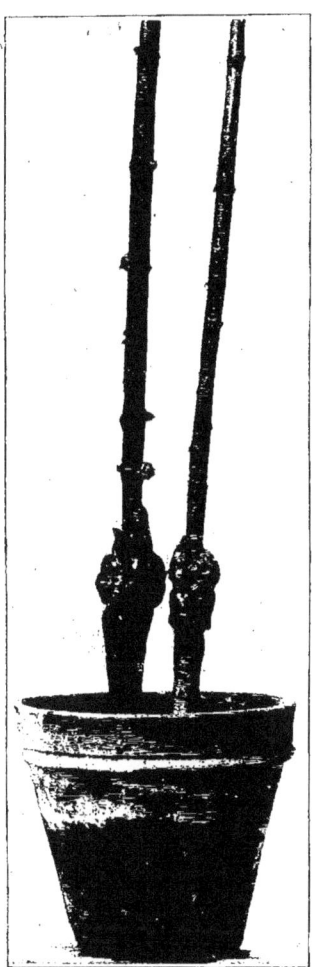

Fig. 123.

Greffes d'*Helianthus tuberosus* sur *Helianthus annuus* à la fin de novembre.

Le greffon de gauche présente des tubercules violacés ; celui de droite n'en a pas à proprement parler.

Fig. 124.

Portion supérieure de la tige d'un greffon d'*Helianthus tuberosus* greffé sur *Helianthus annuus*.

On voit, à l'aisselle des feuilles verticillées par trois, des bourgeons mamillaires plus ou moins développés à la place des rameaux de l'inflorescence. Les nœuds sont eux-mêmes un peu renflés.

Fig. 125.

Un nœud plus grossi de la figure 124.

Fig. 126.

Bourgeon renflé, intermédiaire entre les tubercules mamillaires de la fig. 124 et les tubercules basilaires de la fig. 123.

La lentille à l'aisselle de laquelle il s'est développé a été coupée pour mieux en faire voir la forme.

Fig. 127.

Pot renfermant un *Helianthus annuus* témoin et une greffe d'*Helianthus tuberosus* sur *H. annuus*.

Fig. 128.

Fleur d'*Helianthus multiflorus* greffon.   Fleur d'*Helianthus multiflorus* témoin.

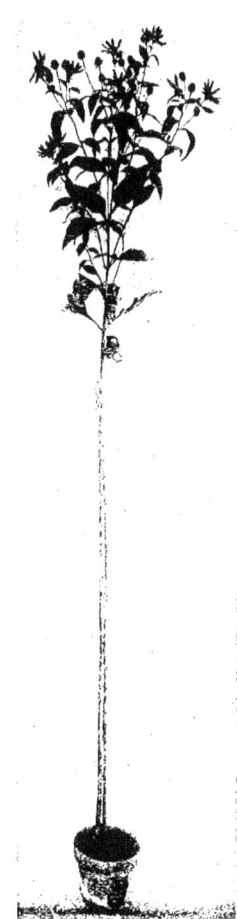

Fig. 129.

Helianthus multiflorus témoin, avec son tuteur.

Il est plus élancé que le greffé; ses feuilles et ses fleurs sont plus petites.

Fig. 130.

Greffe entière d'*Helianthus multiflorus* sur *Helianthus annuus*.

avec son tuteur l'empêchant d'être brisée par le vent.

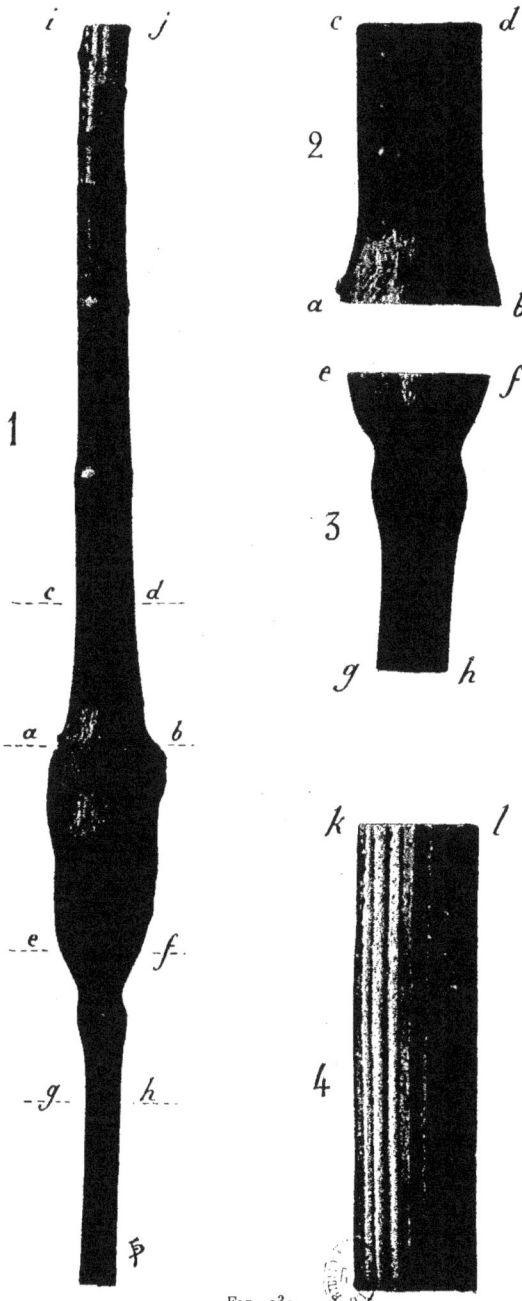

Fig. 131.

Greffe d'*Helianthus annuus* sur *Helianthus tuberosus*.

1. Portion de cette greffe avec le bourrelet, une partie du sujet et la partie influencée de la tige greffon, grandeur naturelle de l'échantillon desséché.
2. Base du greffon grossie.
3. Sommet du sujet grossi au voisinage du bourrelet.
4. Portion de tige d'un *Helianthus annuus* témoin, montrant les différences profondes qui existent avec le greffon correspondant ; grandeur naturelle de l'échantillon desséché.

sante à expliquer le phénomène; il y a autre chose dans la morphose considérée et, cette autre chose, c'est une influence très nette du greffon sur le sujet.

D'ailleurs, dans des greffes inverses de Soleil annuel sur Topinambour, on devrait encore trouver, si l'hypothèse mécanique invoquée par M. Ravaz était exacte et seule en cause, un bourrelet en sens inverse, comme cela existe dans la Vigne et dans d'autres plantes ligneuses. C'est précisément ce qui n'a pas lieu ([1]).

Certaines greffes de Soleil annuel sur Topinambour ont pris soin de montrer, par d'autres morphoses, que l'influence du sujet sur le greffon existe bien réellement et se manifeste par des phénomènes indéniables, dont la planche en couleur ci-contre *(fig. 131)* permet de se faire une idée; elles présentent des transmissions fort nettes de caractères du sujet au greffon, qui seront décrites et étudiées plus loin. Elles permettent en outre de faire des constatations intéressantes sur l'étendue de la réaction du greffon sous l'influence de son sujet.

On voit que la greffe a ralenti la croissance des entrenœuds du greffon; la croissance normale a seulement repris après une durée variable. Les modifications sont surtout intenses au voisinage du bourrelet et diminuent progressivement d'intensité au fur et à mesure qu'on s'éloigne de ce niveau. Enfin des racines adventives ont poussé sur le greffon; les unes ont séché à l'extrémité et formé des mamelons comme dans le *Leucanthemum* greffé *(fig. 103, r')*; d'autres ont formé des mamelons intérieurs que révèle l'anatomie et qui se sont soudés aux tissus du sujet; enfin d'autres racines, sorties au dehors, ont continué leur croissance et, en se courbant, sont venues pénétrer dans les tissus de cicatrisation du sujet en se soudant avec eux par une sorte de greffe naturelle indépendante jusqu'à un certain point de la première *(1, fig. 131.)*

5. *Les hybrides de greffe proprement dits.*

Les greffes que je viens de décrire, montrent à des degrés divers l'étroite dépendance du sujet et du greffon vis-à-vis l'un de l'autre. Cette dépendance, qui ne peut se concilier avec l'autonomie, est adoptée aujourd'hui par de nombreux naturalistes, parmi lesquels il faut citer Pfeffer.

« Par suite de la corrélation, dit-il ([2]), les plantes en symbiose exercent toujours une certaine influence mutuelle. Cette influence se réduit toutefois à des résultats comme ceux qu'on voit par suite de l'action mutuelle entre les organes analogues d'une plante normale dans des conditions différentes. C'est aussi un fait connu que les propriétés spécifiques des espèces cultivées de pommiers, groseilliers, rosiers, etc., se conservent dans le système de branches greffé sur un sauvageon, et que cela se produit même dans le cas où plusieurs races sont greffées sur le même sauvageon. De même les tubercules de pommes de terre se développent normalement quand le système de branches feuillées aérien est remplacé par celui de la pomme épineuse.

» Toutefois, on remarque parfois dans l'une des plantes greffées des différences remarquables relatives à la couleur, au goût, à la forme de quelques organes. On a signalé surtout la transmission de la panachure, qui se produit souvent quand sur l'*Abutilon Thompsonii* panaché on greffe une forme verte de la même espèce. Mais même quand, à la place de celle-ci, on a greffé sur l'*Abutilon Thompsonii* l'*Althæa officinalis*, on a vu se produire sur l'*Althæa* des pousses à feuilles pana-

---

([1]) Voir les figures de ces greffes dans mon livre sur *La variation dans la greffe et l'hérédité des caractères acquis*, Paris, 1898. Ces greffes provenaient d'exemplaires cultivés et greffés au Laboratoire de biologie végétale de Fontainebleau. J'ai obtenu des résultats analogues à Rennes.
([2]) Pfeffer, *loc. cit.*

chées. En outre, les branches de pomme de terre vertes devinrent violettes quand on greffa sur elles une branche de pomme de terre de cette couleur ([1]).

Après avoir cité ces exemples et quelques autres ([2]), puis rappelé les expériences de Beyerinck, qui avait réussi à inoculer la maladie du tabac et échoué dans l'inoculation de la panachure, Pfeffer ajoute ces lignes qui sont si bien d'accord, en général, avec mes conceptions sur l'action morphogène dans les greffes :

« Peut-être s'agit-il, dans toutes les symbioses de ce genre, de réactions excitantes de la symbiose influencée, lesquelles peuvent se produire sans l'aide d'un autre organisme pourvu que les conditions internes et externes puissent se réaliser autrement. En effet, la plante normale (non influencée symbiotiquement) peut aussi, à l'occasion, former des variétés panachées ou rouges. Comme l'apparition de ces variétés ou de variétés analogues peut être favorisée d'une façon générale par des conditions extraordinaires, *l'influence symbiotique peut, dans le sens où Daniel le suppose, agir à l'occasion d'une façon favorable.*

» Comme les variétés qui peuvent se conserver par voie sexuelle ou asexuelle se produisent même sans symbiose, on ne peut pas, en voyant une variété se produire après la greffe, conclure à une union des protoplasmas du sujet et du greffon ([3]). Une telle conclusion n'est pas possible non plus lorsque la variation obtenue possède certaines propriétés de son associé, si ces propriétés peuvent être produites par la plante, d'elle-même, dans certaines conditions ([4]). Cela ressort naturellement des expériences sur l'apparition et la transmission de la panachure. Mais toutes les transformations où l'un des associés devient semblable à l'autre, même celles citées par Daniel, sont de telle sorte qu'elles peuvent très bien être le résultat d'une *réaction excitante morphogène.*

» Si donc on réserve le mot hybridation, comme on le fait ordinairement, pour désigner la pénétration intime des plasmas hétérogènes comme dans les plantes bâtardes, la possibilité des hybrides de greffe n'est pas démontrée. *Ceux-ci existent au contraire* si l'on étend le sens du mot et si l'on désigne par hybridation des transmissions produites autrement, comme celles de la panachure. »

C'est précisément ce que j'ai fait dans mes publications ([5]), comme on l'a déjà vu par ce qui précède. Mais certains adversaires de mes théories n'ont point tenu compte de mes définitions, et n'ont point agi avec la loyauté du célèbre physiologiste allemand.

« Les divergences d'opinion sur l'existence ou la non-existence des hybrides de greffe, dit encore Pfeffer, reposent sur une différence de définition ([6]) et sur une interprétation différente des faits. Souvent on ne tient pas assez compte de la possibilité de la réaction qui, dans certaines conditions, permet de produire de l'extraordinaire, mais d'autre part est fort limitée dans certaines directions. »

En somme, on voit, par ces extraits, que Pfeffer en est resté uniquement à mes idées premières sur la production des hybrides de greffe par l'action de facteurs morphogènes. J'ai moi-même hésité longtemps à admettre en même temps la possibilité d'une autre action, comme celle d'une union de protoplasmas végé-

---

([1]) Lindemuth, 1878; Vöchting, 1892.
([2]) Paragraphe 48 de sa *Pflanzenphysiologie*.
([3]) Cette union qui constitue ce que beaucoup ont appelé l'hybridation par greffe, ne correspond pas exclusivement à ce que j'ai désigné sous le nom d'hybridation asexuelle (Congrès de Lyon, 1901), mais à la coalescence des plasmas de M. Armand Gautier.
([4]) Cela ne veut cependant pas dire que la greffe soit, par cela même, étrangère à la variation spécifique ainsi produite. Et Pfeffer s'empresse d'ailleurs de le dire plus loin.
([5]) Voir mon Rapport au *Congrès de Lyon*, 1901.
([6]) Pourtant que de fois j'ai dû protester contre les changements que l'on a fait subir à mes définitions ! Si les critiques des adversaires de mes théories n'avaient pas reposé sur des équivoques, elles n'auraient, il est vrai, eu nulle raison d'être.

tatifs, estimant que l'hypothèse du passage ou de la suppression de certaines substances au niveau du bourrelet suffisait à expliquer les variations spécifiques observées. Mais à la suite de la découverte du Néflier de Bronvaux faite par M. Dardar et de celle que je fis du Poirier-coignassier de Saint-Vincent à Rennes, je fus ébranlé dans mes convictions et je pensai que l'hypothèse de l'hybridation par la greffe, au sens ancien de Caspary et autres savants, n'était pas à rejeter sans examen comme tant de gens l'ont fait *a priori* (¹). Et pourtant si l'on n'a pu donner la preuve directe de la conjugaison asexuelle (j'en donnerai plus loin les raisons), l'on n'a pas davantage prouvé son impossibilité ou son absurdité.

L'amphimixie, ou fusion des gamètes mâle et femelle, est le phénomène le plus fréquent dans le règne végétal en tant que reproduction, mais elle n'est pas la règle absolue puisqu'elle coexiste avec l'apogamie et la parthénogénèse. Les végétaux supérieurs à développement parthénogénétique ne sont pas rares, et dans ce cas, le développement n'est pas lié à la réduction chromatique préalable, considérée à tort comme caractéristique de la reproduction (²).

L'hypothèse des hybrides de greffe a été adoptée d'ailleurs par un grand nombre de naturalistes, et des meilleurs. Elle le fut au siècle dernier par Knight, Darwin, Caspary, etc.; elle l'a été depuis par Strasburger, Guignard, Delage, Le Monnier, Dr Armand Gautier, Costantin (³), etc.

Si d'autres botanistes ne se sont pas prononcés pour ou contre l'hypothèse des hybrides de greffe, il y en a qui, comme Chodat, admettent la variabilité provoquée par la multiplication asexuelle, variabilité en opposition absolue avec l'hypothèse de la conservation intégrale des caractères et celle du chimisme propre de l'espèce dans ce mode de multiplication.

« L'individu, dit cet auteur(⁴), n'est pas quelque chose d'indivisible, c'est seulement un tout à croissance harmonique. Quelques-uns ont voulu aller plus loin; ils ont même prétendu que lors de la multiplication par boutures, par fragments, l'ensemble des nouveaux individus et l'ancien, issus du premier par fragmentation, ne sont qu'un seul et même individu. Cette manière de voir ne saurait se soutenir. *Avec la disjonction cesse l'individualité.* »

Et s'il était besoin vraiment de citer des preuves à l'appui de cette vérité, il suffirait de rappeler les mutations gemmaires et les monstruosités si fréquentes à la suite de la multiplication asexuelle, quel que soit le procédé employé. La greffe est, de ces procédés, le plus complexe, celui qui met en jeu le plus d'agents morphogènes. Il n'y a rien que de logique à le voir provoquer des morphoses que certains veulent réserver exclusivement au croisement sexuel. Et cette analogie des effets de la multiplication végétative avec les effets du croisement sexuel n'a pas échappé à M. Heckel qui l'a fait ressortir dans son livre sur les variations du *Solanum Maglia*(⁵).

L'embryogénie concourt encore à séparer l'hybride de greffe de l'hybride sexuel, bien qu'ils aient entre eux une sorte de parallélisme que j'ai fait ressortir. Caspary a montré le premier que, contrairement à ce qui se passe chez les hydrides sexuels, le *Cytisus Adami* est fertile par l'étamine et stérile par l'ovule.

(¹) Je soumets au lecteurs ces lignes si justes qu'auraient dû méditer les adversaires de la variation par la greffe : « Ne rebutons aucune initiative, et laissons à l'avenir le soin de se prononcer; *la négation a priori est antiscientifique* » (Ludovic Zoretti, *La Méthode mathématique et les Sciences sociales*. — *Revue du mois*, p. 364, 1906).

(²) Il est aujourd'hui prouvé que la réduction chromatique et la sexualité sont deux phénomènes distincts qu'il faut bien se garder de confondre. D'ailleurs en quoi consiste la fécondation? C'est ce qu'on ignore dans l'état actuel de nos connaissances.

(3) Voir Costantin, *Le Transformisme appliqué à l'agriculture*. Paris, 1907.

(4) Chodat. — *Principes de botanique*, Genève, 1907, p. 640.

(5) Heckel. — *Sur les origines de la pomme de terre cultivée et sur les mutations gemmaires culturales des Solanum tubérifères sauvages*. Marseille, 1907.

C'est également ce qu'a trouvé M. Guignard et c'est ce qui a amené cet auteur à penser que le *Cytisus Adami* ne saurait être un hybride sexuel (1).

Il est vrai que M. Guignard semble être revenu récemment de son opinion première (2). Comme il n'a en rien réfuté son ancienne argumentation, il faut en conclure qu'elle n'a rien perdu de sa valeur. Voici pourtant en quels termes il s'exprimait dernièrement à propos des hybrides de greffe :

« En dépit des discussions auxquelles ces singulières formes ont donné lieu, leur origine n'est nullement établie et toutes les tentatives faites pour les obtenir par la greffe sont restées infructueuses (3). Dans une Note assez récente et tout en inclinant d'ailleurs à admettre l'existence des hybrides de greffe, M. Noll (4) fait remarquer à propos du *Cytisus Adami* qu'il a essayé sans succès pendant trois ans de reproduire cette dernière plante. D'autre part, M. Strasburger (5), — qui vient encore de discuter l'histoire de ces bizarreries — s'exprime à ce sujet dans les termes suivants :

« Je ne peux me décider à abandonner mes doutes sur les hybrides de greffe.
» Je pense que ces doutes resteront justifiés aussi longtemps qu'on ne pourra
» apporter sur leur origine que des observations faites tardivement, aussi long-
» temps qu'on ne parviendra pas à reproduire les hybrides de greffe et à les
» suivre dans leur développement. »

En d'autres termes, tant que l'on n'aura pas observé la conjugaison de deux cellules végétatives du sujet et du greffon et suivi leur développement, on sera fondé à nier l'hybride de greffe, produit à la façon de l'hybride sexuel, mais par un croisement de cellules végétatives, ou réalisé par un processus différent inhérent à la greffe. C'est aller bien loin et ne pas se rendre compte des difficultés énormes que l'on éprouverait à apporter une semblable preuve.

Pour observer ce phénomène de conjugaison asexuelle, il faudrait un heureux hasard presque impossible à réaliser. Il ne s'agit pas, en effet, d'un phénomène normal et fréquent, se passant en un point bien déterminé, comme dans le cas de la fécondation sexuelle. Il s'agit de faits rares, qui ne se produisent qu'accidentellement dans quelques cas pris sur des milliers de greffes. Et lorsqu'ils se produisent, le phénomène a lieu dans un point variable, qui est situé soit dans le bourrelet, soit dans les régions voisines, mais dont la position exacte ne saurait être prévue à l'avance.

D'un autre côté, il est impossible de savoir à quel moment précis se passera ce phénomène. Dans les hybrides de greffe connus actuellement, on en trouve qui sont apparus la première année de greffe (*Cytisus Adami*, diverses plantes herbacées); d'autres au bout de soixante ans environ, comme le Poirier-coignassier de Rennes et, même après plus de cent ans de greffe, comme le Néflier de Bronvaux.

Ce ne serait donc que par un heureux hasard que l'on pourrait avoir la bonne fortune d'assister à la conjugaison asexuelle. On peut d'ailleurs admettre sans pareille preuve ce phénomène et, en ce faisant, ne commettre aucune hérésie scientifique. Les formes fossiles que la géologie nous apprend à connaître en sont un exemple frappant. Ne sont-ce pas des êtres sur lesquels les observations ont

---

(1) GUIGNARD. — *Observations sur la stérilité comparée des organes reproducteurs des hybrides végétaux* (Lyon, 1887, p. 66). Voir aussi sa notice sur ses *Titres et Travaux scientifiques* publiée au moment de son élection à l'Académie des sciences.

(2) GUIGNARD. — *Recherches sur les plantes à acide cyanhydrique*. Paris, 1907.

(3) C'est possible, mais a-t-on obtenu le *Cytisus Adami*, le Néflier de Bronvaux, etc., en dehors de la greffe? Et les eût-on obtenus d'une autre façon, que cela ne prouverait pas que les formes actuelles de ces plantes n'ont pas été produites par la greffe dans les cultures d'Adam et à Bronvaux, près Metz. Tout est là, quoi qu'on en dise.

(4) NOLL. — *Blütenzweige zweinen Bastarde von Crataegus monogyna und Mespilus germanica*. Bonn, 1905.

(5) STRASBURGER. — *Ueber die Individualität der Chromosomen und die Pfropfhybriden-Frage*, 1907.

été faites tardivement, qu'on serait incapable de reproduire ou de suivre dans leur développement ? En existent-ils moins pour cela ? Et les théories de l'évolution ne les utilisent-ils pas comme des documents précieux, quand bien même ils sont des êtres uniques dans l'enchaînement probable des formes ?

Et, dans ces conditions, si la coalescence des plasmas ou conjugaison de cellules somatiques se fait vraiment, comme c'est probable, l'on est tenté de trouver certains critiques bien exigeants pour l'hypothèse de l'hybridation par la greffe quand ils le sont moins pour d'autres hypothèses encore moins accessibles à la vérification directe, en particulier pour les particules représentatives, pangènes, déterminants et autres conceptions de l'esprit, unités hypothétiques que personne n'a jamais vues et n'a pu, par conséquent, contrôler.

J'ai plus d'une fois comparé l'hybridation asexuelle à l'hybridation sexuelle, et quoique le mécanisme de celle-ci soit mieux connu, *relativement,* qui oserait dire que l'on sait en quoi consiste la fécondation lorsqu'on voit tomber comme châteaux de cartes les travaux les mieux assis, quand on voit passer au second plan les phénomènes de la réduction chromatique considérés comme caractéristiques de la fécondation, et quand, par le phénomène de la fécondation du noyau secondaire du sac embryonnaire, on voit revenir à l'ordre du jour les vieilles questions de la superfétation des germes (isogamie suivie d'hétérogamie) et des *xénies* de la graine qui trouvent une explication après avoir été niées par l'immense majorité des naturalistes [1]. Cela devrait suffire à nous rendre prudents dans ces questions.

Il y a des hybrides sexuels que l'on n'a obtenus qu'une fois, et, dans ceux que l'on obtient assez facilement, la même combinaison peut ne se reproduire que rarement ou même ne pas réapparaître. Et, vu la complexité des facteurs qui entrent en jeu dans la fabrication d'un être vivant, si l'on exigeait d'en suivre pas à pas le développement et de pouvoir le reproduire à volonté, identique à lui-même, pour être certain de son existence, il y a peu d'organismes vivants dont l'existence serait prouvée.

Au lieu de nier par système la possibilité et l'existence d'êtres gênants pour certaines conceptions ou certains intérêts, cherchons, puisqu'ils sont là, à expliquer la genèse de ces êtres, sans aucun parti pris. Personnellement, j'ai accepté l'hypothèse de l'hybridation par la greffe, telle que l'avait formulée Strasburger, d'après des raisons contre lesquelles on n'a jusqu'ici rien produit de probant. Je suis tout disposé à l'abandonner quand on m'en fournira une meilleure ; je n'ai aucun amour-propre et ne rougirai point de m'être trompé avec des savants de la valeur de MM. Strasburger et Guignard. Mais tant que ces savants éminents n'auront pas détruit leur ancienne hypothèse par des faits précis et probants, au lieu de se borner à des impressions ou à la discussion de simples vues de l'esprit, je continuerai à croire à l'existence des hybrides de greffe, produits par l'action de substances morphogènes ou par union de cellules végétatives du sujet ou du greffon, ou par toute autre cause *résultant de la greffe.*

Et, je l'avoue, je ne suis nullement étonné de ne pouvoir reproduire à volonté les hybrides de greffe déjà réalisés par d'autres ou par moi-même. Les cas de ce genre sont nombreux dans les sciences naturelles. Pour n'en citer que des exemples bien connus de tous, on sait que l'albinisme est assez fréquent dans la nature, sans qu'on en connaisse l'explication et sans qu'on puisse le produire à volonté. L'existence des merles blancs ne fait pas de doute, bien que ces êtres anormaux ne se produisent qu'accidentellement sans avoir donné lieu à la fixation

---

[1] Les xénies ont eu, comme les hybrides de greffe, le malheur de ne pouvoir être expliquées par les philosophes naturalistes et d'être en opposition avec leurs théories. Or, si les xénies de la graine peuvent se comprendre par la double fécondation, celle-ci n'explique en rien les xénies du fruit ou de l'inflorescence.

héréditaire de leur albinisme, quand, au contraire, il y a des souris et des lapins blancs qui se reproduisent actuellement avec ce caractère fixé au point de former des races. Et cependant, on ne saurait à coup sûr reproduire ces races en partant des ancêtres à pelage gris dont elles dérivent sûrement.

Si l'on quitte les sciences naturelles pour passer dans le domaine des sciences physiques, où la complexité est moindre, on observe des cas aussi déconcertants. Ainsi des cristaux de glycérine apparaissent un jour dans de la glycérine ordinaire; pour les multiplier, il suffit d'en prendre quelques-uns et de les placer dans de la glycérine pure. Mais on a toujours échoué quand il s'est agi de les réobtenir directement.

M. Niewenglowski n'a-t-il pas un jour, en photographie, réalisé un phénomène qu'il n'a jamais pu reproduire à nouveau depuis?

De tous ces êtres d'origine mystérieuse, de tous ces phénomènes, on ne devrait pas tenir compte, parce que l'on ne peut les reproduire à volonté, si l'on adoptait les vues actuelles de Strasburger!

Heureusement, nous n'en sommes pas encore arrivés là. Un fait ne perd aucunement de sa valeur scientifique parce qu'il est unique et il demande une explication. Le degré de fréquence est d'intérêt plus secondaire pour la science qu'il ne l'est en général pour le praticien.

Je n'ai donc pas à me préoccuper des expériences négatives et de l'étonnement manifesté par certains auteurs de ne pas obtenir exactement les variations observées par d'autres. Les résultats, variables et incertains, de greffes en apparence identiques, tiennent à ce que les conditions biologiques sont forcément différentes, comme je l'ai fait remarquer depuis longtemps. On s'explique ainsi qu'il y ait, suivant la pittoresque expression de M. Gaston Bonnier, des « *caprices de greffe* » ([1]). Le facteur greffe n'est pas du reste le seul agent morphogène capricieux en physiologie, et il me serait facile d'en citer des exemples si vraiment cela était nécessaire.

C'est à cause de ces caprices fréquents que j'ai eu soin, en indiquant le « *greffage créateur* », suivant l'expression de Ch. Baltet ([2]), comme un moyen parfois précieux de création de variétés nouvelles, de préciser qu'en usant de ce procédé, *dans certaines conditions,* on avait des *chances* d'obtenir un résultat cherché. Je n'ai jamais dit, comme certains me l'ont fait dire, qu'on l'obtiendrait *sûrement* ou même fréquemment ([3]), mais que, dans certains cas, un résultat déterminé pouvait se prévoir, car la variation causée par certaines combinaisons de greffe déterminait parfois dans le sujet et le greffon une *orientation* de certains caractères dans le sens de l'un des conjoints ou des deux à la fois.

Et pour éviter toute nouvelle dénaturation de mes idées, je reproduis ici textuellement ce que j'écrivais en 1898 ([4]), à propos des variations de greffe :

« Ces variations se produisent-elles d'une façon constante? Ont-elles toutes la même valeur dans toutes les plantes et dans les diverses parties de cette plante? *L'expérience démontre le contraire* et ce résultat ne surprendra point celui qui réfléchit aux conditions essentiellement variables des milieux interne ou externe où la greffe place le sujet et le greffon. On s'explique ainsi facilement que, suivant les conditions de milieu réalisées, l'influence se manifeste à des degrés divers ou ne se manifeste pas.

» En un mot, dire que la variation par la greffe n'existe pas, c'est *l'erreur des*

([1]) Gaston Bonnier. — *Les caprices de la greffe et la crise viticole.* — *La Revue,* Paris, 1906.
([2]) Ch. Baltet. — *L'art de greffer.* Paris, 1902.
([3]) « L'influence spécifique entre le sujet et le greffon ou hybridation asexuelle, *quel que soit le nom qu'on lui donne,* n'est ni *constante,* ni *régulière,* ni *très fréquente...* » (*Rapport au Congrès de Lyon,* 1901.)
([4]) L. Daniel. — *La variation dans la greffe et l'hérédité des caractères acquis.*— *Ann. des Sc. nat. Bot.,* Paris, 1898, p. 214 du tirage à part.

Modernes; croire que cette variation est constante, régulière, et capable de tout modifier, c'est l'*erreur des Anciens.* La vérité se trouve entre les deux opinions extrêmes, également exagérées. »

Mon opinion n'a pas changé, car les faits sont venus depuis la confirmer. Les faits en apparence contradictoires que l'on m'oppose ne sauraient me la faire modifier, car la *variabilité des résultats* fait partie intégrante de ma thèse, et cela est précisément en opposition formelle avec le dogme de l'*invariabilité* adopté par les partisans de la conservation du chimisme propre et de l'autonomie chez les plantes greffées. C'est ce que n'ont pas compris quelques critiques.

« Les expériences les mieux exécutées, dit M. Guignard [1], et les observations les plus consciencieuses ont plus d'une fois conduit à des conclusions contradictoires. La greffe des Solanées, par exemple, nous en fournit une preuve. Aucune des variations, en apparence très frappantes, que M. Daniel avait constatées dans la forme, la couleur et d'autres caractères du fruit chez plusieurs espèces de cette famille n'a été obtenue par M. Griffon [2]. Que conclure de ces expériences sinon que les variations observées étaient dues vraisemblablement à une autre cause que la greffe? Le fruit des Solanées a une tendance à varier même chez les plantes non greffées. M. Griffon a d'ailleurs vu des variations se produire sous l'influence de divers parasites ou de blessures faites par les insectes ou des mollusques [3]. D'autres causes, encore inconnues, peuvent fort bien entrer en jeu dans le cas actuel. »

A cette objection, il m'est facile de répondre. Si vraiment les plantes greffées conservent tous leurs caractères, même les plus délicats, après la greffe, comment se fait-il que les Solanées, *dont le fruit a une tendance naturelle à varier,* ont perdu précisément cette propriété quand, à Grignon, elles ont été greffées? Voilà un résultat qui est bien fait, on l'avouera, pour dérouter celui qui croirait au principe de l'immutabilité absolue des plantes greffées, car c'est bien là, il me semble, un nouvel exemple de la perte d'un caractère du greffon amenée par le greffage, un cas nouveau et intéressant de la non-conservation de l'autonomie du greffon. Non seulement l'exemple choisi ne contredit point mes théories, mais il les confirme au contraire.

A propos des variations du fruit des Solanées, d'autres causes que la greffe peuvent entrer en jeu, me dit-on. C'est possible, mais il serait bon de les indiquer au lieu de se borner à de simples suppositions; il serait indispensable, en outre, de montrer que, si ces facteurs inconnus ont vraiment joué un rôle, ils l'ont fait en dehors de la greffe.

Je n'ai jamais dit que les variations du fruit des Solanées ou toute autre variation s'obtenaient exclusivement par la greffe ou s'obtenaient toujours à la suite de greffes déterminées, et surtout qu'elles ne pouvaient s'obtenir autrement. Je pouvais d'autant moins émettre une idée aussi exclusive que tout le monde sait que le croisement sexuel et d'autres facteurs morphogéniques peuvent donner lieu à des variations analogues.

En raisonnant à la façon de M. Griffon et en disant que l'on ne peut invoquer le greffage comme facteur morphogène des fruits parce que la variation de ceux-ci se produit parfois en dehors de la greffe, on pourrait tout aussi bien conclure que le croisement ne peut modifier les fruits. En effet, dès l'instant que les varia-

---

[1] GUIGNARD. — *Loc. cit.*
[2] GRIFFON. — *Quelques essais sur le greffage des Solanées.* Paris, 1907.
[3] Je sais d'autant mieux que les parasites animaux ou végétaux et les blessures sont des facteurs morphogéniques que j'ai, l'un des premiers, signalé de nombreuses variations ainsi provoquées et expliqué le premier leur origine par une suralimentation spéciale due à l'action du déséquilibre $Cv < Ca$. Ces facteurs ne sauraient être invoqués pour expliquer l'expérience de M. Griffon, puisqu'il a opéré sur des plantes intactes ou traitées de la même manière. S'il en était autrement, l'expérience ne serait plus comparable. Alors, que viennent faire ici les blessures, les mollusques ou les parasites?

tions observées à Grignon l'ont été à la fois en dehors de la greffe et du croisement sexuel, celui-ci, pas plus que la greffe, ne pouvait faire varier les fruits des Solanées en question. On voit de suite jusqu'où peut entraîner l'abus du raisonnement.

D'ailleurs, M. Griffon a si bien senti les défauts de son argumentation que, dans un travail tout récent, il a eu soin, un peu tardivement, de dire qu'il avait pris toutes les précautions voulues pour éviter le croisement sexuel et empêcher ainsi la production de *xénies* tant dans les témoins que dans les greffons. Il a toutefois négligé encore de dire, ce qui est cependant de première importance, s'il avait greffé des plantes de *race pure*, autrement dit s'il était parfaitement sûr de l'origine des graines ayant fourni les témoins et les greffons sur lesquels il a fait porter ses expériences.

Combien il eût été plus simple et plus logique de conclure tout bonnement que le croisement est une cause de variation, que la greffe en est une autre et qu'il y en a d'autres encore ; que ces facteurs peuvent agir ensemble ou simultanément suivant les cas ; mais que l'on ne peut, quand l'un des facteurs seul est en jeu, conclure que les morphoses qu'il provoque ne peuvent être produites par d'autres. Il y a longtemps que Pascal a dit avec raison : « *Un même effet peut être produit par plusieurs causes.* » Il ne faut pas l'oublier et demander à une expérience autre chose que ce qu'elle peut nous donner. N'invoquons jamais des causes inconnues pour rejeter des causes connues ; bornons-nous à constater les faits si nous ne pouvons les expliquer ; accumulons-les simplement en vue d'une explication future, si les hypothèses actuelles nous paraissent insuffisantes.

Dans un autre travail ([1]), M. Griffon est allé plus loin : il a prétendu que, *ayant répété toutes mes greffes* ([2]), il a obtenu exactement le *contraire* de ce que j'avais obtenu. M. Griffon semble ainsi mettre en doute ma probité scientifique. Je ne le suivrai pas sur ce terrain ; je me bornerai à une simple remarque. Non seulement j'ai obtenu les variations que j'ai décrites, mais je les ai fait contrôler par des personnes dignes de foi, par des Commissions composées de professeurs, d'horticulteurs, d'agriculteurs, et des rapports établissent la matérialité des faits. Je possède un certain nombre des variations typiques que j'ai signalées et je puis les faire voir. Enfin d'autres personnes, horticulteurs ou viticulteurs, ont, ainsi qu'on le verra dans ce qui va suivre, *créé* des variétés par la greffe, en ont fait constater l'authenticité et peuvent eux-mêmes en montrer au besoin ([3]).

M. Griffon trouve *étrange* de n'avoir pu reproduire mes variations de greffe. Cela n'est nullement nécessaire pour qu'elles aient existé. Ce qui est *étrange*, c'est que les faits les mieux établis, les expériences les plus sincères, les êtres dont l'authenticité est indéniable et dont il est facile de *contrôler* l'existence, n'aient pas trouvé grâce devant lui et quelques autres écrivains agricoles. C'est ainsi qu'il parle des « trois ou quatre soi-disant hybrides de greffe célèbres », et que d'autres semblent ignorer même l'existence du Néflier de Bronvaux.

([1]) GRIFFON. — *Nouveaux essais sur le greffage des Solanées* (Bull. de la Soc. bot. de France, 1908).

([2]) M. Griffon, en dix-huit mois ou deux ans, a répété ce que j'ai fait en dix-huit années de labeur assidu et sans l'aide de qui que ce soit au point de vue matériel. Je ne puis qu'admirer sa facilité de travail.

([3]) M. Griffon prétend aussi que je suis en opposition avec l'opinion courante des praticiens. C'est le contraire, quoi qu'il en dise. Faut-il rappeler que c'est un horticulteur connu, M. Simon-Louis, qui a fait le premier connaître au monde horticole le Néflier de Bronvaux ; que M. Nomblot a signalé un hybride de greffe de Prunier, que MM. Laperrière, Viviand-Morel, etc., ont signalé des cas analogues dans le Rosier ; que M. Ch. Baltet admettait les « désordres séveux » et le « greffage créateur », conformément à mes théories ? Mes contradicteurs eux-mêmes, comme M. Ravaz, M. Viala, M. Prosper Gervais et autres, ont fourni des faits à l'appui de ma thèse, ainsi qu'on le verra plus loin pour la vigne.

Fig. 132

1. Jeune pousse d'Épine blanche normale;
2. Jeune pousse de la forme plus voisine de l'Épine blanche dans le Néflier de Bronvaux (hybride de greffe).

Les lobes des feuilles sont moins accusés; la feuille est plus large et velue.

Fig. 133

Jeune pousse du Néflier de Bronvaux, forme voisine du Néflier.

Les feuilles sont entières et velues, et présentent à leur aisselle, dans certains cas, des épines comme dans l'Épine blanche.

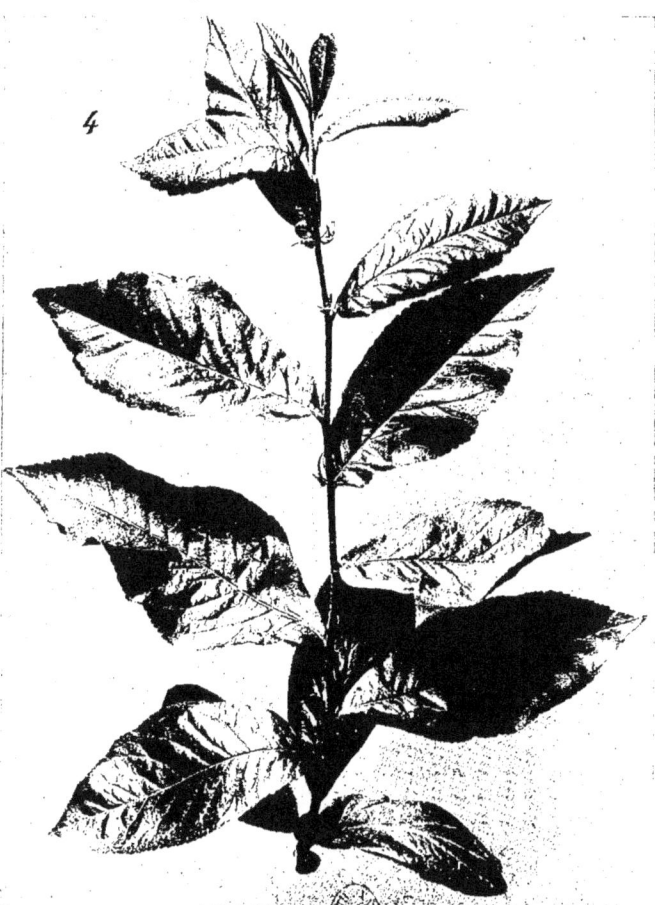

Fig. 1843.
Jeune pousse de Néflier normal.

Fig. 135
Néflier normal.
1. Inflorescence du Néflier normal ; la fleur est solitaire. — 2. Bourgeon floral isolé. — 3. Jeune rameau à fruits, sans épines. — 4. Bourgeon et feuille isolée, sans épine.

Fig. 136
Néflier de Bronvaux (hybride de greffe).
5. Inflorescence en corymbe. — 6. Jeune pousse à fruits terminée par une épine. — 7. Feuille isolée avec épine. — 8. Feuille isolée sans épine.
Toutes ces feuilles sont velues comme dans le Néflier.

Fig. 137
Néflier de Bronvaux (hybride de greffe).
9. Inflorescence en corymbe à fleurs de Néflier. — 10. Jeune pousse à fruits terminée par une épine.
11. Feuille avec une épine, comme dans l'Épine blanche.

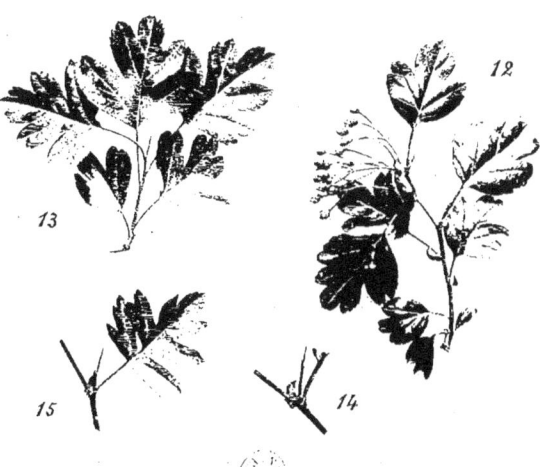

Fig. 138
Épine blanche normale.
12. Inflorescence en corymbe. — 13. Jeune pousse à fruits terminée par une épine. —
14 et 15. Feuille avec épines.

Fig. 139

Fleurs d'Épine blanche normale et de Néflier normal.

1. Fleur d'Épine blanche normale vue de profil. — 2. La même, vue de face. — 3. Fleur de Néflier normal, vue de profil. — 4. La même, vue de face.

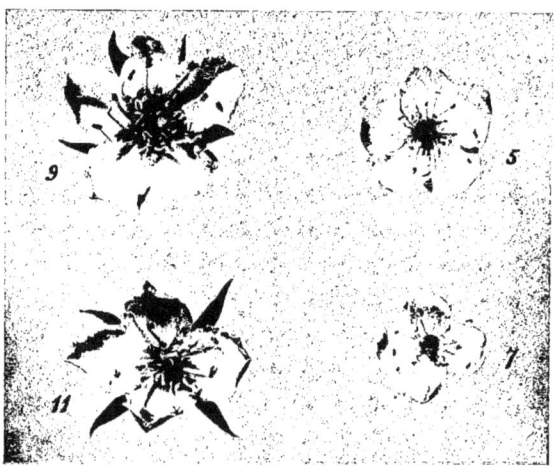

Fig. 140

Fleurs du Néflier de Bronvaux.

5. Fleur, vue de face, du Néflier de Bronvaux, hybride de greffe, forme voisine de l'Épine blanche : elle est construite sur le type pentamère habituel. —
7. Fleur, vue de face, du même hybride construite sur le type tétramère dans son périanthe. —
9. Fleur, vue de face, du Néflier de Bronvaux, hybride de greffe, forme voisine du Néflier : elle est construite sur le type pentamère habituel. —
11. Fleur du même, à périanthe tétramère.

Fig. 141

Fleur du Néflier (hybride de greffe).

6. Fleur, vue de profil, du Néflier hybride de greffe, forme voisine de l'Épine blanche, type pentamère.
8. Fleur du même, à périanthe tétramère.
10. Fleur, vue de profil, du Néflier hybride de greffe, à périanthe tétramère.

Fig. 142

Poires venues la même année sur la même branche d'un Poirier Beurré d'Aremberg :
1. Forme type. — 2. Poire modifiée dans sa forme. —
3. Poire modifiée à la fois dans sa forme et dans la nature de son épiderme.

M. Ravaz le connaît, lui, mais il lui reproche d'être « bien vieux » (¹), et il regrette que l'on ne connaisse pas « toute son histoire » !

Qu'on les ignore ou qu'on leur attribue une origine mystérieuse, les hybrides de greffe n'en existent pas moins, ainsi qu'on le verra par la suite de ce travail, et la Science doit en tenir compte. Je reproduirai ici les lignes si sensées que M. Costantin, professeur au Muséum, a consacrées au Néflier de Bronvaux dans son beau livre sur le *Transformisme appliqué à l'agriculture*.

« Nous croyons, dit-il (²), que beaucoup d'études ont embrouillé la question du Néflier de Bronvaux, qui devient claire quand on lit la description de M. Le Monnier (³), qui a vu les plantes en place (⁴). Sa diagnose est très précise et ne laisse place à aucune ambiguïté. On ne peut invoquer pour le sujet ou le greffon une origine hybride que rien ne justifie; même si l'on attribue aux rameaux anormaux la valeur d'une variation par bourgeons, on n'expliquera pas comment il se fait que les branches anormales soient *nées justement sur le bourrelet* où les deux plantes se rejoignent. On ne doit pas faire jouer au hasard un rôle qu'il ne peut assumer. En bas, on a une aubépine type; en haut, un néflier reconnaissable (parfaitement normal, dit M. Le Monnier), et c'est au point de contact seulement qu'apparaissent les branches dont les caractères sont manifestement intermédiaires entre ceux des deux plantes soudées. L'examen du travail de M. Le Monnier nous a frappé par sa clarté probante et nous a paru décisif en faveur de l'hypothèse des hybrides de greffe ».

Je possède dans mon jardin les deux formes qu'a tirées du Néflier de Bronvaux M. Simon-Louis. L'une est plus voisine du Néflier, et M. Simon-Louis l'a nommée *Cratægo-Mespilus Dardari;* l'autre, qu'il a appelée *Cratægo-Mespilus* Jules d'Asnières, est plus voisine de l'Épine blanche. Je les suis avec un soin particulier depuis bientôt dix ans et j'ai constaté que ces deux formes de l'hybride de greffe ont une grande vigueur, ce qui avait été déjà remarqué par M. Simon-Louis dans ses pépinières.

Il y a quelques années, j'ai cueilli comparativement, au même moment, des pousses à bois et à fruits, des inflorescences et des fleurs sur l'Épine blanche type, sur le Néflier normal et sur les deux formes de l'hybride de greffe, aujourd'hui multipliées et mises au commerce par M. Simon-Louis.

Ces photographies, reproduites ici, sont très frappantes. Elles montrent, dans cet hybride, un mélange plus ou moins complet de caractères propres au sujet et au greffon; dans les fleurs se montrent parfois des caractères particuliers n'appartenant à aucune des espèces parentes. C'est absolument conforme à ce que j'ai fait observer dès le début de mes recherches sur l'hybridation asexuelle.

Ainsi l'Épine blanche type a des pousses caractérisées par des épines, des feuilles découpées profondément et glabres (*fig. 132*, 1). L'hybride de greffe, forme voisine du type Épine blanche, a bien l'aspect général de celle-ci, mais il s'en distingue par des feuilles plus larges, moins découpées et velues (*fig. 132*, 2).

Le Néflier type a des feuilles entières, très velues, sans épines (*fig. 133*). La forme voisine du Néflier, dans l'hybride de greffe, a bien le faciès du Néflier,

---

(¹) Si l'apparition de la variation s'est faite tardivement sur le Néflier de Bronvaux comme sur le Poirier de Saint-Vincent, cela prouve que la Nature est moins pressée dans ses œuvres que M. Ravaz, qui a mis un an pour montrer l'immutabilité des vignes greffées et que M. Griffon qui, en deux ans, a obtenu les mêmes résultats sur des plantes herbacées. Le *temps* n'est pas un facteur négligeable dans cette question comme en beaucoup d'autres.

(²) P. 243. — Dans cet ouvrage la question de l'hybridation par la greffe est admirablement traitée.

(³) LE MONNIER. — *Le Néflier de Bronvaux* (*Bulletin de la Société d'horticulture de Nancy*, 1898).

(⁴) Rappelons que la Société d'horticulture de Nancy nomma une Commission, composée de savants et de praticiens, chargée de vérifier l'existence des variations présentées par la greffe de Bronvaux. M. Le Monnier était le président de cette Commission. Il est bizarre de voir nier l'existence de cet hybride ou de le voir passer sous silence par des auteurs qui ne l'ont pas *vu* pas plus qu'ils n'ont *cherché à le voir*.

mais les pousses portent des épines à l'aisselle de certaines feuilles (*fig. 134*).

Plus caractéristiques encore sont les rameaux à fruits et les inflorescences. L'inflorescence du Néflier type est solitaire; le jeune rameau à fruits n'a pas d'épines; ses feuilles sont entières et velues (*fig. 135*, 1, 2, 3 et 4).

L'inflorescence de l'Épine blanche est en corymbe; le jeune rameau à fruits est terminé par une épine; ses feuilles sont bien découpées, et il est glabre(*fig. 138*, 12, 13, 14 et 15)

Dans la forme hybride de greffe voisine de l'Épine blanche (*fig. 136*, 5, 6, 7 et 8), on trouve des rameaux terminés par une épine, des feuilles velues, peu découpées et une inflorescence en corymbe.

Dans la forme hybride de greffe voisine du Néflier, on trouve des rameaux à fruits, épineux, à feuilles de Néflier, mais à inflorescence en corymbe (*fig. 137*, 9, 10 et 11).

Les fleurs ne sont pas moins intéressantes. La fleur de l'Épine blanche, vue de face (*fig. 139*, 1) ou vue de profil (*fig. 139*, 2), est bien différente de la fleur du Néflier, vue de face (*fig. 139*, 4) ou vue de profil (*fig. 139*, 3).

Les sépales du calice sont très réduits dans la fleur de l'Épine blanche; ils sont très développés et dépassent les pétales dans le Néflier. La corolle de celui-ci est beaucoup plus développée que dans l'Épine blanche. Les étamines sont aussi plus grandes.

Les styles sont soudés dans l'Épine blanche; ils sont libres dans le Néflier.

L'hybride de greffe, dans sa forme voisine du Néflier, présente des fleurs de forme et de dimensions parfois variables sur un même corymbe, bien que ces fleurs groupées rappellent de très près la fleur du Néflier normal. Dans les unes on trouve 5 sépales et 5 pétales (*fig. 140*, 9); dans d'autres, il y a 4 sépales et 4 pétales (*fig. 140*, 11); autrement dit le périanthe, au lieu d'être de forme rosacée, devient cruciforme.

Les caractères que je viens de décrire se voient très nettement dans la figure 141, qui représente les fleurs vues de profil dans les deux formes de l'hybride.

J'ai même observé en 1907 et en 1908 des fleurs à périanthe trimère, c'est-à-dire dans lesquelles il y avait 3 sépales et 3 pétales.

Ce sont là des caractères bien différents à la fois de ceux du sujet et de ceux du greffon. Ils prouvent, conformément à mes travaux antérieurs, que l'hybride de greffe présente parfois des « caractères plus ou moins intermédiaires entre les deux associés et d'autres caractères dont on serait bien embarrassé pour reconnaître l'origine. »

Si l'on voyait dans les périanthes tétramère et trimère un retour ancestral, il faudrait remonter jusqu'aux Monocotylédones, en passant par les Crucifères et les Papavéracées pour établir la filiation des Rosacées. Ce serait bien étrange.

Les fleurs de ces deux formes m'ont encore offert des caractères plus ou moins intermédiaires entre ceux des fleurs des parents, dans le nombre et la soudure des styles. L'Épine blanche a des styles soudés tandis que le Néflier a 5 styles libres. Dans les fleurs des hybrides, les styles sont au nombre de 1 à 3, et ils sont plus ou moins soudés à partir de leur base, offrant ainsi toutes les transitions entre les caractères propres des deux espèces.

En outre, ces fleurs présentent des caractères tératologiques ou physiologiques sans rapport apparent avec l'hybridation par greffe, et qui sont dus à l'action du déséquilibre de nutrition résultant du bourrelet et des différences de capacités fonctionnelles congénitales ou provoquées par la greffe.

J'ai observé à diverses reprises des fleurs à étamines transformées totalement ou partiellement en pétales, comme j'en ai obtenu à volonté par certains procédés de taille dans le Poirier ou le Pommier. Cette duplicature pourrait sans doute être fixée.

En outre, certaines fleurs de la forme de l'hybride voisine de l'Épine blanche avaient des pétales colorés en rose à des degrés divers.

Les fruits étaient eux-mêmes modifiés. Tandis que le Néflier hybride voisin du Néflier ordinaire donne des nèfles à peu près normales, quoique plus petites et à calice à 5, 4 ou 3 divisions suivant les cas, la forme voisine de l'Épine blanche donne de petits fruits de taille voisine des fruits normaux d'Épine blanche, mais ces fruits ont l'épiderme de la couleur de la nèfle. Quelquefois, à maturité, une teinte rosée se montre sur les parties exposées à la lumière, mais cette coloration est assez rare.

A maturité, j'ai constaté que les premiers blettissent comme les nèfles ordinaires, beaucoup plus facilement que les seconds, sur certains desquels j'ai parfois observé cependant un blettissement partiel.

Les semences sont entourées d'un endocarpe épais et très dur. Elles sont en nombre variable et leur taille est loin d'être sensiblement uniforme comme dans les espèces pures.

Dans la forme de l'hybride voisine du Néflier, j'ai, sur 30 fruits examinés en 1907, année de bonne production de mes greffes, trouvé 5 fruits avec *un* noyau seulement; 21 fruits à *deux* noyaux et 3 fruits à *quatre* noyaux.

La forme voisine de l'Épine blanche a donné 45 fruits, dont 19 à *un* noyau et 26 à *deux* noyaux.

Ces noyaux, mis en stratification puis semés suivant les règles ordinaires, n'ont pas germé au bout de deux ans de soins. Brisés à ce moment, ils ne présentaient point d'embryon bien constitué, et beaucoup étaient vides.

Il est bien probable que ces plantes sont stériles, car, comme on le sait, au Muséum de Paris, des semis analogues, faits vers 1899, n'ont donné aucun résultat.

J'ai fait faire par M. Ch. Laurent l'analyse des feuilles de cet hybride de greffe comparativement avec les francs de pied correspondants.

Le tableau suivant indique les résultats obtenus sur les feuilles de ces plantes.

	NÉFLIER			NÉFLIER DE BRONVAUX						ÉPINE		
				VOISIN DU NÉFLIER			VOISIN DE L'ÉPINE					
COMPOSITION CENTÉSIMALE A L'ÉTAT SEC.												
Cendres	11,26	10,88	11,18	8,46	8,18	8,31	8,57	8,21	8,33	11,20	10,93	11,14
Matières azotées	6,35	6,41	6,38	6,10	5,94	5,97	5,46	5,63	5,58	5,67	5,61	5,72
Extrait éthéré	2,91	2,74	2,87	2,88	2,70	2,83	3,15	3,08	2,91	3,41	3,22	3,48
Cellulose brute	8,41	8,20	8,47	8,45	8,63	8,37	9,28	9,83	9,72	9,94	10,21	9,88
COMPOSITION CENTÉSIMALE DES CENDRES.												
Potasse	14,55	14,66	14,67	12,41	12,64	12,48	11,86	12,05	11,58	13,28	13,91	13,54
Chaux	30,76	31,22	31,17	33,45	33,73	33,49	38,64	38,86	38,40	37,21	36,93	37,40
Magnésie	11,61	11,67	11,54	11,00	11,23	11,09	10,31	10,54	10,33	10,61	10,54	10,47
Oxyde de fer et alumine	3,79	3,71	3,48	2,63	2,69	2,41	1,54	1,47	1,51	1,98	2,28	2,06
Silice	20,80	21,83	20,15	13,81	12,67	13,24	7,70	8,21	7,75	9,84	10,21	9,77
Ac. phosphorique	6,10	6,00	6,17	5,35	5,18	5,21	4,88	4,83	4,93	6,45	6,63	6,59

L'examen de ces chiffres est très intéressant. On remarque que la quantité pour cent des cendres est inférieure aux parents dans les deux formes intermédiaires.

La composition centésimale des cendres se prête aussi à des remarques instructives.

Ainsi la potasse est en moindre quantité dans les formes hybrides; la chaux augmente au contraire par rapport au Néflier pour se rapprocher de l'Épine, en dépassant celle-ci. Pour la magnésie, elle est plus forte que dans le Néflier, mais tout en se rapprochant de l'Épine, elle ne dépasse pas le contenu de cette plante en magnésie.

La silice subit des variations importantes, mais ces variations sont aussi plus ou moins intermédiaires entre les formes parentes, tout en subissant par rapport à chacune d'elles des diminutions sensibles, etc.

La chimie révèle donc parfois, elle aussi, des caractères plus ou moins intermédiaires entre ceux des espèces parentes dans l'hybride considéré et il est probable qu'il en sera de même pour beaucoup d'autres, le jour où l'on étudiera la constitution chimique de ces plantes.

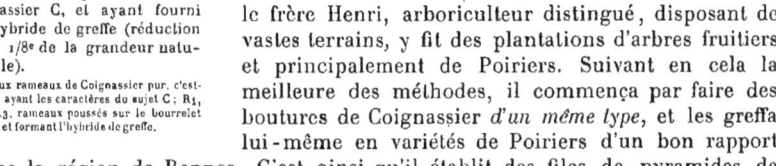

Fig. 143.
Niveau du bourrelet du Poirier Williams P. greffé sur Coignassier C, et ayant fourni l'hybride de greffe (réduction au 1/8ᵉ de la grandeur naturelle).
r les deux rameaux de Coignassier pur, c'est-à-dire ayant les caractères du sujet C; R_1, R_2, R_3, rameaux poussés sur le bourrelet même et formant l'hybride de greffe.

Le Néflier de Bronvaux n'est pas le seul hybride de greffe authentique. Il y en a beaucoup d'autres, eux-mêmes démonstratifs, et qui sont à des degrés divers, des preuves matérielles et vérifiables de l'influence réciproque profonde qu'exercent l'un sur l'autre le sujet et le greffon, tant dans les plantes ligneuses que dans les plantes herbacées.

Je cultive dans mon jardin, avec les deux formes du Néflier de Bronvaux, le Poirier-Coignassier que j'ai découvert dans le jardin de Saint-Vincent, sur des arbres greffés il y a plus de soixante ans et élevés par le frère Henri, un vieux praticien rennais.

L'origine de cet hybride de greffe est bien précise, car on possède « toute l'histoire » de ses générateurs, et pour cette raison, il faut espérer qu'il échappera aux critiques de M. Ravaz.

Je la tiens du frère Henri lui-même, qui me l'a racontée devant plusieurs personnes pouvant en témoigner au besoin.

A son arrivée à l'établissement de Saint-Vincent, le frère Henri, arboriculteur distingué, disposant de vastes terrains, y fit des plantations d'arbres fruitiers et principalement de Poiriers. Suivant en cela la meilleure des méthodes, il commença par faire des boutures de Coignassier *d'un même type*, et les greffa lui-même en variétés de Poiriers d'un bon rapport dans la région de Rennes. C'est ainsi qu'il établit des files de pyramides de Williams qui pendant plus de cinquante ans lui donnèrent toute satisfaction.

Vers 1900, ces pyramides furent atteintes par le Kermès et dépérirent; la plupart manifestaient le phénomène du couronnement, c'est-à-dire se desséchaient par les extrémités.

Ayant lu, dans d'anciens traités d'horticulture, que l'on pouvait donner par le ravalement une nouvelle vigueur aux arbres fruitiers en décrépitude, le frère Henri pratiqua cette opération sur une centaine de pyramides qu'il rabattit à 1ᵐ50 environ du sol.

Les arbres donnèrent des monstruosités diverses, comme il arrive souvent quand, par une taille sévère, on provoque dans une plante le déséquilibre $Cv < Ca$, c'est-à-dire une suralimentation (¹).

(¹) L. Daniel. — *Physiologie végétale appliquée à l'arboriculture*, Rennes, 1902, et travaux divers. — Voir en particulier: *Études expérimentales sur la variation: les facteurs morphogéniques chez les végétaux*, ouvrage en cours de publication dans la *Revue bretonne de botanique*, Rennes, 1909.

Je fus invité à examiner ces anomalies par le frère Henri qui savait que je m'occupais d'études expérimentales sur la production des monstruosités.

Sur un Poirier de Williams, je trouvai au niveau du bourrelet trois rameaux dont l'aspect me frappa. Ces trois rameaux (R_1, R_2 et R_3, *fig. 143*) présentaient des caractères de Coignassier mélangés à des caractères de Poirier. A la fin de la végétation, ces rameaux rappelaient, par leur port érigé et la couleur de leur épiderme, le Poirier plus que le Coignassier. Les feuilles avaient la teinte automnale du Poirier, bien différente de celle du Coignassier.

Leur forme et leur villosité étaient plus ou moins intermédiaires entre celles du greffon et celles du sujet.

On sait en effet que le Coignassier a des feuilles à pétiole court et à limbe entier, non denté. La base est en forme de cœur; le sommet est peu acuminé, et la face inférieure est couverte de poils duveteux qui lui donnent un aspect blanchâtre *(fig. 144)*.

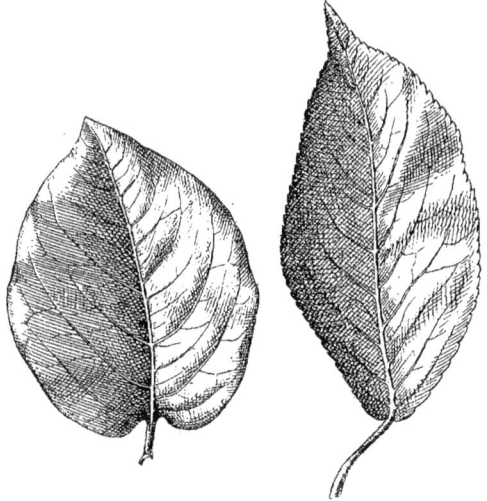

Fig. 144.
Feuille de Coignassier.

Fig. 145.
Feuille du Poirier Williams.

La feuille du Poirier Williams a au contraire un pétiole long; son limbe est denté. La base est lancéolée; le sommet est fortement acuminé et sa face inférieure est glabre et non blanchâtre à l'état adulte *(fig. 145)*.

Les feuilles de l'hybride de greffe sont assez variables, quoique toutes soient, à des degrés divers, intermédiaires entre celles du sujet et du greffon. Les unes sont dentées et acuminées d'une façon très marquée et rappellent davantage la feuille du greffon, bien que les dents soient différentes d'aspect *(fig. 146)*. Les autres sont plus voisines, comme forme, de celles du sujet,

Fig. 146.
Feuille de l'hybride de greffe rappelant la feuille du Poirier.

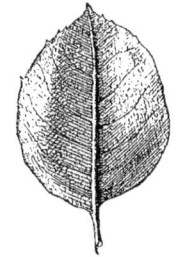

Fig. 147.
Feuille de l'hybride de greffe rappelant la feuille du Coignassier, mais portant quelques dents au sommet.

mais outre la couleur différente automnale, elles portent quelques dents qui rappellent un peu celles du Poirier *(fig. 147)*.

La structure de ces feuilles de l'hybride permet de relever des passages aussi nets entre les caractères anatomiques de la feuille du sujet et ceux de la feuille du greffon ([1]).

Le tableau suivant résume les différences entre les caractères externes et internes des trois catégories de feuilles et de rameaux que je viens de décrire.

---

[1] L. DANIEL. — *Sur un hybride de greffe entre Poirier et Coignassier* (*Revue générale de botanique*, 1904, p. 5).

POIRIER WILLIAMS GREFFON	HYBRIDE DE GREFFE	COIGNASSIER SUJET
Rameau érigé épais.	Rameau érigé assez épais.	Rameau sinueux, grêle.
Épiderme vert brun.	Épiderme vert brun noirâtre.	Épiderme vert noirâtre.
Lenticelles nombreuses.	Lenticelles assez nombreuses.	Lenticelles peu nombreuses.
Poils caducs de bonne heure.	Poils persistants en partie.	Poils la plupart persistants.
Feuilles beaucoup plus longues que larges.	Feuilles presque aussi larges que longues.	Feuilles presque aussi larges que longues.
Feuilles régulièrement dentées.	Feuilles irrégulièrement dentées.	Feuilles entières.
Feuilles nettement acuminées.	Feuilles plus ou moins acuminées.	Feuilles non acuminées.
Feuilles lancéolées aux deux extrémités.	Feuilles souvent lancéolées aux deux extrémités.	Feuilles légèrement cordiformes à la base.
Feuilles glabres à l'âge adulte.	Feuilles assez velues à l'âge adulte.	Feuilles très velues à l'âge adulte.
Pétiole long.	Pétiole court.	Pétiole court.
Nervure biconvexe.	Nervure biconvexe.	Nervure convexe à la face inférieure, concave à la face supérieure.
Parenchyme lacuneux, dense, arrondi.	Parenchyme lacuneux à méats assez larges, à cellules peu rameuses.	Parenchyme lacuneux à larges méats et cellules très rameuses.
Épidermes de même épaisseur.	Épidermes d'épaisseurs différentes.	Épidermes d'épaisseurs différentes.
Épiderme inférieur à membranes rectilignes.	Épiderme inférieur à membranes sinueuses.	Épiderme inférieur à membranes sinueuses.
Collenchyme très développé.	Collenchyme bien développé.	Collenchyme assez développé.
Faisceau libéroligneux en arc aplati.	Faisceau libéroligneux en arc aplati.	Faisceau libéroligneux en arc plus fermé.
Cristaux peu nombreux.	Cristaux assez nombreux.	Cristaux nombreux.

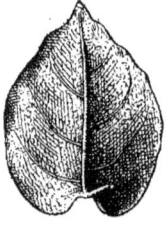

Fig. 148.

Feuille provenant des rameaux *r* du sujet, et ayant les caractères du Coignassier pur, mais de taille plus petite.

Ajoutons enfin que l'on trouvait au-dessous du bourrelet deux rameaux *r (fig. 143)* portant des feuilles de Coignassier pur, bien que de plus faible taille *(fig. 148)* et que le greffon n'était pas modifié dans ses caractères. Sous ce rapport, l'hybride de greffe était donc aussi probant que le Néflier de Bronvaux, et bien que j'aie publié mes observations en 1904, les adversaires de l'hybridation par la greffe ont systématiquement ignoré cette variation et personne d'entre eux n'a demandé à la voir et à l'étudier !

J'ai, depuis 1904, multiplié le rameau hybride par sa greffe sur Coignassier. J'ai constaté qu'au début de la pousse, la plante a des caractères de Coignassier, avec des bourgeons terminaux plus gros et assez particuliers. Ce n'est qu'à l'âge adulte que les feuilles acquièrent les caractères voisins du Poirier et à l'automne, au moment de la chute, le caractère du Poirier prédomine.

Bien que j'aie cultivé la première année la greffe en pot, que j'aie rempoté cette greffe l'année suivante, pour la transplanter en pleine terre en 1908, je n'ai pas encore obtenu de fleurs. Je l'ai à nouveau transplantée en 1909 et j'attends le résultat. Mais il est fort probable, malgré mes soins, que la floraison se fera attendre et que cette plante nouvelle se comportera à la façon de l'hybride de greffe entre Épine blanche et Poirier, observé par M. Ville (¹) et dont celui-ci dut attendre si longtemps la fructification.

On sait que, en 1896, cet auteur a décrit un hybride de greffe entre Poirier et Aubépine. Les feuilles sont celles du Poirier, et les fleurs sont disposées en grappes ou en corymbes rameux comme dans l'Épine blanche. Les fruits pyriformes ont la couleur de la poire, mais leur goût est mixte et intermédiaire entre la saveur des fruits du sujet et de ceux du greffon.

Mais la mise à fruit de cette plante anormale n'eut lieu qu'après plus de quinze années de culture. Ce résultat ne peut surprendre celui qui connaît l'influence si profonde de la greffe sur la fonction de reproduction (²), celle-ci pouvant être avancée ou retardée, exaltée ou diminuée suivant les cas considérés. Semblable retard s'observe d'ailleurs parfois dans les hybrides sexuels et l'on connaît même des hybrides d'Orchidées qui se sont jusqu'ici refusés à donner des fleurs, malgré tous les soins apportés à leur culture.

M. N. Beck, en 1895 (³), a observé sur une greffe de Groseillier sur Groseillier doré des fruits intermédiaires entre les deux variétés greffées.

En 1904 (⁴), M. G. Martinet, a observé, à Mont-Calme, en Suisse, « une greffe de trois ans de Sorbier à fruits doux sur Aubépine, sur laquelle une des brindilles inférieures du greffon portait autour de son bourgeon terminal deux feuilles de Sorbier et une troisième feuille ayant la forme des feuilles de l'Aubépine. »

« M. John Booth (⁵), propriétaire à Gross-Lichterfelde, près de Berlin, cite, dans le *Bulletin de la Société dendrologique d'Allemagne*, deux exemples curieux d'influence du sujet sur le greffon. Il avait fait greffer le *Pinus excelsa* (Pin pleureur de l'Himalaya), d'une part, sur le *Pinus Cembra* (Arolle); d'autre part, sur un *Pinus Strobus* (Pin du Lord, des États-Unis). Chacun de ces exemplaires a pris un port tout à fait analogue à celui de l'espèce employée comme sujet, et M. Booth dit que tout le monde, au premier examen, prenait le premier pour un *Pinus Cembra* et le second pour un *Pinus Strobus*. »

Les faits suivants, rapportés par M. Bernard (⁶), à propos des *Citrus*, viennent à l'appui des transmissions des caractères de rusticité ou de résistance constatés sur d'autres plantes par Thouin (⁷), par moi-même (⁸) pour les plantes herbacées, et par divers auteurs pour la vigne ainsi qu'on le verra plus loin.

« L'influence du *Citrus triptera*, dit-il, est nulle quand on greffe directement sur lui les Orangers à bons fruits; peut-être n'en sera-t-il pas de même en greffant d'abord sur racine de *Citrus triptera* quelques variétés de mes hybrides et en surgreffant sur ces derniers des variétés précoces et des plus résistantes (⁹).

» Voici sur quoi repose cette hypothèse et ce qui me permet d'espérer que ce procédé pourra donner quelques bons résultats.

(¹) WILLE. — *Früchte und Blatter eines Pfropfbastardes von einer auf Weissdorn vere delten Birne* (*Biolog. Centralblatt*, 1896).
(²) Voir plus loin les passages consacrés à cette influence.
(³) N. BECK, cité par M. G. Martinet dans le mémoire cité ci-dessous.
(⁴) G. MARTINET. — *Un cas d'influence du sujet sur la greffe ; hybrides de greffe* (*Chronique agricole du canton de Vaud*, Lausanne, 25 janvier 1904).
(⁵) G.-T. GRIGNAN. — *Influence du sujet sur le greffon* (*Revue horticole*, 16 mars 1908, p. 123). — Des changements de port ont déjà été signalés dans d'autres plantes par Thouin, Baltet, etc.
(⁶) A. BERNARD. — *Du Citrus triptera comme porte-greffe* (*Revue horticole*, 16 mars 1908, p. 140).
(⁷) THOUIN. — *Monographie des greffes*, Paris, s. d.
(⁸) L. DANIEL. — *Influence du sujet sur la postérité du greffon*, Le Mans, 1895, etc.
(⁹) C'est en somme une application aux *Citrus* de ma méthode du perfectionnement systématique des végétaux par la greffe.

» Dans le nombre de mes Orangers hybrides, il s'en est trouvé de très sensibles au froid, entre autres les n°^{os} 15, 16 et 20 qui, francs de pied, ne peuvent pas supporter plus de 7 à 8° au-dessous de zéro. Au printemps 1904, je posai quelques greffons des n°^{os} 15, 16 et 20 sur de très jeunes sujets de *Citrus triptera*, pensant que comme ces hybrides sont des demi-sang du *Citrus aurantium* et du *Citrus triptera*, ce dernier pourrait leur communiquer une partie de sa rusticité.

» L'hiver de 1905-1906 fut le plus rigoureux que j'aie observé dans notre région ; le thermomètre centigrade descendit pendant plusieurs nuits à 10° et 12° au-dessous de zéro et une nuit même à — 14°. Les greffons numéros 15 et 16 résistèrent jusqu'à — 11° et — 12°, mais ils ne purent supporter — 14° de froid que nous subîmes quelques jours après.

» Quant au numéro 20, l'influence du porte-greffe a été plus grande encore, car il supporta sans le moindre mal 14° de froid, et peut-être aurait-il pu braver une température plus basse encore.

» D'après ces résultats, il n'est pas trop chimérique d'espérer arriver, par le surgreffage, à gagner quelques degrés de rusticité, ce qui permettrait la culture en plein air de l'oranger à bons fruits dans ces contrées où cet arbre, aussi utile qu'ornemental, ne peut réussir sans abri. »

Dans le genre Rosier, l'on a observé des cas également remarquables. M. Laperrière, rosiériste à Champagne-au-Mont-Dore, près Lyon, possédait un Rosier de Fortune à fleurs blanches sur lequel il greffa un Rosier Ophirie à fleurs rouge cuivré à reflets roses. Sur ce greffon il obtint des rameaux portant des fleurs de teintes variées, mais présentant tous les intermédiaires entre les teintes propres des fleurs du sujet et des fleurs du greffon. Ces variations écussonnées, n'ont pas été très constantes ; elles n'ont pu jusqu'ici être fixées, et la greffe semble dans ce cas avoir donné lieu à une sorte de variation désordonnée, dont je citerai plus loin d'autres exemples [1].

Je dois au même rosiériste d'autres observations dont j'ai pu pour la plupart contrôler l'exactitude dans son jardin.

Parmi les plus intéressantes, il faut signaler la greffe de *Eugène Furst* (hybride remontant) sur *Aimé Vibert* (Noisette Sarmenteux). *Eugène Furst* est une variété qui donne ordinairement beaucoup de graines fertiles ; *Aimé Vibert* est stérile.

En 1905, le greffon *Eugène Furst* a fleuri deux fois, mais si les fruits ont noué, ils sont tous tombés sans donner de graines.

L'année suivante, le greffon a porté une quarantaine de fleurs dont deux seulement étaient fertiles et fournirent 92 graines, mais celles-ci étaient mal formées et incapables de germer. Semées en 1907, en même temps que d'autres graines ordinaires et ayant reçu les mêmes soins, aucune n'a germé. Cet insuccès montre d'une façon fort nette l'influence du sujet sur la fécondité du greffon.

Ce résultat est encore corroboré par la manière dont s'est comportée une greffe de *Souvenir du Président Carnot* (hybride de thé) greffé sur *Viridiflora* (Bengale). Le greffon, en 1905, donna une fleur de 16 centimètres et demi de diamètre, absolument extraordinaire comme dimensions, bien que la plante n'eût reçu aucun engrais, ni aucun soin capable de la pousser à la grande fleur. Le greffon aurait été laissé pousser librement.

Sur le greffon, M. Laperrière récolta 4 graines, qui avaient bonne apparence : aucune d'elles ne germa. Or le sujet ne graine jamais, et l'on est d'autant plus fondé à voir dans ce fait une influence du sujet sur le greffon que, dans mes

---

[1] Vu l'état de *variation potentielle* de la plupart des variétés de Rosiers, il est en général difficile de *fixer* leurs variations, quelle qu'en soit l'origine, en dehors du croisement sexuel.

greffes herbacées ayant varié dans le sens du sujet, j'ai signalé souvent la malformation des graines (¹).

Un autre résultat intéressant a été obtenu avec les Rosiers *Crimson Rambler* et Mme *Norbert Levavasseur*, par M. Laperrière père. Celui-ci, qui possédait dans une de ses pépinières deux pieds de *Crimson Rambler*, était ennuyé de voir que ces plantes ne remontaient pas. En 1906, il posa sur elles une dizaine d'écussons du Rosier Mme *Norbert Levavasseur*, qui est remontant; il espérait ainsi obtenir des fleurs à une époque où le *Crimson Rambler* n'a plus que du feuillage.

A sa grande surprise, aucun greffon ne remonta, bien qu'il eût fleuri normalement au printemps 1907. L'année suivante, il n'y eut pas davantage de deuxième floraison, et le greffon avait ainsi perdu deux années de suite la propriété remontante sous l'influence d'un sujet non remontant.

Le fait a été vérifié par M. Viviand-Morel, qui a reproduit les mêmes résultats avec les mêmes greffes et qui, en rapportant son expérience, concluait par le proverbe :

<blockquote>Dis-moi qui tu hantes, je te dirai qui tu es.</blockquote>

Des variations causées par la greffe dans le genre rosier ont encore été signalées par d'autres observateurs : deux surtout méritent d'être décrites ici.

M. Barbier, de Charmay (Yonne), m'envoyait en 1904 des boutures d'un rosier connu dans son pays sous le nom de *Rosier de Mai* et qui avait varié sous l'influence de la greffe, d'une façon très prononcée.

Le franc de pied est épineux, à feuilles velues non vernissées et il donne au mois de mai une quantité de petites roses, de couleur rose tendre et de 3 à 4 centimètres de diamètre.

Greffé sur églantier, à tige verte et à feuille vernissée glabre, l'un des greffons donna des roses un tiers et demi plus volumineuses; les feuilles étaient plus grandes, vernissées et glabres. Le bois du franc de pied était vert sombre à revers presque brun; dans la variation ce bois était d'un vert plus net et plus brillant, et les épines nombreuses avaient disparu. Enfin, ce greffon fournit une deuxième floraison et devint ainsi remontant.

La variation bouturée s'est maintenue, non seulement dans l'Yonne, mais cultivée à Rennes, comparativement avec le franc de pied, elle s'est aussi conservée intégralement.

Tout aussi instructif est le cas suivant que j'ai, deux années de suite, pu contrôler en qualité de secrétaire d'une Commission nommée à cet effet par la Société centrale d'horticulture d'Ille-et-Vilaine. Voici le procès-verbal qui fut rédigé lors de la première visite de cette Commission (²).

« Le 5 juillet 1903, la Société centrale d'horticulture d'Ille-et-Vilaine nommait une Commission à l'effet de visiter chez M. Ripert, vice-président de cette société, un rosier *Duchesse Mathilde* qui avait présenté une variation singulière.

» Le rosier en question a été écussonné en tête sur églantier en 1899. Pendant les années 1900 et 1901, il n'a rien présenté d'extraordinaire et a porté de belles roses blanches, en tout semblables au type que chacun connaît. En 1902, au moment de la première floraison, un des rameaux du greffon fournit trois fleurs curieuses, moitié roses, moitié blanches. Ce phénomène très remarquable de séparation des couleurs intéressa vivement M. Ripert, qui chercha à conserver la variation et à l'accentuer, si possible, en ne conservant que le rameau aberrant.

(¹) Nous verrons plus loin, pour la Vigne, que le greffage favorise les monstruosités de l'ovaire : cela a été démontré par un de mes élèves, M. Colin, à propos du 580 Jurie. Je montrerai plus loin que certaines greffes conduisent aussi au millerandage.

(²) L. Daniel, *Sur un cas de disjonction dans un hybride de Rosier (Bulletin de la Société centrale d'Horticulture d'Ille-et-Vilaine*, 1903).

De cette façon il espérait obtenir aussi des bourgeons mieux constitués en vue de la greffe en écusson, car, c'est là un fait que j'ai constaté bien souvent avec regret, les rameaux qui présentent une variation dans le rosier possèdent des bourgeons extrêmement pointus, allongés, qui ne reprennent pas ou reprennent mal par écusson. Mais, sous ce rapport, ses espérances ne se réalisèrent pas. A la deuxième floraison, le rameau porta des bourgeons insuffisants pour l'écussonnage et il se couvrit uniformément de fleurs blanches et de fleurs roses. La séparation des couleurs était alors complète et l'ensemble du rosier présentait un aspect original.

» Au moment où la Commission a visité ce rosier l'année suivante, en juillet 1903, le greffon portait 17 fleurs blanches rappelant la *Duchesse Mathilde* et 12 fleurs roses bien curieuses en ce sens que, quoique semblables comme forme générale, elles présentaient des teintes différentes d'un rose qui offrait dans quelques-unes la plus grande analogie avec la rose *Bougère*.

» Ce qu'il y a d'intéressant dans la variation qui vient d'être décrite, c'est que *Duchesse Mathilde* a été précisément obtenue, en 1861, par M. Gabriel Vogler dans un semis de *Bougère*.

» L'on sait que les hybrides présentent souvent le phénomène connu sous le nom de *disjonction des caractères* des parents sous l'influence de la culture en général et de la greffe en particulier. Ce phénomène se présentant ici, il y a donc tout lieu de croire que *Duchesse Mathilde* est un hybride de *Bougère*, fécondé par une variété blanche. D'ailleurs, pratiquement, l'origine du phénomène reste quelque peu secondaire. Mais il a paru à la Commission suffisamment intéressant pour être fixé, si possible, par les moyens ordinaires de l'écusson ou du bouturage. Il serait, en effet, bien curieux de posséder ce rosier donnant des roses de teintes différentes sur un même pied. A l'unanimité, elle a adressé ses félicitations à M. Ripert; elle l'a vivement engagé à essayer la fixation définitive de la variation et à en communiquer ultérieurement les résultats. »

Malheureusement un coup de vent brisa, l'année suivante, la branche qui avait fourni la variation, et depuis aucune pousse analogue n'est apparue sur le greffon.

Le rosier Duchesse Mathilde montre la disjonction de caractères parentaux, et l'apparition de formes intermédiaires comme dans le cas du Néflier de Bronvaux.

Mais le plus souvent les variations spécifiques ne sont pas aussi complètes; parfois les plantes greffées présentent exclusivement, soit des retours ancestraux, soit des caractères nouveaux, soit enfin des formes plus ou moins intermédiaires.

Il est facile d'en trouver des exemples.

La rose *Merveille de Lyon* est une forme blanche de la rose *Baronne de Rothschild*, due très probablement à la greffe, bien que son origine n'ait pas été nettement établie [1]. L'on sait toutefois qu'elle ne provient pas du semis.

Je l'ai cultivée pendant deux ans, sur Églantier, dans mon jardin de Rennes, où elle est restée parfaitement blanche. La troisième année, sans cause apparente, elle a repris tous les caractères de la *Baronne de Rothschild* type et les a conservés depuis.

D'autres Rosiers donnent lieu à des variations d'origine plus douteuse, où l'influence ancestrale peut cependant se faire sentir, vu que l'origine d'un grand nombre de variétés de roses est des plus problématiques comme croisement. J'ai obtenu des variations curieuses dans la forme et le coloris des roses *Souvenir d'un ami*, *Colonel Juffé*, etc., qui ont subi après la greffe des décolorations partielles, et de la rose *Captain Christy*, devenue panachée et chiffonnée d'une façon très caractéristique [2].

[1] Viviand-Morel. — *La Rose « Baronne A. de Rothschild », ses sports et l'influence de la greffe sur leur production* (Lyon horticole, 15 avril 1904).
[2] L. Daniel. — *C. R. de l'Acad. des Sciences*, 1906.

Enfin, les transmissions de caractères du sujet au greffon dans les cas de surgreffe mixte ont été observés à plusieurs reprises, et il est bon de les rappeler ici, vu qu'ils ont été négligés par les adversaires de l'influence réciproque du sujet et du greffon, malgré la notoriété de ceux qui les ont rapportés.

Le comte Odart (¹), un ampélographe dont les viticulteurs ne nieront ni la compétence ni la probité, écrivait, à propos du semis des pépins de vigne dont il avait obtenu de médiocres résultats, ces lignes intéressantes :

« Pour prouver qu'il n'y a pas d'opposition systématique de ma part dans mon opinion peu favorable sur la propagation de la vigne par semis, je me permettrai d'indiquer un mode d'expérimentation sur lequel une longue vie d'observations peut appeler l'attention. Je crois qu'on aurait la chance la plus sûre d'obtenir quelque gain remarquable en semant les pépins de raisin d'un cep greffé sur une souche d'une excellente espèce, par exemple des pépins de Chasselas, d'Ulliade noire, de Panse précoce, greffés sur Muscat, ainsi que j'en possède à mes espaliers. Je n'imagine rien de plus efficace pour le mélange des races que cette réunion de greffes sur une même souche. Ma Panse, ou raisin des Dames, n'est qu'à un double décimètre d'un raisin précoce de Madère, et ils sont tous deux greffés sur le même membre d'un vieux Muscat blanc, dont un autre membre est greffé de deux autres espèces, ce qui n'empêche pas qu'une autre encore produise des raisins propres à la souche.

» Comment donc, avec la conviction que j'ai acquise de l'influence du sujet sur les productions de la greffe et aussi du mélange des sèves, cet espoir d'obtenir quelque variété améliorée par le résultat de la confluence des sèves et du mélange du pollen ne découlerait-il pas naturellement, surtout des pépins de la belle Panse jaune, sur les raisins de laquelle les deux circonstances ci-dessus devraient nécessairement exercer une influence complexe ? »

Le comte Odart ne se bornait pas à exposer simplement des vues de l'esprit, comme on pourrait croire.

« A l'appui de ce conseil, ajoutait-il, il ne me paraît pas inutile d'exposer un fait singulier résultant de la confluence des sèves et sur l'authenticité duquel je pourrais produire des témoignages incontestables

» A quelques pas de mes espaliers existait depuis longtemps un beau Rosier, d'autant plus vigoureux que le sujet était venu sur place.

» Ce sujet était divisé en quatre membres greffés chacun d'une manière différente : l'un, en *Noisette Bougainville*, d'un rouge sang de bœuf ; un autre, en *Noisette Madame Després*, d'un beau rose ; le troisième, en *Thé Després*, d'un rose légèrement soufré ; le quatrième est un *Noisette Aimé Vibert*, d'un blanc pur.

» La plupart des bouquets de *Rose Bougainville* avaient des fleurs dont quelques pétales étaient blancs ; quelques-uns étaient d'une nuance plus claire que celle du type ; enfin un bouquet de la belle tête de ce même Rosier, du même membre de ce Rosier portant une centaine de roses *Noisette Bougainville*, avait des roses complètement pareilles à celles du membre greffé en Rosier *Noisette Madame Després*. Les deux membres les plus récemment greffés n'avaient éprouvé aucune variation. »

Et le comte Odart termine par ces lignes :

« Je laisse au lecteur le soin de tirer les conséquences probables du semis des graines qui seraient provenues de ces fleurs variées (²). »

(¹) Comte ODART. — *Ampélographie universelle*, 5ᵉ édition, p. 59. Paris, 1862. — Voir L. DANIEL, *Greffe et Hybridation* (*Lyon horticole*, 31 août 1905).

(²) J'ai fait semer par M. Laperrière fils, de Lyon, des graines provenant du Rosier *Antoine Rivoire* sur lequel j'avais provoqué des anomalies par la greffe suivie d'une taille appropriée. Sur 19 graines récoltées, 5 ont donné des variétés nouvelles intéressantes qui seront mises au commerce par l'habile rosiériste de Lyon.

Darwin (¹), qui a admis l'hybridation par greffe, bien que M. Ravaz (²) l'ait classé parmi les adversaires de ce genre de variations, rapporte qu'un horticulteur anglais avait greffé un *Rosa devoniensis* sur un *Rosier de Banks* à fleurs blanches.

Au niveau de l'écusson, en dehors des branches fournissant les roses types des deux variétés, il poussa une troisième branche qui tenait à la fois du sujet et du greffon. Cette variation fut présentée à la Société royale d'horticulture de Londres et le docteur Lindley, dont la compétence botanique et horticole est bien connue, conclut alors à un mélange des deux roses greffées.

« Il paraîtrait, dit Darwin, que la rose de *Banks* affecte quelquefois les autres variétés; sans ce renseignement on aurait pu croire que cette variété nouvelle était due à une variation de bourgeons et s'était accidentellement manifestée au point de jonction des deux anciennes ».

J'ai moi-même décrit et observé un cas analogue observé à Rennes, chez un amateur, M. Baudet. Un rosier *Homère*, surgreffé avec le rosier *Sylphide*, fournit une pousse plus ou moins intermédiaire entre les deux variétés surgreffées (³).

En somme, on voit que les greffes du genre Rosier, présentées souvent comme l'image de la stabilité parfaite, donnent au contraire parfois des variétés nouvelles, sans parler des nombreuses monstruosités de l'appareil végétatif ou de l'appareil reproducteur (⁴). Les caractères ainsi obtenus sont, tantôt plus ou moins intermédiaires à ceux du greffon et du sujet, comme si la greffe réalisait une nouvelle mosaïque ou une nouvelle combinaison de l'hybride, tantôt ils réalisent une sorte de dédoublement des caractères parentaux; tantôt enfin des caractères nouveaux apparaissent ou des caractères existant avant la greffe disparaissent dans le sujet ou le greffon.

La famille des Rosacées possède d'autres genres greffés aussi de temps immémorial: tels sont les arbres fruitiers à noyau et à pépins. Les variations observées sont également nombreuses dans les cultures.

Luther Burbank (⁵) rapporte le fait suivant:

« *Il y a*, dit-il, *une proche et remarquable analogie entre l'hybridation et le greffage.*

» Ayant rapporté de France un Prunier *(Prunus myrobolana,* var. *Pissardi)* dont il n'y avait pas d'autre spécimen en Amérique, je le greffai sur le Prunier de Kelsey, une variété de *Prunus triflora*. Le greffon lui-même ne fleurit pas, mais la présence de ce greffon produisit chez le sujet un *croisement* des deux espèces. C'est le seul cas qui soit à ma connaissance (⁶) dans lequel le greffon ait affecté le système reproducteur de la plante, formant ainsi un croisement entre des formes qui n'avaient jamais été jusqu'ici croisées. Plusieurs centaines de descendants de ce croisement sont actuellement en vie. »

Il est inutile de revenir sur les faits cités, à propos de Pêchers ou de Cerisiers, par Downing (⁷) ou par Knight (⁸) et Thouin (⁹) dont j'ai déjà parlé (¹⁰). Mais il est nécessaire de faire quelques nouvelles remarques sur les résultats de la surgreffe du Poirier, car dans ces derniers temps on a essayé d'embrouiller la

---

(¹) Darwin.— *La variation des animaux et des plantes.* Paris, 1868.
(²) Ravaz. — *Loc. cit.*
(³) L. Daniel. — *Les variations spécifiques.* Lyon, 1901, p. 40.
(⁴) L. Daniel. — *Essais de Tératologie expérimentale,* 1906-1907, etc.
(⁵) D'après la *Tribune horticole,* 1907.
(⁶) On en a décrit cependant beaucoup d'autres (voir L. Daniel, *Influence du sujet sur la postérité du greffon,* Le Mans, 1895, etc.).
(⁷) Cité par Darwin, *loc. cit.*
(⁸) Knight. — *Observations on the Grafting of trees,* 1795, etc.
(⁹) Thouin. — *Monographie des greffes.* Paris, 1821.
(¹⁰) L. Daniel. — *Premier fascicule de cet ouvrage,* p. 29.

question, sans doute pour atténuer l'effet des critiques que j'ai été amené, par l'étude impartiale des faits, à faire de la reconstitution du vignoble.

Déjà, au Congrès de Lyon, quand, dans mon rapport, je signalais les variations de poires obtenues par MM. Millot (¹), Lorge (²) et Reuzé (³), un horticulteur-pépiniériste, M. Gaillard, m'objecta qu'il avait, depuis plus d'un demi-siècle, greffé des Poiriers sur Coignassier sans obtenir de poires à goût de coing. L'objection eût pu m'être faite si j'avais accepté complètement les idées des Anciens. Ce n'était pas le cas. En quoi semblable fait négatif prouvait-il que les changements spécifiques que je signalais et qui ne portaient pas sur le goût de coing n'étaient pas exacts? Pourquoi ce choix arbitraire d'un caractère de saveur mixte qu'on n'avait pas même obtenu à cette époque par hybridation sexuelle de ces arbres? Il n'eût pas été plus difficile alors de prétendre que le croisement sexuel n'amenait lui-même aucun changement spécifique.

Ce qu'il y a de remarquable, c'est que l'on a, depuis, signalé des croisements sexuels de Coignassier et de Poirier et que les poires de l'un des hybrides ont le goût de coing. L'on a vu que le Poirier-Coignassier de Rennes, hybride de greffe, se rapproche des deux parents comme appareil végétatif et il y a bien des chances pour qu'il en soit de même de l'appareil reproducteur.

En outre, l'on a obtenu, par greffe ou surgreffe, des variations spécifiques fort nettes, parmi lesquelles je décrirai celles décrites par M. Lafond, par M. Nomblot, par M. Passy, par M. Millot et par moi-même.

M. Lafond, propriétaire, à Puygareau, dans le Poitou, avait créé un verger très étendu comprenant plus de 1,000 poiriers achetés chez divers pépiniéristes. L'un de ces poiriers fournit des rameaux feuillés dont l'aspect était particulier et a vigueur grande. Il donna de larges fleurs et des poires fort belles à forme assez voisine du coing, à goût spécial, et à épiderme tacheté à la façon du fruit du Coignassier du Japon.

M. Lafond envoya ces poires, qu'il appelait des poires-coings, à la Société nationale d'horticulture de France, et l'on constata que ce type de poires n'existait nulle part ailleurs. Il m'en envoya également avec des rameaux feuillés, et je pus moi-même vérifier le fait. Pour M. Lafond, cette variété provenait d'une fécondation du Poirier par le Coignassier, fécondation qui aurait par hasard réussi. Je cite cette opinion pour mémoire, vu son invraisemblance. Pour que cela eût pu se passer, il eût fallu que l'on eût semé les pépins de la poire accidentellement croisée et que l'on eût pris les écussons sur le jeune plant de semis. Si l'horticulteur avait fait une telle opération, il n'eût pas livré au commerce son semis avant de l'avoir jugé et d'en avoir tiré un parti lucratif.

Les variations, à la suite de la greffe, apparaissent fréquemment d'ailleurs sur les arbres de nos jardins. J'en ai observé un exemple bien net sur un Beurré d'Aremberg cultivé en espalier. Sur l'une de ses branches, on remarquait trois poires de forme différente. L'une avait le type normal comme grosseur, forme, couleur de l'épiderme et saveur de la chair *(fig. 142,* 1, pl. hors texte*)* ; la seconde *(fig. 142, 2)* se rapprochait du Coignassier ; enfin la troisième était de forme très différente des deux premières ; son épiderme brunâtre et rugueux, sa chair grenue et dure, sa forme ramassée en faisaient un type tout particulier *(fig. 142, 3),* sans rapport avec les deux poires précédentes.

M. Nomblot a décrit, en 1906 (⁴), de curieux résultats du greffage siamois. « De très intéressantes variations, dit-il, dues à l'influence du greffage, ont

---

(¹) Millot. — *Poires nouvelles obtenues par le surgreffage (Revue horticole,* 16 août 1899).
(²) Lorge. — *A propos de l'influence du sujet sur le greffon (Revue horticole,* 16 octobre 1899).
(³) L. Daniel. — *Les variations spécifiques.* Lyon, 1901.
(⁴) Nomblot. — *Un curieux effet de la greffe en approche (Le Jardin,* 20 décembre 1906).

maintes fois déjà été constatées. La suivante, qui vient d'être relevée dans les pépinières de M. Beaumont, paraît être une confirmation de la variation asexuée, dans laquelle certains voient un nouveau moyen de créer des variétés.

» En un contre-espalier planté il y a douze ans, à Bellenaves, dans un terrain argilo-calcaire, il avait été, il y a six ans, placé un *Beurré Mme Chaudy* sur franc pour combler un vide. De suite, cette variété se fit remarquer par sa vigueur, tandis que ses voisins, l'un le *Baron de Caters*, et l'autre, le *Beurré superfin*, poussaient peu dans ce sol qui paraît peu convenable à la végétation régulière du Coignassier, sujet sur lequel ils sont greffés. Pour chercher à les faire profiter de la vigueur de *Mme Chaudy*, il fut fait, il y a trois ans, des greffes en approche entre ces différentes variétés.

Fig. 149.

Belle-de-Beaumont n° 99.

» Or, on constata cette année que des branches greffées par approche soit au *Baron de Caters*, soit au *Beurré superfin*, portaient des fruits très différents de ceux des autres branches du même arbre. Sur la branche greffée avec le *Baron de Caters* se trouvait une poire bien particulière; malheureusement ce fruit, attaqué par le Carpocapse, tomba avant sa maturité normale qui semblait cependant être bien en avance sur les autres fruits du même arbre. Sur l'autre branche greffée sur *Beurré superfin*, on récolta deux fruits, l'un situé au-dessus de la soudure de la greffe siamoise, l'autre au-dessous et sur la même branche.

» Examinés dans leurs caractères extérieurs et intérieurs, les deux fruits provenant de la branche greffée sont dans un état de maturation qui est en avance d'au moins dix jours sur celui des poires types; la finesse de l'épiderme et l'intensité de la coloration de la partie ensoleillée, très marquée chez les deux poires provenant de la branche greffée ne paraissent pas devoir se manifester chez les fruits types, qui sont à peau vert sombre, fortement lavée de brun et pointillée de gris, tachée de roux fauve à l'insolation.

» Pour la forme de ces différents fruits, rien de saillant n'est à remarquer.

» Quant à la chair, elle paraît nettement plus fine et plus juteuse chez le fruit supérieur à la greffe que chez les autres; les loges sont plus petites et dépourvues d'une enveloppe de partie granuleuse bien marquée chez le fruit type.

» L'œil et le pédoncule n'offrent pas de particularité à noter. »

Des variations s'observent aussi parfois à la suite de certains greffages siamois naturels. M. Cornuault, de Chantilly, a trouvé en avril 1899, sur les bords de l'Oise, un Saule possédant à la fois des caractères du *Salix cinerea* et du *Salix alba*; il a décrit ce Saule comme une espèce nouvelle sous le nom de *Salix divaricata* ([1]). Or, M. Camus, le spécialiste connu, et M. Cornuault, en examinant de plus près cette espèce sur place, constatèrent avec surprise qu'elle provenait d'une sorte de greffe siamoise fortuite avec un *Salix alba*.

Plus récemment, M. Passy ([2]) a signalé de nombreuses variations de poires

---

([1]) *Bulletin de la Société botanique des Deux-Sèvres*, 1899.

([2]) Passy, in *Journal de la Société nationale d'horticulture de France*, *Le Jardin*, *Revue horticole*, etc.

survenues à la suite de surgreffages. Mais comme ces variations n'ont point été exactement intermédiaires entre les deux variétés surgreffées, il en conclut que mes théories sont inexactes et que l'influence du sujet sur le greffon n'existe pas.

Cette conclusion repose sur une conception fausse de mes théories, car je n'ai pas dit que les variations de greffe étaient exactement intermédiaires entre le sujet et le greffon, pas plus que je ne les ai présentées comme étant toujours intermédiaires entre ces deux plantes. J'ai comparé les effets de la greffe à ceux de l'hybridation sexuelle, et on ne peut pas plus arguer de variations ne rappelant ni le sujet ni le greffon pour repousser l'hybridation asexuelle, qu'on ne peut invoquer l'apparition de caractères non parentaux dans l'hybride sexuel pour nier le croisement qui a engendré celui-ci.

Et il est toujours amusant de voir un adversaire de la variation par la greffe, un partisan déterminé de l'immutabilité des plantes greffées, invoquer, à l'appui d'une *stabilité* aujourd'hui bien ébranlée, des faits de *variation* qui la compromettent davantage encore.

Cette méthode n'a toutefois pas le mérite de la nouveauté, bien qu'elle soit chère à divers écrivains agricoles et viticoles dont j'ai rappelé les opinions ou les travaux. C'est ainsi qu'opérait autrefois le métaphysicien Malebranche. Ce philosophe, voulant démontrer que les animaux étaient dépourvus de sensibilité, donnait en public un grand coup de pied dans le ventre de son chien en disant : « *Cela ne sent pas !* » Et *cela* s'enfuyait en hurlant, manifestant ainsi la douleur ressentie, sans que Malebranche, obstiné dans son système, se rendît à l'évidence...

Fig. 150.
Rousselet de Reims greffé sur Beurré d'Aremberg.

Dans un travail récent ([1]), M. Millot vient de montrer, d'une façon très précise et très probante, que l'on peut obtenir des variétés de poires par surgreffage.

Sur un vieux *Bon Chrétien* d'hiver, en espalier, M. Millot plaça, en 1882, deux greffons de *Beurré gris*. La première fois que cet arbre porta, il fournit du *Beurré gris*. L'année suivante, il donna des poires allongées dans le sens d'une poire de *Curé*, et à la dégustation elles avaient un goût différent du *Bon Chrétien* et du *Beurré gris*.

Trouvant quelque mérite à cette variété nouvelle, M. Millot la propagea sous le nom de *Belle-de-Beaumont* n° 1, et l'ayant surgreffée sur cinq sujets jeunes, il obtint des variations nouvelles dans quelques cas. Sur *Curé*, il obtint la *Belle-de-Beaumont* n° 99, (fig. 149) qui diffère essentiellement du *Beurré gris* dont elle tire son origine. Une autre greffe de *Curé* donna à la fois du Beurré gris et de la Belle-de-Beaumont n° 1.

M. Millot fit encore d'autres greffages. Sur un vieux Beurré d'Aremberg, il posa des écussons de *Rousselet de Reims* et de *Passe-Crassane*.

La greffe de *Rousselet de Reims* donna un fruit qui ne ressemble, ni comme forme, ni comme goût, ni comme maturité, à la variété type, ainsi que la figure 150 permet d'en juger.

([1]) MILLOT, conseiller honoraire à la Cour d'appel de Nancy. — *Sur des variétés de poires obtenues par surgreffage* (Revue bretonne de botanique, mars 1909).

La *Passe-Crassane*, provenant de la greffe sur ce *Beurré d'Aremberg*, fut greffée sur des *Curés*; elle donna une variété nouvelle *(fig. 151)*, qui a été désignée par M. Millot sous le nom de *Marquise de Maubec*, et qui ne correspond à aucune poire actuellement connue.

Le même auteur signale encore des variations dans les greffons d'un *Beurré de Mérode* et d'une *Nouvelle d'Espéren*; et il a constaté que, dans la plupart des cas, les variations du fruit étaient accompagnées de changements dans le bois, les feuilles et les productions fruitières de l'arbre.

Fig. 151.
Marquise de Maubec.

Et il termine ainsi son étude : « Et maintenant, ne peut-on, ne *doit-on* pas conclure que si nous sommes en présence d'un hybride de Poirier, on ne saurait continuer d'accepter comme une vérité absolue que *la greffe reproduit toujours invariablement la variété greffée?* »

L'on a prétendu expliquer tous ces faits de variabilité des poires en disant que le Poirier est un arbre polymorphe et que, même à l'état sauvage, il présente parfois des poires de forme différente. A cette critique, il est facile de répondre.

Il serait bon, pour justifier ce polymorphisme, de donner des faits précis et d'indiquer la nature des poiriers sauvages sur lesquels de semblables observations ont été faites; si ces arbres ont poussé librement, sans avoir été taillés, recépés ou sans avoir été mangés par les animaux phytophages, etc.

Et ce polymorphisme existât-il vraiment, il serait bon de montrer qu'il n'est pas augmenté, exalté par l'hybridation sexuelle, par la greffe et les opérations d'horticulture.

Ce serait seulement à l'aide d'expériences rigoureusement comparatives, entre les greffes et le franc de pied correspondant, que l'on pourrait tirer la conclusion que le mélange des sèves n'a joué vraiment aucun rôle dans les changements de forme des poires.

Or les francs de pied des Poiriers dont ont parlé MM. Passy, Viviand-Morel et autres auteurs n'existent plus, car on ne les a multipliés que par la greffe à partir de leur obtention sans conserver le pied original; l'argument du polymorphisme fructifère du Poirier, fût-il vrai, tombe donc du même coup puisque ces auteurs comparent une chose connue à une autre qui ne l'est plus.

Si la greffe n'était vraiment pour rien dans ces faits de variation, il serait bien bizarre de les voir se produire précisément sur les Poiriers greffés, et cela avec une fréquence relativement grande, sûrement beaucoup plus grande que dans les bois; et surtout de les voir apparaître plus fréquents dans les surgreffes que dans les greffes ordinaires.

Il paraît beaucoup plus simple de les expliquer, comme les autres variations de greffe, par un changement dans la mosaïque de l'hybride que représentent bon nombre de variétés de Poiriers cultivés ou par une combinaison nouvelle des caractères parentaux, où interviennent les caractères du sujet par un mécanisme encore indéterminé d'une façon précise, comme il a été dit déjà précédemment, qu'il s'agisse de la conjugaison de protoplasmas, de l'adjonction ou de la sup-

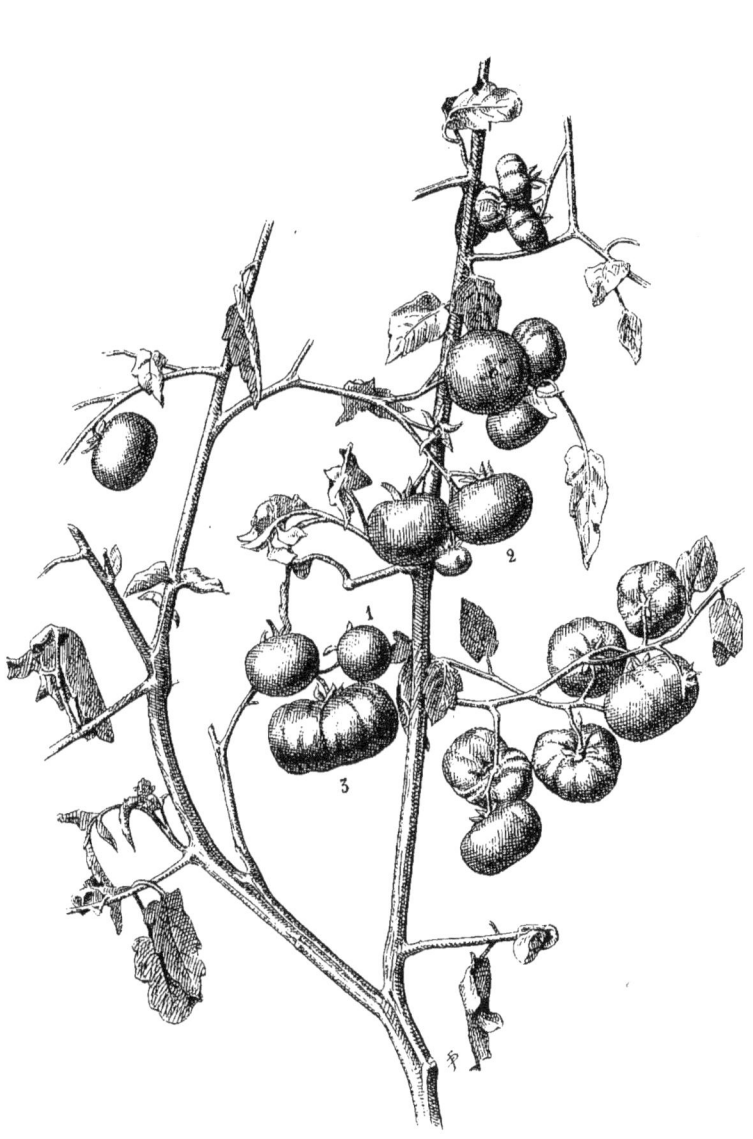

Fig. 152.

Tomate jaune ronde greffée sur Tomate rouge grosse à fruit aplati ciselé.

On voit sur le greffon des fruits jaunes, ronds (1), aplatis (2) et côtelés (3).

pression de substances morphogènes ou des déséquilibres de nutrition causés par le greffage d'une plante de capacité fonctionnelle élevée sur un sujet de capacité fonctionnelle faible, etc.

La perte de caractères existant dans une plante greffée ou l'acquisition de caractères nouveaux se retrouvent également dans les plantes herbacées greffées.

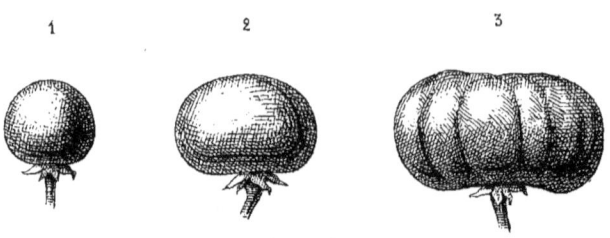

Fig. 153.

Fruits isolés de la Tomate à fruits jaunes ronds représentée à la figure 152.
1, type normal ; 2, type aplati, lisse et jaune ; 3, type aplati, jaune et côtelé.

J'ai obtenu des résultats variés sous ce rapport dans les Haricots cultivés en solutions nutritives et greffés comme il a été dit précédemment (¹).

La greffe comparative de Tomates entre elles *(fig. 152, 1, 2 et 3 et fig. 153, 1, 2 et 3)* et d'Aubergine sur Tomate m'a donné des fruits modifiés dans le sens du sujet. Il en a été de même pour le Piment conique greffé sur Tomate à fruit aplati et côtelé *(fig. 155, 1, 2, 3 et 4)*. Un certain nombre de fruits avaient

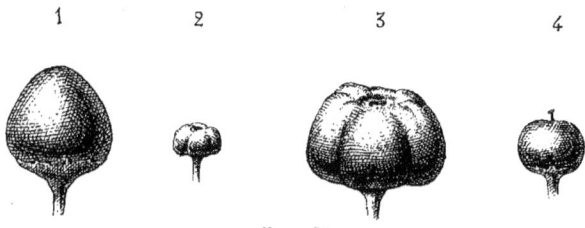

Fig. 154.

Les mêmes fruits que dans la figure 155, mais isolés :
1, type normal du Piment conique ; 2, 3 et 4, types modifiés dans le sens du sujet.

conservé la forme type de la variété greffon *(fig. 154, 1)*, les autres avaient pris *(fig. 154, 2, 3 et 4)* plus ou moins les caractères du sujet.

Rien de semblable ne s'observait dans les fruits des témoins qui avaient conservé le type pur, comme il convient à des plantes de race pure, convenablement sélectionnées pour éviter tout retour ancestral ou toute altération de leurs caractères spécifiques.

Les précautions pour éviter le croisement et la production accidentelles de xénies avaient été prises soigneusement, et les cultures faites d'une façon rigoureusement comparative. Les tiges des greffons et des témoins n'avaient subi aucune mutilation ; par conséquent si des blessures étaient intervenues par suite

---

(¹) Voir mon Rapport au Congrès de Lyon (1901) pour toutes les parties concernant les greffes herbacées sur lesquelles je ne reviens pas ici, afin de ne pas allonger outre mesure ce qui n'a pas trait aux variations des vignes greffées.

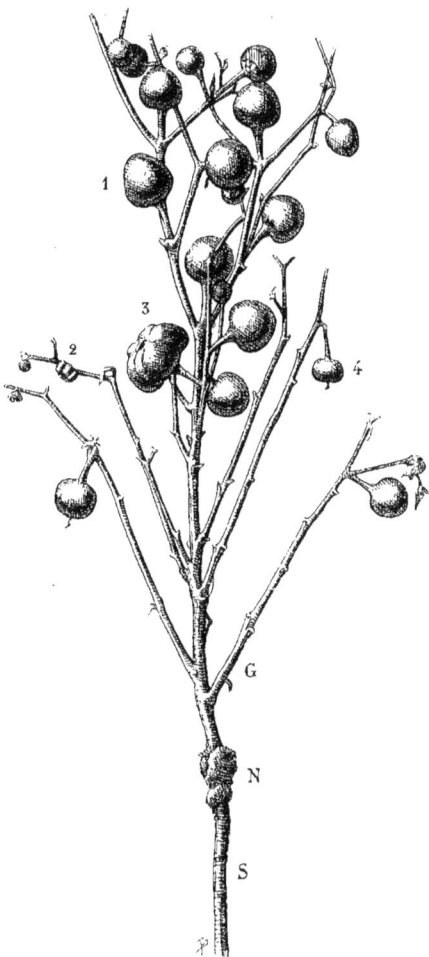

FIG. 155

Greffe de Piment conique sur Tomate à fruits côtelés :

G, greffon ; S, sujet ; N, bourrelet.
1, fruit normal ; 2, 3 et 4, fruits modifiés dans le sens du fruit du sujet.

d'un déséquilibre de nutrition, il n'y en avait pas d'autres que le bourrelet à pouvoir jouer un rôle [1]. Par conséquent, les variations étaient bien dues à la greffe.

Le Dr A. Gautié [2] a d'ailleurs montré que l'Aubergine longue violette ne peut donner que fort rarement des variations du fruit, sans quoi on en présenterait quelquefois sur les marchés, ce qui n'est pas le cas.

Transmission de la panachure.

Au début de mes recherches sur la greffe, j'avais laissé volontairement de côté la transmission de la panachure du sujet au greffon et *vice versa*, parce que je ne considérais pas cette transmission comme probante au point de vue de l'hybridation asexuelle.

On pouvait, en effet, étant données les connaissances d'alors, considérer le fait de transmission de la panachure comme une influence *pathologique* de la plante malade sur la plante saine, une contamination en un mot. Les expériences de Beyerinck et autres savants sur la panachure ont aujourd'hui prouvé qu'il ne s'agit pas d'une *maladie inoculable*, d'une *infection*.

Il est donc absolument logique, jusqu'à nouvel ordre, de comprendre les cas de transmission de la panachure dans la liste des faits concernant l'hybridation asexuelle.

Il y a fort longtemps déjà que Wats observa, en Angleterre, la transmission de la panachure dans des greffes de Jasmin, fait confirmé peu après par Bradley [3] et par d'autres observateurs.

Au siècle dernier, un horticulteur français connu, Noisette, observa des faits analogues; plus tard, Van Houtte, l'habile horticulteur de Gand, obtint la transmission de la panachure dans la greffe de l'*Abutilon Thompsoni* sur *Abutilon vert*. Voici sous quelle forme humoristique, qui n'a rien perdu de sa saveur, celui-ci racontait les faits à cette époque [4] :

« L'on sait que, dans ces derniers temps, l'horticulture s'est évertuée à croiser sans cesse et à jouer à certains botanistes le mauvais tour de les dérouter; ils maudissent « *ces singes audacieux qui usurpent la mission divine!* »

» Il est de fait que, tandis que ces savants dissertent, *unguibus et rostro*, sur la valeur scientifique d'une espèce, on voit, de par le monde, « *un tas d'ignares » jardiniers, peu soucieux des grands intérêts de la Science,* » se livrer à des croisements indécents à l'aide de ce pollen procréateur qui s'en va brouiller les cartes en portant de fleur en fleur des rudiments d'êtres nouveaux, « *véritables arlequins, » monstra horrenda*, bâtards, métis stériles, » etc., etc. Ces nouveaux venus, en montrant parfois leurs ovaires fertiles, berceaux de fœtus bien autrement déroutants encore, portent à son apogée l'exaspération de ces messieurs qui admirent la nature, les astres, etc., et qui ne songent pas que, bon gré mal gré, *il faut* qu'ils en fassent leur deuil; — qu'*il faut* que le soleil protège l'horticulture ornementale au même titre que le flambeau de la Science.

» On a beaucoup étudié, surtout dans ces derniers temps, l'influence du sujet

---

[1] J'ai, depuis le début de mes recherches, appelé l'attention sur ce rôle du bourrelet et les conséquences des déséquilibres de nutrition causés par la cicatrisation et les blessures. Si les blessures amènent des variations spécifiques, celles de la greffe en peuvent produire aussi, sans préjudice des variations spécifiques résultant d'une fusion protoplasmique ou de l'action de substances morphogènes.
[2] Dr A. Gautié. — *Les théories et les applications nouvelles de la greffe*. Paris, Masson et Ce, 1907. Cet ouvrage est un excellent exposé de la question, et il est fait avec une impartialité qui honore son auteur.
[3] Bradley. — *Botanick Essays*. London, 1720.
[4] *Flore des serres et des jardins*, t. XVIII, p. 33.

sur la greffe; mais jusqu'ici, l'idée paradoxale de l'influence de la greffe sur le sujet n'avait, croyons-nous, préoccupé personne. C'est pourtant à ce rôle renversé que l'on en est venu, et ce sujet d'études fournira ample matière aux investigations de la Science.

» Ici même, l'*Abutilon*, connu sous le nom de *Thompsoni* et dû à M. Veitch, ayant été greffé sur des sujets *tout verts*, il s'est trouvé que ces bases toutes vertes, semblables à la grenouille de la fable, se sont évertuées à se panacher à leur tour en émettant, au-dessous de la section greffée, des pousses, puis des feuilles développées, mais autrement belles que celles que portait leur greffe, l'*Abutilon Thompsoni*, et belles à tel point que notre multiplicateur en arracha l'*Abutilon Thompsoni*, afin de donner libre carrière aux sujets si brillamment panachés, de verts qu'ils étaient d'abord.

» Mais, ô déception! qui le croirait? Ces pousses qui s'étaient panachées sous l'influence de *l'étranger panaché que la mère nourrissait de son suc*, ces belles pousses si brillamment marbrées... perdirent instantanément leur livrée multicolore... pour redevenir toutes vertes, dès que leur mère eut forcément cessé son rôle de porte-greffe!

» Voilà de quoi disserter. »

De son côté M. Victor Lemoine, l'habile horticulteur de Nancy ([1]), ayant greffé l'*Abutilon Thompsoni foliis variegatis* sur l'*Abutilon vexillarium*, celui-ci émit, au-dessous de la greffe, des pousses à feuilles panachées. Une autre fois, la première de ces variétés servit de sujet à des nouveautés à feuillage vert, mais elles produisirent une bigarrure telle qu'elles furent mises au commerce sous les noms de *Caprice* et de *Caméléon*. Greffées à leur tour sur des Abutilons verts, ces dernières provoquèrent la panachure de leur sujet.

« Ces faits, dit M. Ch. Baltet, appellent l'attention du physiologiste ([2]). »

M. Lemoine a encore obtenu une transmission de la panachure dans d'autres plantes. Ayant greffé en placage un *Tacsonia Buchanani* sur une Passiflore quadrangulaire à feuilles panachées, le greffon se panacha lui-même; ses rameaux, greffés de nouveau sur la Passiflore panachée, accentuèrent encore leur panachure. La même opération ayant été recommencée à trois reprises, la sous-variété panachée fut définitivement fixée ([3]).

M. Ch. Baltet ([4]) cite encore un autre fait intéressant concernant les Rhododendrons. En 1884, M. Schneider greffa chez M. Veitch, à Chelsea, le *Rhododendron javanicum* à fleur *jaune* sur le *Rhododendron Princess royal* à fleur *rose*. Le greffon donna des fleurs plus foncées que sur le témoin. Regreffé à nouveau sur *Princess royal*, la fleur devint plus grande et prit la teinte *orange saumoné*.

M. Jouin, chef des cultures de la maison Simon Louis, rapporte ([5]) que, en 1898, dans les cultures de Plantières, près Metz, sur un Bouleau commun, il s'est développé un rameau portant des feuilles laciniées; ce Bouleau avait reçu une greffe de la variété à feuilles laciniées, mais cette greffe avait manqué. L'*accident* s'est produit beaucoup plus bas que l'endroit où le greffon avait été posé, ce qui est surprenant, dit-il, car dans les cas analogues, notamment sur des Érables, les rameaux transformés après la greffe avaient pris naissance au voisinage du bourrelet, presque immédiatement au-dessous.

Le même horticulteur ajoute les lignes suivantes : « Le charmant *Cornus alba Spaethi*, si répandu dans les cultures, est issu (cela est connu par bien peu d'hor-

---

([1]) Baltet. — *L'art de greffer*, p. 213.
([2]) La transmission de la panachure dans les Abutilons a été constatée depuis par beaucoup de greffeurs, bien qu'il ne s'agisse pas d'un fait *constant*.
([3]) Baltet. — *Ibid.*, p. 499.
([4]) *Ibid.*, p. 412.
([5]) E. Jouin. — *Peut-on obtenir des hybrides par le greffage?* (*Le Jardin*, 20 janvier 1899.)

ticulteurs, même par ceux qui cultivent en grand ce superbe arbrisseau à feuillage marginé) d'un rameau qui s'est développé au-dessous de la place de la greffe, sur un *Cornus alba* greffé en *Cornus alba foliis arg. marg.*

» L'obtenteur de cette variété, M. Spaeth, que nous considérons comme le pépiniériste allemand le plus distingué, *attribue formellement* cette variation à l'influence du greffon sur le sujet. »

M. Ch. Baltet [1], après avoir rapporté lui-même ces faits, en signale encore d'autres dans le même ordre d'idées :

« N'est il pas arrivé, dit-il, au Négondo panaché blanc de marginer de céruse son type vert qui en a reçu la greffe?

» Enfin dans nos cultures, un Prunier Myrobolan écussonné en Amandier, *Am. sinensis fl. albo pleno*, dégage de son onglet un jet à feuillage lancéolé, ondulé, liséré de blanc, que nous reproduisons désormais par la greffe sous le nom de *Prunus Myrobolano* Asselin. »

M. Baltet, qu'on s'est plu à présenter précisément comme un adversaire résolu de mes théories, n'a-t-il pas, dans les dernières éditions de *l'Art de greffer*, écrit ces phrases qui montrent bien que, malgré ses affirmations antérieures, les faits l'avaient amené à des idées moins absolues qu'au début de ses travaux et plus conformes à la réalité. C'est ainsi qu'opère quiconque n'a pas de parti pris.

« Au début de cet ouvrage, dit-il [2], nous disions que la greffe, *en général*, laisse intacts les caractères particuliers à chacune des deux parties juxtaposées. Il y a donc des *exceptions*, et ce sont des observateurs sérieux qui nous les signalent. »

Et l'auteur range ces exceptions en trois groupes : 1° les *écarts de greffes*, qui comportent les transmissions de la panachure et de la forme laciniée du feuillage ; 2° les *anomalies de greffe*, dont le type est le Néflier de Bronvaux, *hybride de greffe* ; 3° le *greffage créateur* (théorie Daniel), « *au résultat final duquel il est tout prêt à applaudir.* »

C'est surtout M. Lindemuth qui, dans ces derniers temps, s'est occupé de la transmission de la panachure dans la greffe. Un bon résumé de ses recherches a été donné dans le journal de la Société nationale d'Horticulture de France, avril 1905, p. 230, d'après un travail de M. G.-T. Grignan [3] :

« On sait, dit M. Gibault, qu'en greffant l'*Abutilon Thompsoni*, à feuilles panachées, sur diverses autres plantes de la famille des Malvacées, M. Lindemuth, directeur des cultures de l'Université de Berlin, a réussi, dans plusieurs cas, à leur communiquer la panachure ; il a créé ainsi des plantes nouvelles remarquables, telles que le *Kitaibelia Lindemuthi*, le *Malvastrum Lindemuthi*, etc., plantes d'une grande valeur décorative.

» M. Grignan a exposé aux lecteurs de la *Revue horticole* le résumé des observations de M. Lindemuth sur ce sujet. Le genre Abutilon, dit-il, offre en cette matière un sujet d'étude particulièrement intéressant. Les Malvacées à feuillage panaché, que M. Lindemuth a réussi à créer, ont toutes été produites par le greffage de l'*Abutilon Thompsoni*. Quant à l'*A. Sawitzi* et à l'*A. Souvenir de Bonn*, leur panachure ne se communique pas aux autres plantes par la greffe. Il en est de même du *Lavatera arborea* et des variétés panachées d'*Humulus japonicus*, de *Coleus*, de *Pelargonium* [4], de Pommes de terre, etc.

---

[1] Ch. Baltet. — *Loc. cit.*, p. 515. Le même auteur cite aussi le cas du *Chamæcyparis obtusa pygmea* greffé sur *C. Boursieri* qui prend une forme *élancée* quand ses branches restent *traînantes*, greffé sur *Biota* ou sur *Thuya*, p. 261. Cette observation montre bien l'influence du sujet sur le port du greffon, conformément à ce qu'avait déjà indiqué Thouin dans d'autres plantes.

[2] *Loc. cit.*, p. 515.

[3] G.-T. Grignan. — *La transmission de la panachure par la greffe* (*Revue horticole*, 1905, p. 193).

[4] Personnellement j'ai en vain cherché à transmettre la panachure des *Coleus* et des *Pelargoniums*, tant entre variétés de la même espèce qu'entre espèces voisines ou même entre genres voisins.

» M. Lindemuth estime que la panachure n'a pas le même caractère dans le cas de l'*Abutilon Thompsoni* que dans le cas des autres plantes précitées. Il croit même pouvoir distinguer, à l'aspect des feuilles, la panachure *infectieuse* de celle qui ne l'est pas. Dans le premier cas, les couleurs seraient plus ou moins fondues, mélangées et la panachure serait jaune ou tout au plus blanc jaunâtre; dans le second cas, par exemple, *Abutilon Sawitzi* et *A. Souvenir de Bonn*, la panachure serait blanche et nettement délimitée. Cette distinction, selon M. Grignan, ne se justifie pas toujours.

» En tout cas, la seule manière certaine de savoir si une plante panachée est capable de communiquer sa panachure par la greffe, c'est de la greffer sur d'autres. Toutefois, le choix du sujet a encore ici son importance; il y a des plantes qui se prêtent plus ou moins bien à cette transmission. M. Lindemuth distingue, d'après ses observations, cinq cas différents : 1° la panachure ne se transmet pas et c'est le cas le plus fréquent; 2° tous les sujets deviennent panachés; 3° certains individus contractent la panachure et d'autres restent verts; 4° la panachure se communique à l'état latent et n'apparaît qu'au bout de plusieurs mois; 5° enfin certaines espèces contractent la panachure à un degré si prononcé qu'elle devient une maladie aiguë; les feuilles tombent à l'état jeune et la plante ne tarde pas à mourir.

» Parmi les Malvacées les plus aptes à contracter la panachure, M. Lindemuth cite le *Sida Abutilon* et l'*Abutilon indicum*.

» Les plantes qui sont atteintes de panachure infectieuse, pour parler comme M. Lindemuth, c'est-à-dire qui transmettent leur panachure par la greffe, paraissent être fort peu nombreuses. M. Lindemuth ne cite jusqu'à présent dans cette catégorie que l'*A. Thompsoni* [1]. Quelle serait la nature de la maladie de l'*infection* qui produit la panachure? On a parlé de microorganismes, de microbes. Les expériences de M. Lindemuth, du professeur Lewin et du Dr Baur n'ont donné aucun résultat dans ce sens [2]. M. Erwin Baur est convaincu qu'il n'y a là en jeu aucun organisme. »

D'autres horticulteurs ont contribué à élargir, en ces dernières années, le champ des investigations sur cette question de la transmission de la panachure par la greffe, qui est loin d'avoir dit son dernier mot.

M. Bruant, horticulteur à Poitiers, signalait dernièrement, dit la *Revue horticole* [3], un cas intéressant d'influence du greffon sur le sujet. Il avait fait poser, dans ses pépinières, sur des pieds de *Cytisus Laburnum* ordinaire, des écussons de variétés à feuilles panachées de jaune. Quelques-uns de ces écussons ne poussèrent pas et restèrent à l'état dormant; les pieds sur lesquels ils se trouvaient furent recépés, mais ils produisirent au printemps de nouvelles pousses à feuilles panachées de jaune. C'est donc un cas bien caractérisé d'influence du greffon sur le sujet.

« Par une curieuse coïncidence, M. Antoine Kort, directeur des pépinières de Calmpthout, près Anvers, vient de signaler, dans la *Revue de l'Horticulture belge*, un cas tout à fait semblable qu'il a observé en greffant le *Cytisus Laburnum foliis aureis* sur le type. D'après M. Kort, le fait serait absolument constant. »

Un cas très remarquable, et plus complet encore que tous les précédents, est celui qu'a observé M. Nomblot, le pépiniériste bien connu, secrétaire général adjoint de la Société nationale d'horticulture de France. J'en extrais la des-

---

[1] Il y en a d'autres, pourtant, comme on l'a vu par les exemples précédemment rapportés et comme on peut le voir par ceux qui vont suivre.
[2] Il en est de même dans les expériences de Beyerinck dont j'ai déjà parlé.
[3] *Influence du greffon sur le sujet* (Journal de la Société nationale d'horticulture de France, juin 1907. p. 273).

cription du *Journal* de cette Société, séances du 24 août 1905 et du 23 août 1906 (¹) :

« M. Alfred Nomblot, met sous les yeux de l'Assemblée des rameaux fructifères de Prunier cueillis sur la variété *Gloire de Louveciennes* greffée sur *Mirabelle tiquetée.*

« La greffe fut effectuée en 1902 sur un sujet en pyramide dont quelques branches seulement furent greffées.

» En 1904, l'arbre produisit des fruits normaux de la variété Gloire de Louveciennes.

» En 1905, M. Nomblot récolta sur cet arbre des fruits panachés et en fit l'objet d'une communication dans la séance du 24 août (voir *Journal,* 1905, p. 577). »

Dans cette première communication, M. Nomblot mit sous les yeux de l'Assemblée des échantillons montrant jusqu'à quel point peut s'exercer parfois l'influence du sujet sur le greffon... Les greffons, après deux années, ont porté des rameaux, des feuilles et des *fruits panachés* rappelant de tous points les caractères du Prunier *Mirabelle tiquetée* sujet, constituant ainsi un nouvel exemple d' « hybridation asexuelle » dont M. Daniel a déjà cité quelques cas et dont le Néflier de Bronvaux est l'un des plus remarquables.

« Dans le cas présent, l'influence du sujet sur le greffon est incontestable, et M. Nomblot considère qu'elle doit être attribuée à ce fait que le sujet n'ayant que quelques rameaux greffés, continue à vivre de sa vie propre, grâce aux rameaux non greffés qu'il porte; il a pu ainsi fournir au greffon une sève qui a apporté les modifications observées. Le fait ne se serait pas produit, pense-t-il, si le sujet avait été réduit à l'état de simple tronc porte-greffe, comme c'est le cas généralement. »

L'on voit de suite que M. Nomblot avait réalisé un greffage mixte, où l'appareil assimilateur se composait de deux parties feuillées, appartenant l'une au sujet, l'autre au greffon.

« En 1906, les modifications dues à l'influence du sujet sur le greffon se sont maintenues. Sur un même rameau on peut voir en effet des feuilles et des fruits ayant les caractères des Pruniers *Mirabelle tiquetée* et *Gloire de Louveciennes,* ainsi que des formes *intermédiaires.* Les modifications portent sur les feuilles plus ou moins lancéolées ou ovales lancéolées, planes ou bullées ; sur les fruits dont la *forme,* la *couleur* et la *saveur* se trouvent modifiées ; enfin sur le noyau bombé ou déprimé.

« La variété de Prunier *Noberté,* à fruit violet, greffée sur *Mirabelle tiquetée,* a subi également l'influence du sujet qui s'est manifestée par la panachure du feuillage, mais sans entraîner de modifications apparentes dans les fruits.

» Cette très intéressante présentation vient confirmer les observations qui ont été faites déjà par M. Daniel et montrent que, dans les plantes greffées, le sujet peut avoir une influence considérable sur le greffon, *déterminant des modifications que l'horticulture pourra peut-être provoquer* et mettre un jour à profit lorsqu'on connaîtra mieux les conditions dans lesquelles elles se produisent. »

J'ai reçu de M. Nomblot des échantillons de Prunier modifié par greffage mixte et pu constater de mes yeux la réalité des faits signalés par lui. Ils sont d'autant plus remarquables que la transmission de la panachure n'existe pas seule, mais est accompagnée de la transmission d'autres caractères (forme et saveur) qui montrent bien nettement, par une communauté d'origine, que la panachure est

---

(¹) *Procès-verbaux des séances,* cahier d'août 1906, p. 511. M. le Président fit remarquer que M. Nomblot est un horticulteur habile, « en même temps excellent praticien et observateur consciencieux. »

due, non à une contamination, mais à la transmission d'un caractère particulier du sujet à son greffon, comme cela s'est passé pour les caractères de forme et de saveur.

Un fait de variation observé par M. Bond([1]), dans une greffe de *Pelargonium* à feuilles vertes sur un *Pelargonium* à feuilles panachées, montre bien que si la panachure ne s'est pas transmise du sujet au greffon, une influence inverse s'est produite dans la greffe qu'il a décrite. Une branche du sujet, née près du collet à un niveau fort inférieur à celui du bourrelet de la greffe, portait des feuilles non panachées et vertes comme celles du greffon. Les fleurs ressemblaient au contraire à celles du sujet, mais appartenaient à un type moins différencié.

M. Bond a vu dans ces faits non une modification directe de la plante-sujet par le greffon, mais une tendance au retour vers le type primitif, tendance à laquelle la présence du greffon ne serait toutefois pas étrangère.

J'ai essayé moi-même de transmettre la panachure dans les genres Fusain et Houx qui présentent, comme on sait, de nombreuses variétés panachées. Je n'ai jusqu'ici constaté aucune transmission de cette nature, pas plus d'ailleurs que dans les greffes de Lierres panachés sur *Aralia*.

Cependant, il y a lieu de signaler dans ces greffes quelques variations intéressantes. J'ai remarqué que les Houx panachés greffés sur Houx verts reprennent assez souvent la teinte verte. Ils *jouent*, disent les jardiniers qui, par cette pittoresque expression, veulent faire ressortir les rapprochements existant entre les résultats de la greffe et du croisement sexuel.

Les Houx qui manifestent cette variation sont ceux dont les feuilles sont panachées à l'intérieur de la feuille. Ceux qui sont à feuilles marginées, c'est-à-dire dont les feuilles sont bordées de blanc jaunâtre, ont la panachure beaucoup plus stable que les autres après la greffe sur les types verts.

De même certains Fusains panachés ne se maintiennent bien que greffés sur l'ancien Fusain panaché. Sur le Fusain vert, ils donnent fréquemment naissance à des rameaux entièrement verts.

Je bornerai ici ces citations. Elles suffisent, avec les précédentes, à montrer combien M. Griffon et certains écrivains viticoles s'éloignent de la vérité quand ils prétendent que je suis en opposition avec l'*opinion courante* des praticiens.

A la suite des faits concernant la transmission de la panachure, il est logique de classer les phénomènes assez rares de transmission de colorations ou ceux qui concernent l'affaiblissement de la couleur chez les plantes greffées. Ces phénomènes peuvent concerner l'appareil végétatif ou l'appareil reproducteur ([2]) et il ne faut pas les confondre avec les changements de couleur transitoires qui suivent les variations climatologiques excessives. Celles-ci disparaissent lorsque l'équilibre fonctionnel est rétabli en milieu plus normal.

Dans ces variations de couleur, on peut voir des changements provoqués par des déséquilibres de nutrition, mais il n'est pas plus illogique de considérer certaines d'entre elles comme le résultat d'une influence spécifique réciproque s'exerçant entre le sujet et le greffon.

Parmi les phénomènes de ce genre, dont l'authenticité ne peut faire de doute, je signalerai l'observation suivante due à Lindemuth. Des pommes de terre à tiges violettes furent greffées sur des pommes de terre à tiges vertes. Au bout de quelque temps les tiges vertes des sujets prirent une teinte rouge carmin, tandis que les greffons tiraient plus sur le violet.

([1]) *Année biologique*, 1899.
([2]) Les variations de la couleur des fleurs dans les rosiers greffés et surgreffés, déjà étudiées, pourraient être classées dans ce paragraphe.

Vöchting, qui rapporte ce fait (¹), « a vu, à Bonn, une greffe semblable et s'est ainsi assuré que le fait indiqué par Lindemuth était exact. »

Vöchting considère cette transmission de coloration comme un simple phénomène de diffusion, mais non comme un changement spécifique. Cependant s'il s'agissait d'un phénomène exclusivement physique, comme semble le croire l'auteur allemand, il serait surprenant de ne pas le retrouver dans toutes les greffes; il ne s'agirait pas d'un fait très exceptionnel, mais d'un fait général.

J'ai personnellement observé, une seule fois, une transmission analogue dans des greffes mixtes d'aubergine violette et d'aubergine poule aux œufs. Les premières ont les tiges violettes; les secondes, des tiges vert blanchâtre. Sur le sujet d'*une* des greffes on pouvait voir une coloration violette prononcée s'étendant du bourrelet à la racine sur une longueur d'un décimètre environ, du côté du rameau d'appel laissé au sujet.

Un autre résultat curieux m'a été fourni par la greffe du chou cabus, pommant au printemps, greffé sur navet à collet rose, se tuberculisant à l'automne. Au lieu d'apparaître à l'époque normale, en octobre, la couleur rose caractéristique du navet ne se forma qu'en avril-mai. L'influence du greffon s'était donc fait sentir à la fois sur l'époque de la fabrication des réserves et sur la production de la couleur.

Enfin M. Ch. Laurent, ayant greffé des choux-raves violets sur des choux-raves blancs, a obtenu des décolorations de certains greffons et ces variations de couleur étaient plus ou moins prononcées suivant les exemplaires considérés. Quelques-uns étaient presque complètement blancs. Ce résultat me frappa d'autant plus que j'avais moi-même, plusieurs années de suite, fait des greffes analogues sans avoir remarqué une décoloration appréciable des greffons.

Dans les greffes inverses de choux-raves blancs sur choux-raves violets, la couleur violette du sujet ne fut dans aucun cas transmise au greffon.

Il faut remarquer toutefois que la décoloration des Choux-raves est moins probante, au point de vue spécial de l'hybridation par la greffe, que ne le serait la transmission de la couleur du sujet au greffon et *vice versa*. En effet, la rétrogradation de la couleur est souvent causée par un excès d'eau arrivant brusquement dans les tissus, au moment de la formation normale des substances colorantes.

J'ai provoqué la virescence partielle des pièces du périanthe dans des Jacinthes bleues élevées en solution nutritive en sectionnant partiellement les racines au moment de la floraison, de façon à amener dans la fleur la pléthore aqueuse. Et j'ai montré, dans le premier fascicule de cet ouvrage que le fruit de l'Aubergine violette jaunit à la suite de la décortication annulaire pratiquée à un moment convenable (planche I, en couleur, hors texte).

Dans la décortication annulaire, l'excès d'eau provient du bourrelet qui empêche la répartition aussi rapide de la sève élaborée. Dans la greffe, il se produit un phénomène analogue et l'on comprend que, les bourrelets étant très variés comme structure, la décoloration existe ou n'existe pas, ou bien qu'elle apparaisse à des degrés divers suivant les exemplaires considérés, ceux-ci n'étant pas au même état biologique.

Dégénérescences et monstruosités.

La transmission de la panachure et de certaines colorations du sujet au greffon et *vice versa* rentrent évidemment dans l'hybridation par la greffe, puisque l'on peut saisir sur le vif l'action réciproque des conjoints. On peut en outre

(¹) VÖCHTING. — *Ueber Transplantation am Pflanzenkörper*. Tubingen, 1892.

remarquer que le caractère panaché se comporte comme les autres caractères spécifiques transmissibles, c'est-à-dire que sa transmission peut être complète, partielle ou nulle.

Mais l'on observe aussi, chez des plantes greffées, d'autres phénomènes qui ont avec ceux précédemment étudiés des liens étroits bien qu'ils paraissent à première vue d'ordre différent, étant donné qu'il n'y a point transmission apparente de caractères entre les conjoints. Des caractères spécifiques, soit dans le sujet, soit dans le greffon, soit dans les deux plantes à la fois, subissent des modifications plus ou moins profondes, plus ou moins durables; ou bien encore l'on voit apparaître des caractères nouveaux.

L'on ne saurait négliger d'étudier ici ces phénomènes parce qu'ils ne présentent pas d'*orientation* dans le sens de l'un ou l'autre des conjoints. Dès l'instant qu'ils portent sur des caractères spécifiques (espèce, race ou variété) ils rentrent en effet dans l'hybridation asexuelle[1] telle que je l'ai définie au Congrès de Lyon (1901).

Ils sont d'ailleurs une preuve de plus que le greffage qui les provoque, les accentue ou les diminue suivant les cas, n'est point toujours ce moyen parfait de conservation d'un type donné, le moyen absolu de fixation d'une variation déterminée, quoi qu'en puissent dire certains auteurs récents qui en sont arrivés à nier même les variations de nutrition.

Je sais bien qu'on a objecté que les variations dont je parle peuvent être produites en dehors de la greffe, sous l'influence de divers facteurs (chaleur, éclairement, climat plus ou moins humide, acclimatation, procédés de culture, etc.).

En effet, ces facteurs, dont j'ai déjà parlé et qu'il serait oiseux d'étudier ici en détail, sont morphogéniques à des degrés divers [2]. Ils ont joué et jouent encore un rôle très important dans l'évolution des formes végétales. C'est avec raison que nombre d'auteurs leur attribuent la paternité de certaines formes physiologiques plus ou moins héréditaires ou d'autres formes, moins avancées, qui sont encore en voie de fixation.

Les variations ainsi provoquées sont innombrables aujourd'hui et nombre d'entre elles ont été obtenues expérimentalement en modifiant systématiquement le milieu où la plante évolue normalement.

Qui ne connaît les morphoses remarquables signalées par M. Gaston Bonnier [3] chez des plantes de plaine transportées dans les Alpes ? Le Topinambour, par exemple, y est devenu acaule, a donné une simple rosette de feuilles et s'est transformé à un tel point qu'il était devenu presque méconnaissable.

Certaines plantes perdent, par leur culture dans des pays moins chauds que leur lieu d'origine, la faculté de se reproduire par graines. Il en est ainsi pour des plantes à rhizomes chez qui la multiplication agame supplée la multiplication sexuée défaillante.

L'on sait que, inversement, l'acclimatation de nos légumes dans les pays chauds est souvent suivie de la perte de tout ou partie des qualités qui font leur valeur utilitaire.

De singuliers troubles physiologiques peuvent se produire dans les caractères spécifiques de la floraison de certains arbres fruitiers changés brusquement de sol et de climat. En voici quelques-uns rapportés par M. Costantin [4], et qui

---

[1] L. Daniel. — *Les variations spécifiques dans la greffe ou hybridation asexuelle* (C. R. du Congrès de Lyon, 1901).
[2] L. Daniel. — *Les facteurs morphogéniques chez les végétaux* (Rennes, 1908) et travaux antérieurs.
[3] Voir les nombreux travaux de M. Gaston Bonnier, sur ce sujet *(Comptes rendus de l'Acad. des Sc.; Revue générale de botanique, etc.)*.
[4] Costantin. — *Les végétaux et les milieux cosmiques*. Paris, 1898.

montrent jusqu'à quel point les transformations peuvent être profondes et variées suivant les individus.

Deux *Diospyros Kaki* (¹), transportés du Japon, leur pays d'origine, dans l'île de Java, où la constance du climat est remarquable; ont réagi chacun à leur manière. Au lieu de donner leurs fruits en août-septembre et de perdre leurs feuilles en octobre comme le type normal, **l'un** fructifie en avril et perd ses feuilles en juillet; **l'autre** fructifie en octobre et perd ses feuilles en janvier. La durée de la période de repos a été elle-même singulièrement abrégée.

Le pêcher, transporté au Cap et à Melbourne, fleurit en août et en septembre. De plus, à Javá, cet arbre a toute l'année des fleurs et des fruits : la floraison enchrone normale a été remplacée par une floraison polychrone.

Les variations du milieu interne provoquent elles-mêmes des morphoses, soit en agissant isolément, soit en agissant de concert avec les variations du milieu externe. Il s'en faut de beaucoup que les procédés divers de la multiplication asexuelle (propagation par tubercules, bouturage, marcottage, etc.), conservent intégralement les plantes auxquelles on les applique, pendant une période de quelque étendue.

Tout le monde sait que les pommes de terre multipliées exclusivement par tubercules dégénèrent plus ou moins rapidement suivant les variétés et qu'elles *s'usent* par la culture prolongée dans une même région, conformément aux théories du célèbre physiologiste anglais Knight.

Il y a une quarantaine d'années, on cultivait, dans le nord du département de la Mayenne, une pomme de terre, dite de la Saint-Jean, qui donnait toute satisfaction comme qualité et comme rendement. Après un demi-siècle environ de culture dans cette région, elle s'est mise à dégénérer rapidement; sa résistance aux maladies est devenue tellement faible et son rendement si inférieur qu'on a dû la remplacer par d'autres variétés plus récentes. C'est là un fait que j'ai observé et dont pourraient témoigner les agriculteurs suffisamment âgés de mon pays natal.

Le sol, le climat et les procédés simples de multiplication agame ou asexuelle contribuent donc à la *dégénérescence* des variétés cultivées.

Or le greffage est, lui aussi, un procédé de multiplication asexuelle qui met en jeu de nombreux facteurs morphogéniques, en dehors de la conjugaison sans doute rare de cellules végétatives au niveau du bourrelet. Tantôt, il s'agit de plantes de notre pays que l'on greffe entre elles, sans faire intervenir les questions de sol et de climat; tantôt au contraire on greffe des plantes de climats et de sols différents, combinant alors les effets de l'acclimatation du sujet au greffon et *vice versa* avec ceux de l'acclimatation au milieu extérieur, autrement dit à ce qu'on a désigné en viticulture sous le nom *d'adaptation*.

Dans ces conditions, le greffage ne peut pas manquer de provoquer des phénomènes analogues à ceux de l'acclimatation et de la multiplication agame par tubercules, etc. Aujourd'hui, les horticulteurs ont constaté que divers types actuels d'arbres fruitiers ont dégénéré, s'usent et sont en voie de disparition. C'est là un *fait* qui les a préoccupés vivement, à tel point que la question a été traitée au congrès d'Angers et que des pomologues ont proposé, pour y remédier, l'établissement de cultures *pedigree*(²), avec choix rationnel des greffons et des sujets.

(¹) Comment ceux qui me reprochent d'avoir signalé des faits uniques, accidentels ou rares, variables suivant les individus, expliqueront-ils que ces deux arbres, cependant aussi comparables qu'on peut le désirer, se soient comportés différemment sous l'action d'un même milieu ? Est-ce plus étrange de voir des plantes de même espèce réagir différemment en présence de la greffe, quand le bourrelet provoque des symbioses si variables comme état biologique.

(²) Combien doit faire réfléchir une semblable proposition faite deux ans après que j'avais réclamé pour la vigne l'établissement de champs de conservation des cépages anciens, menacés de disparaître à la suite de greffes inconsidérées !

Le croirait-on? Cette dégénérescence n'est pas admise par ceux qui sacrifient volontiers l'expérience aux besoins d'une théorie. L'on a prétendu que certaines variétés de fruits actuellement cultivées sous un nom donné sont exactement celles que l'on cultivait sous le même nom il y a plusieurs siècles. Et pour preuve, on cite les figures et les descriptions de l'époque! Comme si, vu les procédés rudimentaires d'analyse des caractères et du dessin à cette époque, on pouvait vraiment faire une assimilation sérieuse!

Et il y a ceci de très remarquable, c'est que quelques partisans de l'immutabilité des plantes greffées sont d'autant plus mal fondés à invoquer une pareille stabilité qu'ils ont eux-mêmes fourni une importante contribution à la thèse contraire. M. Passy n'a-t-il pas cité et figuré de très nombreux cas de variation de poires à la suite de greffages ou de surgreffages, ainsi qu'il a été déjà dit plus haut?

D'un autre côté, M. Ravaz n'a-t-il pas prétendu que tous les changements causés par la greffe sont de même ordre que ceux amenés par le sol et comparé le sujet à un sol nouveau où l'on oblige le greffon à vivre? Et c'est en se basant sur un pareil argument qu'il s'est cru fondé à nier la variation spécifique due au greffage! M. Ravaz qui, en collaboration avec M. Viala, a écrit un livre sur l'adaptation et constaté l'importance du sol à propos des qualités particulières d'un cépage donné, savait pourtant que si l'on compare, comme il l'a fait, le sujet à un sol nouveau, le greffage devait provoquer forcément une *acclimatation* avec toutes ses conséquences.

Une plante qui varie spécifiquement quand on la change de sol ne peut faire moins que de varier aussi quand on la greffe, puisque le sujet se comporte comme le sol[1].

A côté des dégénérescences et des phénomènes d'usure des variétés, peuvent se ranger les monstruosités: (fasciations, troubles phyllotaxiques, changements de géotropisme et de port, duplicature et anomalies de la fleur, transformations de l'inflorescence, etc.).

Ces morphoses sont aussi provoquées par de nombreux facteurs (croisement, fumures, procédés de taille, etc.), et j'ai montré qu'elles sont dues au déséquilibre $\frac{Cv}{Ca} < 1$, autrement dit à la suralimentation. A l'aide de blessures[2] systématiques, j'ai obtenu de nombreuses monstruosités, tant dans les plantes herbacées que dans les plantes ligneuses.

Il était intéressant de rechercher si le greffage provoquait lui aussi la formation des monstruosités chez les plantes qui n'en possèdent pas à l'état autonome, ou s'il accentuait ou diminuait leur nombre dans les plantes franches de pied chez lesquelles on en observe habituellement.

Si l'on admet que le greffage est incapable d'introduire dans une plante une modification quelconque à l'ordre et aux caractères spécifiques primitivement établis dans l'œuf comme le prétendent les adversaires de mes théories, il ne peut y avoir après un greffage quelconque, aucun changement dans la valeur ou la nature des monstruosités qui sont capables d'apparaître tant dans le greffon que dans le sujet; il ne peut s'en produire de nouvelles.

S'il en est autrement, les monstruosités provoquées par la greffe portant sur les caractères spécifiques rentrent dans les cas de variation spécifique et viennent à l'appui de mes théories.

---

[1] Tout est là au point de vue pratique en viticulture. Si le sujet est un sol nouveau, différent du sol auquel le greffon est adapté depuis des siècles, la greffe modifie le cru, et c'est ce que les greffeurs ne veulent admettre à aucun prix, malgré l'évidence.

[2] Ce mot a été depuis remplacé par celui de traumatismes, beaucoup plus parfait, sans doute parce qu'il dérive du mot grec signifiant blessure.

Or, il suffit d'étudier un grand nombre de greffes d'une même catégorie pour s'apercevoir que des monstruosités se produisent chez des plantes greffées quand les témoins n'en présentent pas; que d'autres sont plus fréquentes ou plus rares sur les greffes que sur les témoins. Le greffage exalte donc ou diminue les capacités fonctionnelles de l'agent morphogénique, cause des monstruosités en question.

J'en ai, au cours de vingt années environ d'observations, constaté de nombreux exemples.

En 1898 ([1]), je signalais déjà des germinations tératologiques, à un ou trois cotylédons, dans des semis de carotte greffée et j'écrivais alors :

« La présence d'un seul cotylédon ou de trois cotylédons est un fait tératologique que l'on remarque parfois dans certaines germinations d'Ombellifères (Cerfeuil, Persil, *Conopodium denudatum*, etc.). Il est rare dans la Carotte. Il était intéressant de le signaler ici parce qu'il s'est trouvé très fréquent dans mes semis quand les témoins ne l'ont pas présenté. Cela montre que *la greffe a une influence marquée sur la variation quand bien même elle ne parviendrait pas à l'orienter dans un sens déterminé.* »

Plus tard, en 1901, j'indiquais l'apparition d'une fasciation dans une greffe de Solanées. « Un sujet d'Aubergine violette, disais-je([2]), portant un greffon d'Aubergine blanche a fourni une tige fasciée à quelques centimètres du bourrelet, montrant ainsi que le greffage amène parfois des phénomènes tératologiques. »

J'ai observé depuis des fasciations sur des greffes de Cerisier, de Pommier, de Rosier, etc., sans qu'il fût possible de faire intervenir d'autre facteur morphogénique que la greffe.

Dans le genre Rosier, sur des écussons que j'avais laissés pousser librement sans les tailler, j'ai remarqué de curieuses monstruosités de l'appareil végétatif et de l'appareil reproducteur, monstruosités provenant de l'excès de sève fournie aux greffons par les églantiers vigoureux sur lesquels ils étaient placés. Le Rosier *Souvenir d'un ami* a donné, au lieu du corymbe habituel, une cyme bipare avec des variations importantes dans la couleur des pétales. Le Rosier *Coquette des blanches,* une grappe de corymbe sur l'un des rameaux de vigueur exceptionnelle; sur d'autres rameaux, les feuilles étaient tantôt opposées, tantôt alternes.

Enfin les soudures des folioles des feuilles composées, la réduction et l'augmentation du nombre des folioles ou les variations des dents, de disposition des nervures, etc., étaient fréquentes dans les sujets ou les greffons, beaucoup plus que dans les francs de pied correspondants.

J'ai en ma possession tout un herbier extrêmement varié de ces monstruosités.

Enfin, si l'on veut bien se reporter aux photographies des Haricots de Soissons greffés avec le Haricot noir de Belgique, on verra que les sujets présentent des fasciations très prononcées (fig. 83 et 84, planches hors texte).

Je n'insisterai pas davantage sur ces variations d'ordre tératologique, me réservant d'y revenir plus loin à propos des vignes greffées.

La reproduction et la greffe.

Une des questions les plus intéressantes par l'étendue et la complexité des problèmes qu'elle soulève, c'est sans contredit l'influence exercée par la greffe sur la fonction de reproduction chez les végétaux.

Ses phénomènes intimes sont loin d'être complètement élucidés chez les

---
([1]) L. Daniel. — *La variation dans la greffe et l'hérédité des caractères acquis.* Paris, 1898.
([2]) L. Daniel. — *Les variations spécifiques,* Congrès de Lyon, 1901, p. 32.

plantes autonomes, à nutrition autotrophe. Ils le sont bien moins encore dans les plantes à nutrition hétérotrophe, vivant à l'état de symbiose plus ou moins mutualistique et antagonistique.

Cela tient à ce qu'il s'agit de questions éminemment délicates et qui sont encore restées des plus mystérieuses malgré les efforts méritoires des savants. Les nombreuses théories émises par ceux-ci ne sont pas faites pour percer le voile qui enveloppe ces mystères. Elles n'ont pas toujours contribué à éclaircir les faits et l'on peut affirmer, sans crainte d'être contredit, qu'on est loin de connaître en quoi vraiment consiste la fécondation.

C'est dire la prudence que doit montrer celui qui aborde ces questions, combien il doit se garder du parti pris et de l'*a priori*, combien il est nécessaire de se borner aux faits sans les rejeter par système, quelque contradictoires ou déconcertants qu'ils puissent paraître à première vue, quelque opposés qu'ils soient à certaines théories, à certains romans scientifiques composés par des esprits éminents sans doute, mais qui ont laissé le champ libre à leur imagination. Il ne faut pas considérer trop tôt les hypothèses comme des réalités, sans quoi, au lieu d'être un moyen précieux d'investigation, un fil d'Ariane pour les recherches, elles cessent d'être un guide pour devenir une pierre d'achoppement.

Aussi, en effleurant une partie des questions obscures de la fécondation, n'ai-je point la prétention de les résoudre ou d'établir des dogmes nouveaux, mais simplement d'attirer à nouveau l'attention sur elles, de les signaler aux chercheurs sérieux pour qui la difficulté est un stimulant.

A ceux qui me reprocheraient de les introduire dans un ouvrage consacré à des questions viticoles déjà assez ardues par elles-mêmes et les considéreraient comme d'ordre purement spéculatif et en dehors du sujet, il me sera facile de montrer par la suite de cette étude que les phénomènes en question intéressent au plus haut point la viticulture.

Les procédés de la reproduction, chez les végétaux comme chez les animaux, sont extrêmement variés. Leur complication est plus ou moins grande suivant la catégorie de plantes que l'on considère. Parmi eux figurent la division cellulaire, la régénération, la scissiparité, la sporulation et l'amphimixie ou reproduction sexuelle.

Tantôt la plante ne possède qu'un seul de ces modes de reproduction ; tantôt, au contraire, elle en possède plusieurs à la fois, l'un d'eux pouvant être affaibli ou prédominer suivant les conditions du milieu où la plante évolue.

Dès l'instant que la greffe, ainsi qu'il a été démontré, est un des facteurs qui permettent de faire varier presque à l'infini l'état biologique du sujet et du greffon, il est obligatoire qu'elle ait une influence considérable sur les modes de reproduction de chacun d'eux.

L'on connaît des exemples de greffes dans lesquelles se manifeste une suppléance remarquable entre la lignification et la tubérisation (*Helianthus multiflorus H. lætiflorus* greffés sur *H. annuus*), ainsi que d'autres dans lesquelles la reproduction sexuée est affaiblie ou exaltée quand la multiplication asexuée est renforcée ou diminuée.

Il est bien probable que des études comparatives sérieuses amèneraient à constater, chez des végétaux possédant plusieurs modes de reproduction autres que les précédents, soit des cas de suppléance physiologique entre ces modes, soit l'apparition de procédés aujourd'hui disparus ou la disparition de procédés actuellement existants [1].

---

[1] Les divers modes de reproduction sont primitifs, puisqu'ils se retrouvent à la fois dans des plantes inférieures comme dans des végétaux supérieurs.
De ce que l'un de ces modes n'existe plus ou n'a pas été constaté dans une plante, on n'est pas en droit

De tous les modes de reproduction existant chez les plantes, le plus important par sa valeur et son étendue, c'est sans contredit l'amphimixie, autrement dit l'union intime des protoplasmas et des noyaux de deux cellules donnant naissance à une cellule unique, l'œuf, dont le développement reproduira un être analogue à ses parents.

Quand l'amphimixie s'effectue, l'être vivant subit des modifications profondes. Assez souvent la formation des sexes est accompagnée de différences, dites caractères sexuels secondaires, qui permettent de distinguer le mâle de la femelle. Fréquents chez les animaux, ils sont plus rares chez les plantes. On les trouve cependant dans certains végétaux dioïques, comme l'*Aucuba*, la Mercuriale, etc.; ils contribuent parfois à augmenter la valeur ornementale des plantes qui les possèdent. On ignore presque complètement l'influence de la greffe sur ces caractères, bien qu'il soit facile de faire des études sur ce point particulier.

L'on constate invariablement que la formation de l'œuf coïncide avec un ralentissement marqué du développement de l'appareil végétatif. C'est là un fait bien connu des arboriculteurs qui ont depuis longtemps signalé l'antagonisme existant entre la vigueur et la production chez les arbres fruitiers.

Dans certains cas, la reproduction est même le phénomène précurseur de la mort. C'est ainsi que certains Palmiers mettent cent ans à fleurir et meurent une fois la reproduction effectuée, quand ils ont ainsi assuré le maintien de l'espèce à travers les âges.

C'est un fait d'expérience, et il en a été cité bien des exemples dans cet ouvrage, que la greffe peut avancer ou retarder la maturité sexuelle, c'est-à-dire modifier sensiblement l'époque à laquelle le végétal est apte à se reproduire.

Un pareil résultat est tout aussi important en pratique qu'en théorie. Nos arbres fruitiers n'acquièrent de valeur pour le cultivateur qu'au moment où ils commencent à porter des fruits. On comprend dès lors que, de temps immémorial, on ait employé la greffe pour avancer la maturité sexuelle des greffons. C'est là un des avantages sérieux de la greffe en pomologie, qu'il s'agisse des fruits de table ou des fruits de pressoir.

Mais réciproquement tout avancement de maturité sexuelle est accompagné d'un affaiblissement des plantes greffées et d'une abréviation dans la durée de leur vie. Ainsi s'expliquent naturellement la durée plus courte de la plupart des plantes greffées, la diminution de leurs résistances et leur mort si souvent prématurée. Semblable abréviation est un désavantage au point de vue utilitaire comme à celui de la conservation de l'espèce. Et l'on comprend que le greffeur intelligent doit établir la balance entre les avantages et les inconvénients de la symbiose avant de se lancer inconsidérément dans la greffe de telle ou telle catégorie de plantes utilitaires.

La reproduction sexuée donne lieu encore à beaucoup d'autres remarques importantes.

Les cellules, ou gamètes, qui s'unissent peuvent être semblables sous tous rapports morphologiques et se comporter physiologiquement d'une façon semblable; elles sont alors isogames. Dans le cas contraire, elles sont hétérogames : la cellule la plus petite s'appelle la gamète mâle; la cellule la plus grosse est la gamète femelle.

On admet généralement aujourd'hui que le gamète femelle doit sa taille plus

---

d'affirmer qu'il ne peut réapparaître dans certaines conditions. Par exemple, on ne peut soutenir que, dans une plante supérieure où l'amphimixie paraît être le mode actuel unique de reproduction, on ne puisse faire réapparaître d'autres procédés comme la scissiparité ou la conjugaison de cellules non différenciées sexuellement. Il n'est point absurde, ainsi que le prétendent bien illogiquement certains auteurs, de dire que la conjugaison de cellules végétatives, réalisant l'hybride de greffe au sens ancien du mot, est possible et même très probable, bien qu'il soit presque impossible de saisir cette fusion sur le vif.

élevée à une différence de nutrition; autrement dit à une capacité fonctionnelle plus forte que celle du gamète mâle. Celui-ci est moins bien nourri. C'est là un fait d'une grande importance qui nous permettra de comprendre plus d'un phénomène sans cela inexplicable.

Enfin l'on sait que les gamètes mâle et femelle peuvent être portés par des fleurs différentes, qui sont alors unisexuées. Dans ce cas, l'amphimixie ne peut se faire que par croisement. Quand les organes mâle et femelle sont réunis dans la même fleur, celle-ci est hermaphrodite et peut se féconder elle-même (autofécondation) si les organes sexuels sont mûrs au même moment. Ce n'est pas toujours le cas; il y a dichogamie si ces éléments sexuels sont mûrs à des époques différentes et l'hermaphroditisme n'étant pas physiologique, le croisement reste obligatoire.

La connaissance de ces diverses données nous amène à nous poser toute une série de problèmes intéressants à propos de l'influence de la greffe sur le sexe, le déterminisme sexuel, la valeur reproductrice du mâle et de la femelle et les rendements; sur la facilité relative du croisement et de l'autofécondation (concurrence des pollens sur un même stigmate); sur les races pures, sur les hybrides et la transmission des caractères parentaux à l'hybride et à ses descendants; sur la fixité relative des caractères dominants et récessifs; sur la notion de paternité (dissociation, télégonie); sur la possibilité de la réaction de l'embryon sur l'ovaire qui le porte (xénies), etc.

A. Le sexe, valeur sexuelle et rendements.

Rien n'est aussi complexe et aussi obscur que la question du sexe. Les savants sont en désaccord sur les points les plus fondamentaux. C'est ainsi que les uns considèrent l'hermaphroditisme comme la forme de début; d'autres, au contraire, croient que c'est l'unisexualité. Quoi qu'il en soit, on ignore presque complètement les causes initiales qui ont amené un être primitivement hermaphrodite à se transformer en un être unisexué ou inversement.

On peut se poser d'autres questions tout aussi importantes. Une fois l'indifférence sexuelle primitive disparue, quelles sont les causes qui peuvent déterminer dans l'être le sexe mâle ou le sexe femelle? Sur ce point, on ne sait encore rien de bien précis.

S'agit-il de propriétés inhérentes aux cellules mâle et femelle, ou bien y a-t-il indétermination première et détermination du sexe sous l'influence du milieu chimique où évolue l'embryon?

On peut citer des exemples à l'appui de chacune de ces deux hypothèses. Les femelles ailées du Phylloxéra pondent deux catégories d'œufs : des petits et des gros. Après une fécondation semblable, les petits œufs fournissent constamment des mâles; les gros, toujours des femelles. Ici, le sexe est sous la dépendance absolue de la mère; le mâle et le milieu extérieur sont sans influence.

Dans les Abeilles, on trouve le cas contraire. Les œufs fécondés peuvent à volonté être transformés par les abeilles ouvrières, soit en mâles, soit en ouvrières, soit en reines. Il y a donc indifférence sexuelle et le sexe est alors sous la dépendance complète de la nutrition.

Cela fait penser immédiatement que si la nourrice ou abeille ouvrière peut ainsi modifier à sa guise le sexe de l'embryon par l'introduction d'éléments étrangers aux gamètes, il y aura possibilité, pour d'autres êtres, d'arriver artificiellement aux mêmes résultats.

C'est ainsi que l'on a été amené à étudier l'influence du milieu sur le déterminisme sexuel.

On peut faire changer le milieu de bien des façons, dont toutes aboutissent fatalement à un changement de nutrition du père ou de la mère ou des deux à la fois.

L'alimentation a un effet remarquable sur la valeur sexuelle du père et de la mère et sur leurs produits. C'est là un fait incontestable, bien connu des éleveurs, en zootechnie. Un animal mal nourri perd en partie ses facultés procréatrices; trop nourri, il devient gras et impuissant. Le bon reproducteur n'est ni gras ni maigre.

En fait de plantes, il en est de même. Les horticulteurs savent que la plante insuffisamment nourrie peut devenir impuissante comme dans le cas de la culture en serre. Nourrie avec excès, elle pousse à bois et à feuilles, au détriment de la reproduction.

Cette action est accompagnée parfois d'une influence fort nette sur la reproduction des sexes chez les descendants des êtres ayant ainsi subi une préparation spéciale, volontaire ou accidentelle.

Ainsi, chez certains insectes, la nourriture abondante donne un plus grand nombre de femelles quand, au contraire, la pénurie d'alimentation donne plus de mâles. Les expériences récentes semblent aussi prouver que chez la grenouille l'influence de la nutrition est remarquable sur la production des sexes.

Enfin, Schenk a prétendu que le sexe est prédéterminé dans l'ovule mûr, mais qu'il dépend de la nutrition chimique de celui-ci. Il suffit donc de produire chez la femelle un chimisme convenable, pour obtenir à volonté un mâle ou une femelle ([1]).

Dans le règne végétal, on connaît des faits analogues. Avec le Chanvre, Fisch et ensuite Hoffmann arrivent à la conclusion que le sexe est prédéterminé dans l'ovule et que les conditions extérieures sont sans influence sur lui.

Mais le même Hoffmann a constaté que le cas du Chanvre est loin d'être la règle. Le *Lychnis*, la Mercuriale, l'Épinard et la petite Oseille donnent plus de mâles par la culture en pieds serrés. De même, Muller rapporte que, sous l'influence d'une alimentation insuffisante, les épis femelles du Maïs donnent quelques fleurs mâles.

On a même prétendu que l'âge des graines influe sur le sexe. Dans les Melons, les graines fraîches donnent plus de mâles; les graines âgées donnent plus de femelles. C'est là une opinion courante dans le Midi pour le Melon de Cavaillon et chez les horticulteurs pour les Melons en général. Baillon, à la suite d'expériences, conteste, il est vrai, la réalité de cette action.

Quoi qu'il en soit, ces faits montrent que, dans les cas positifs cités, la nutrition a une influence indéniable sur la production des sexes, ceux-ci étant en relation avec la capacité fonctionnelle momentanée dans le père et la mère.

On peut se demander s'il est possible, par des procédés autres que la culture en pieds serrés ou la suralimentation par des engrais, de changer le sexe d'un être unisexué, de le rendre hermaphrodite, ou de transformer un être hermaphrodite en un être unisexué, et s'il n'est pas possible de faire varier en même temps les caractères sexuels secondaires distinctifs du mâle et de la femelle.

Des expériences concluantes, effectuées sur divers végétaux et aussi sur des animaux, permettent de répondre à ces questions par l'affirmative.

Mais il est bon de faire remarquer que les variations ainsi obtenues correspon-

---

([1]) On a fait à la théorie de Schenk une objection en apparence sérieuse. Chez les femelles multipares, tous les petits devraient être du même sexe, ce qui n'est pas le cas.

L'objection n'a peut-être pas toute la portée qu'on lui a attribuée. Il n'est pas douteux que les ovules fournis par un même ovaire ne reçoivent pas une alimentation identique. Il peut se faire que leur chimisme diffère en dépit de la nourriture uniforme, donnée à la mère. Chez les végétaux, la différence de nutrition des ovules d'un même ovaire ne saurait être niée davantage.

dent quand même, comme je l'ai indiqué le premier, à des variations de nutrition, à des changements de capacités fonctionnelles (suralimentation ou disette) consécutifs à des blessures ou à la vie symbiotique.

Les blessures conduisent les plantes, pour une durée plus ou moins longue et avec une intensité variable suivant la nature de la lésion, soit à la vie en sol sec ou pauvre (déséquilibre $Cv > Ca$), soit à la vie en sol humide ou riche (déséquilibre $Cv < Ca$).

Si vraiment, dans une plante donnée, l'influence d'un défaut ou d'un excès d'alimentation peut s'exercer sur le sexe, on devra fatalement retrouver, à la suite de blessures systématiques, un déterminisme sexuel analogue à celui qui a été constaté dans le cas précédent où les variations de nutrition avaient simplement une autre origine. C'est en effet ce qui a lieu.

Spallanzani, Bernardi et Autenrieth ont constaté que, en mutilant la tige des pieds femelles du Chanvre, on leur fait produire des fleurs mâles. Il est facile de comprendre ce résultat si l'on considère que le Chanvre possède un tissu conducteur différencié de bonne heure et une couche génératrice peu active au moment où l'on blesse la plante. La cicatrisation s'effectue lentement et la plaie, restant béante, laisse perdre la sève au détriment de la régénération. Les pousses de remplacement souffrent de la disette et, insuffisamment nourries, donnent lieu à la production du sexe mâle.

Blavet (1898), à la suite de la transplantation d'une Cucurbitacée dioïque, le *Phladiantha dubia*, a remarqué que la fleur femelle fut transformée en fleur mâle. Ici le résultat est dû à la mutilation des racines réduisant l'absorption et peut-être aussi à l'insuffisance du sol.

Non moins probantes sont les expériences de Spagazzini, à la Plata. Celui-ci cultivait des pieds femelles de *Cayaponia*, de *Dioscorea* et de *Clematis*, sans obtenir de fruits. Ayant transplanté sans soins leurs tubercules, ceux-ci furent endommagés, et, en 1898, il aperçut des fruits en voie de formation. Ayant examiné avec soin les fleurs, il vit des fleurs mâles mêlées aux fleurs femelles dans les *Cayaponia*, des fleurs devenues hermaphrodites dans les *Dioscorea*, et les staminodes des *Clematis* portaient des anthères fertiles.

Au contraire, Bordage a constaté que l'on obtient des fleurs femelles sur des inflorescences de Papayer mâle en coupant les tiges sur le point de fleurir. Ce résultat n'est contradictoire qu'en apparence. Le Papayer est vigoureux et les repousses sont assez actives pour donner naissance au déséquilibre $Cv < Ca$, ce qui n'avait pas lieu dans les cas précédents. L'apparition du sexe femelle en est la conséquence.

Cette apparition d'ovules sous l'influence d'une suralimentation causée par la taille en vert ou en sec, n'est pas un cas isolé. J'ai signalé le fait d'un *Fuchsia* pincé sur pousse vigoureuse et qui fournit diverses anomalies florales, entre autres la production de nombreux ovules dans le style.

Fréquents sont les cas où l'excès de nourriture causé par une taille exagérée amène, en même temps que des monstruosités de l'appareil végétatif, des métamorphoses régressives des organes sexuels [1], pouvant aller de l'affaiblissement de la fonction génératrice à la stérilité absolue. Le sexe mâle, sous l'influence de la suralimentation des parties restantes, disparaît le premier par pétalisation régressive des étamines. L'ovaire persiste plus longtemps et peut conserver toute sa valeur sexuelle; la fleur primitivement hermaphrodite, est ainsi transformée en fleur femelle.

Dans tous ces exemples, l'on voit nettement que le sexe et la vitalité sexuelle

---

[1] Voir L. Daniel. — *Essais de Tératologie expérimentale (Revue bretonne de botanique*, Rennes, 1906-1907).

sont influencées par les blessures dans le même sens que le sont les mêmes plantes intactes soumises à l'action de la culture pauvre ou riche.

Toutefois il est bon de remarquer que les résultats d'une même blessure peuvent être fort différents suivant non seulement la nature propre de la plante et sa structure, mais encore suivant le moment où l'on opère. L'on peut en effet arriver à la suralimentation ou à la disette permanentes, et les obtenir l'une après l'autre avec des alternances de durée variable suivant les conditions de milieu.

L'exemple classique sous ce rapport est celui de la décortication annulaire. On sait que cette opération, faite au moment propice, empêche la coulure. Faite trop tôt ou trop tard, elle ne donne plus ce résultat. Par la sécheresse, le bourrelet cicatriciel exagère les souffrances de la région supérieure, à la décortication; par la pluie, elle augmente l'humidité du milieu. On s'explique ainsi les résultats contradictoires obtenus par des expérimentateurs opérant sans s'en douter dans des conditions bien différentes.

Les variations de nutrition n'ont pas seulement une influence indéniable sur les reproducteurs mâle et femelle, mais elles agissent aussi sur le développement de l'œuf résultant de l'union de leurs gamètes.

Le développement de l'embryon ne peut se faire normalement qu'à la condition d'avoir à sa disposition une quantité convenable de nourriture et de l'eau en quantité modérée. Sans eau suffisante, il se dessèche ainsi que le futur fruit. S'il lui arrive de l'eau en excès, il meurt également. Quelquefois le fruit meurt avec lui et tombe; la pédoncule subit la réplétion aqueuse à son insertion sur l'axe; c'est alors la coulure.

Parfois l'ovaire persiste; alors il peut rester sans se développer ou continuer à grossir. C'est ce qui arrive dans la Vigne qui donne un fruit sans pépins. L'excitation causée dans l'ovaire par la fécondation suffit à assurer le développement du fruit malgré l'avortement de l'œuf: c'est le phénomène du millerandage. Cet accident est devenu héréditaire dans le raisin de Corinthe. On peut le provoquer artificiellement en taillant la vigne peu après la floraison et en suralimentant ainsi avec excès les grappes au début de la formation de l'œuf [1].

Tous ces faits, qu'il serait facile de multiplier, montrent que l'homme peut, en utilisant les blessures et les procédés de la taille, faire varier les organes reproducteurs. Ils montrent que l'on peut, d'une façon systématique, préparer le père et la mère en vue d'un résultat déterminé. C'est la justification de certaines pratiques empiriques employées pour obtenir de bonnes graines, une race pure ou de grands rendements.

Il existe encore une autre catégorie très importante de facteurs susceptibles d'exercer une influence profonde, non seulement sur les parents, mais aussi sur la fécondation, le développement de l'œuf et sur sa descendance. Ce sont les unions symbiotiques naturelles ou artificielles.

Les unions symbiotiques naturelles comprennent, en particulier, le parasitisme sous toutes ses formes. Or, les parasites provoquent chez les animaux et les végétaux des modifications parfois très profondes, qui peuvent porter sur les sexes et leurs caractères secondaires. Quand ces variations sont héréditaires, elles donnent naissance à des variétés ou des races nouvelles; l'action parasitaire devient spécifique au sens que j'ai donné à ce mot.

Sous le nom de castration parasitaire, Girard, à qui sont dus de remarquables travaux sur ce sujet, a désigné tous les phénomènes d'ordre morphologique ou physiologique qu'entraîne dans l'organisme d'un être vivant la présence d'un parasite agissant sur les fonctions génératrices de son hôte.

---

[1] L. Daniel. — *Production expérimentale de grains de raisin sans pépins* (C. R. de l'Acad. des Sc., 1907).

Cette action, éminemment variable, s'étend souvent de l'affaiblissement plus ou moins marqué de la fonction génératrice mâle à la castration complète, tout comme dans le cas des blessures. Elle est fréquente dans le règne animal.

Ainsi, le Crabe mâle parasité prend les caractères de la femelle. Ses pinces diminuent de puissance; sa queue s'élargit comme pour protéger les œufs; mais, à la place de ceux-ci, c'est le parasite que le Crabe mâle protège et élève avec un soin maternel.

L'Abeille mâle parasitée acquiert des brosses comme si elle devait recueillir du pollen à la façon de l'Abeille ouvrière.

La castration parasitaire se retrouve aussi dans le règne végétal, avec des variantes, bien entendu. Sous ce rapport, le *Lychnis dioïca* est très remarquable. Il se comporte d'une façon toute différente suivant que le parasite *Ustilogo antherarum* attaque la fleur mâle ou bien la fleur femelle.

Dans la fleur mâle, ce parasite se contente de déformer les anthères et d'y loger ses spores à la place même du pollen. Dans la fleur femelle, ne trouvant pas d'anthères à sa disposition, il produit une irritation des tissus suffisante pour amener une vitalité artificielle dans les filaments ordinairement atrophiés, et c'est ainsi que se forment les anthères où il loge ses spores. La fleur prend alors toutes les apparences d'une fleur hermaphrodite, à tel point que plus d'un botaniste s'y est trompé. Un examen un peu sérieux permet de voir que l'hermaphroditisme est seulement apparent. Toutes les fleurs sont physiologiquement unisexuées, aucune anthère ne contenant de pollen.

Meehan a observé chez un *Vernonia* (Composées) la destruction des étamines par un parasite radicicole qui transforme ainsi une fleur normalement hermaphrodite en fleur femelle.

Cette curieuse action à distance d'un parasite souterrain se retrouve dans d'autres plantes. Ainsi, parfois, les Saponaires sauvages présentent des fleurs doubles. On trouve toujours, dans ce cas, sur leurs racines un champignon radicicole qui est la cause de la pétalisation des étamines. Il y a lieu de croire que d'autres duplicatures de la fleur ont aussi une origine parasitaire.

Chez les Composées du genre *Pulicaria*, Giard a observé des exemplaires devenus dioïques sous l'influence d'un champignon radicicole. Cette action peut être totale ou partielle, c'est-à-dire porter sur l'ensemble des fleurs ou seulement sur les fleurons de la périphérie.

A la suite de ses études sur la castration parasitaire et le parasitisme, Giard conclut que l'action morphogénique du parasite est spécifique, c'est-à-dire variable suivant son espèce. Il croit que cette action est héréditaire, et il voit dans le parasitisme la cause de la transformation de l'être primitivement hermaphrodite en être unisexué ([1]).

La greffe est aussi une symbiose, mais artificielle; elle amène, dans l'immense majorité des cas : 1° un changement de sol, puisque le sujet fait varier la capacité fonctionnelle du greffon ; 2° des blessures qui ont sur les capacités fonctionnelles de l'association un rôle perturbateur très prononcé, grâce au bourrelet; 3° un parasitisme artificiel avec réaction mutuelle du sujet et du greffon.

Elle possède donc, à elle seule, les trois facteurs de variations dans la reproduction qui ont été étudiés précédemment. Elle ne peut, dans ces conditions, manquer d'avoir une action profonde sur le sexe et la fonction de reproduction en

---

([1]) Suivant une observation due à plusieurs naturalistes et rapportée par Giard, le parasitisme de certaines chenilles peut aussi provoquer des changements spécifiques dans l'appareil végétatif des plantes. Ainsi, en 886, des *Biota orientalis* ayant eu leurs feuilles complètement détruites par les chenilles d'*Ocneria dispar*, prirent la forme d'un *Retinospora*. Cette suppression des feuilles, véritable effeuillage complet, peut se comparer aux procédés horticoles réduisant brusquement la capacité fonctionnelle de consommation d'un végétal.

général (¹). Si les faits sont encore peu nombreux dans cet ordre d'idées, cela tient uniquement à ce que l'attention n'a pas été attirée suffisamment sur eux.

Cependant l'on peut en citer un certain nombre qui sont des plus instructifs et des plus probants.

Le *Cytisus Adami* est stérile par l'ovule et fertile par l'étamine, caractère absolument anormal par rapport aux hybrides sexuels. Le Néflier de Bronvaux a des organes sexuels bien conformés; la fécondation semble normale puisque se développent des fruits et des graines semblant bien formés, d'après leur aspect extérieur. Mais les embryons sont incapables de germer.

Il y a de nombreux Rosiers qui deviennent stériles ou dont la fertilité diminue à la suite de la greffe sur sujet infertile, et j'en ai cité des exemples.

Parfois aussi des plantes herbacées greffées perdent leur fertilité quand leurs fruits varient sous l'influence du sujet. Les Aubergines greffées sur Tomate, et dont les fruits étaient devenus ovoïdes ou côtelés, ne présentaient que des graines avortées à des degrés divers de développement (1895).

J'ai observé encore un affaiblissement assez marqué de la fonction génératrice chez des Tabacs glutineux greffés sur Tomate. Les francs de pied, cultivés au jardin botanique de Rennes, présentent quelquefois quatre étamines bien conformées; la cinquième est plus ou moins atrophiée dans quelques fleurs. Sur les Tabacs greffés, cette anomalie était plus fréquente que dans les témoins.

Il ne faudrait pas croire toutefois que cet affaiblissement soit un fait général. Il existe, en effet, des greffes dans lesquelles la fonction génératrice est exaltée.

Darwin a rapporté, d'après Munro, que Donaldson avait obtenu un résultat curieux avec un *Passiflora alata*. Cette espèce ne pouvant lui donner de fruits sans l'intervention d'un pollen étranger, Donaldson la greffa sur une espèce voisine. Le greffon porta des fruits et depuis lors continua à s'autoféconder.

L'*Helianthus multiflorus* fleurit sans jamais fructifier sous notre climat de Rennes. Greffé sur *Helianthus annuus*, un greffon m'a donné une graine fertile, il y a quelques années. Les autres fleurs ont donné des fruits atrophiés à des degrés divers, mais en général mieux formés qu'à l'ordinaire.

A côté de ces variations de fertilité peuvent se placer les changements dans le nombre et la grosseur des fruits ou des graines, chez les greffons. Ces changements ont une importance considérable en agriculture au point de vue des rendements.

Ils sont pour ainsi dire la règle après la greffe. Le plus souvent le volume du fruit est augmenté et le nombre des graines diminue quand celles-ci deviennent plus grosses. Il n'y a cependant pas concordance absolue entre ces deux grossissements. Si le fruit et la graine grossissent souvent ensemble, il peut arriver que le fruit grossisse et que la graine reste plus petite. Nous en verrons des exemples dans la Vigne.

Le grossissement du fruit dans nos arbres fruitiers, quand il existe, est recherché au point de vue utilitaire pour les fruits de table; c'est un des avantages de la greffe. Tout le monde sait que ces fruits, plus gros, possèdent en général moins de pépins. Les loges sont parfois toutes vides ou bien quelques-unes seulement contiennent des pépins bien conformés.

Dans la Vigne, l'on a vu précédemment que certaines vignes coulardes peuvent fructifier sous l'influence de la greffe ou couler davantage. Vis-à-vis du millerandage, elles se comportent de la même manière. Ces résultats sont parfois la conséquence des variations de nutrition amenée par le bourrelet. Mais elles proviennent aussi de la nature propre du sujet, agissant alors *spécifiquement*, ainsi qu'il sera montré plus loin.

Comme le font les engrais, les blessures et le croisement sexuel, c'est-à-dire

(¹) Son action sur l'appareil végétatif est due aussi à ces trois causes.

toutes les causes de déséquilibre dans la nutrition, la greffe augmente le nombre des monstruosités de l'appareil reproducteur. Je citerai, dans la Vigne, des cas curieux de déterminisme sexuel observés en diverses régions du vignoble.

Il n'est pas douteux qu'en multipliant les observations sur l'action de la greffe dans la fécondation que l'on observerait des cas analogues à ceux que l'on trouve dans le parasitisme. Les arbres fruitiers donnent lieu à de nombreuses monstruosités sexuelles et à des duplicatures variées (¹). On m'objectera que l'on observe aussi ces phénomènes sur des plantes non greffées et soumises à des tailles sévères. Je sais d'autant mieux que les blessures produisent des monstruosités que j'ai le premier indiqué à quelle cause était due ce phénomène.

Mais du fait que les blessures peuvent, à elles seules, causer des monstruosités sexuelles, cela ne veut pas dire que la greffe agissant seule aussi est incapable d'en produire. J'ai constaté maintes fois, dans les arbres fruitiers de mon jardin, que la greffe peut accentuer ou diminuer le nombre des monstruosités d'un greffon donné. Il en est de même dans les Rosiers dont la fleur peut devenir plus double ou repasser à l'état de rose simple, comme dans certains écussons de la Gloire de Dijon, etc.

B. — Autofécondation et croisement; races pures et hybrides.

Quand une fleur hermaphrodite vient à se féconder elle-même, il y a autofécondation. Mais le plus souvent la fécondation se fait entre des fleurs différentes : il y a croisement.

Le croisement peut se faire entre fleurs de la même plante ou entre fleurs de plantes différentes, mais d'une même race; mais il peut aussi se faire entre fleurs de races, d'espèces ou de genres différents.

La race se maintient pure s'il y a autofécondation ou croisement entre fleurs d'une même plante ou d'une même race. Les autres croisements aboutissent à la formation d'un hybride (²).

Dans la nature, comme dans nos jardins, les fleurs de races ou d'espèces différentes se trouvent parfois placées côte à côte; des agents divers peuvent transporter sur un même stigmate le pollen de la race à laquelle appartient l'ovule et des pollens de races et d'espèces différentes.

On a remarqué, dans ce cas, que l'autofécondation n'a pas lieu, mais qu'il y a croisement, et que c'est le croisement entre races différentes qui s'effectue. Le pollen de la race voisine émet un tube pollinique qui se développe plus rapidement que celui du pollen de la race fournissant l'ovule; c'est le pollen de l'espèce voisine qui, se développant le plus lentement des trois, arrive bon dernier dans la course à la fécondation.

Ces faits expliquent la rareté des hybrides d'espèces et de genres dans la nature, la nécessité de soins spéciaux pour les obtenir artificiellement et la fréquence des croisements entre races, par conséquent la difficulté du maintien des races pures. Au point de vue du maintien de l'espèce, les unions consanguines ne valent pas les croisements; l'on conçoit que la nature ait ainsi favorisé les croisements entre plantes voisines, mais que ces croisements ne puissent dépasser la limite utile.

Il serait très intéressant de connaître les causes du développement plus rapide

(¹) Pour plus de détails sur ces questions, voir ma communication au Congrès des Sociétés savantes de Rennes, avril 1909.

(²) Le mot hybride est pris ici dans son sens le plus général, c'est-à-dire qu'il correspond aux hybrides d'espèces et de genres et aux anciens métis ou hybrides de races. La distinction entre l'hybride proprement dit et le métis n'est nullement tranchée.

du pollen d'une race sur le stigmate d'une fleur de race voisine. On sait que la rapidité de l'allongement du tube pollinique est variable suivant la composition de la sudation stigmatique, comme cela se passe pour les grains de pollen placés dans des solutions artificielles dont la composition se rapproche du liquide stigmatique. Si cela permet de penser qu'on pourrait arriver, en baignant le stigmate avec des solutions artificielles variées, à obtenir des croisements anormaux, il n'est pas impossible davantage que la greffe, dont l'influence sur l'état biologique des associés et sur les sécrétions en général est indéniable, ne vienne à modifier, dans certains cas, la nature de la sécrétion stigmatique. L'on comprend que, s'il en était ainsi, la greffe troublerait plus ou moins les rapports naturels existant entre les races et les espèces, même les genres; des croisements naturels impossibles à obtenir sur des francs de pied pourraient se réaliser sur des plantes greffées dont le chimiotactisme aurait varié dans le sens voulu.

Ceci n'est pas une pure hypothèse dénuée de vraisemblance. La Passiflore de Donaldson qui, franche de pied, nécessitait un croisement pour se reproduire, et qui s'autoféconda après la greffe, est peut-être un exemple du genre d'influence dont il est question ici ([1]).

Des expériences méthodiques et répétées seraient à entreprendre dans cette voie; elles seraient sûrement fécondes, à la condition de ne pas se laisser arrêter par les résultats négatifs une première fois obtenus par d'autres ou par soi-même ([2]).

Nous avons vu que la greffe influe sur la valeur sexuelle du père et de la mère; par conséquent elle exerce une action sur la valeur des gamètes eux-mêmes. Cela conduit à penser qu'elle influe de même sur le produit de ceux-ci, c'est-à-dire sur la descendance des plantes greffées. C'est cette catégorie de variations que j'ai désignée en 1895 sous le nom d'influence du sujet sur la postérité du greffon et réciproquement.

Cette influence de la greffe peut s'exercer de deux façons différentes, qu'il ne faut pas confondre. Les variations peuvent être amenées dans l'hybride sexuel par la greffe entre les parents de cet hybride, soit avant le croisement, soit au moment de celui-ci; ou bien elles peuvent être produites sur l'hybride lui-même provenant de parents francs de pied que l'on greffe, après sa formation, sur l'un de ses parents, sur d'autres hybrides ou d'autres plantes voisines.

Pour comprendre toute une série de faits concernant l'action de la greffe *avant* ou *après* le croisement dans les hybrides de Vigne et dans les Vignes de variétés ou d'espèces pures, il est nécessaire de posséder au moins des notions sommaires sur la transmission des caractères parentaux chez les hybrides sexuels et sur la postérité de ceux-ci. Cela est d'autant plus indispensable que dès le début de mes recherches j'ai signalé qu'il existe une sorte de parallélisme entre l'hybridation par la greffe et l'hybridation sexuelle.

α. *Transmission des caractères parentaux à l'hybride sexuel.* — Considérons deux parents A et B possédant chacun un caractère a et un caractère b. Supposons

---

([1]) Voir aussi plus loin les données relatives à la notion de paternité.
([2]) J'ai bien des fois insisté sur ce point. Mais je ne puis m'empêcher d'y revenir, en apprenant par la *Revue horticole* (1909, p. 371) que, en Allemagne, à la suite de dix années d'expériences sur la greffe des Pommes de terre, M. Hirche est arrivé à créer des hybrides de greffe qui ont été exposés à la Société d'agriculture d'Allemagne et dont quelques-uns sont déjà mis au commerce. Ces faits prouvent la réalité des modifications signalées par divers auteurs anglais sur les Pommes de terre greffées et plus récemment par M. Édouard Lefort, un horticulteur connu. M. Griffon n'a pas obtenu d'hybrides directs à la suite de sa greffe de pommes de terre; je n'en ai pas obtenu non plus dans quelques-unes des expériences que j'ai faites. Mais tandis que M. Griffon a conclu à l'impossibilité de ces variations, je me suis borné à constater mon insuccès et me suis bien gardé de nier les résultats obtenus par d'autres...

que de leur croisement soient issues N graines qui en germant reproduiront chacune un hybride A × B.

Si l'on examine ces N hybrides, on constate que six cas au moins peuvent se présenter, et que ces six cas peuvent se ranger en deux groupes: ou les hybrides sont tous semblables entre eux, ou bien ils sont dissemblables.

Quand les hybrides sont tous semblables entre eux, cela peut se faire de deux manières: ou les hybrides ne présentent aucun caractère nouveau; ou bien un ou plusieurs caractères nouveaux apparaissent uniformément dans tous les exemplaires.

Dans la première manière, l'un des caractères parentaux, a par exemple, est le seul qui apparaisse dans l'hybride; le caractère b ne s'y montre jamais. Le caractère a est dit *prévalent* ou *dominant* par rapport au caractère b, qui est *récessif* ou *latent*. Ces deux caractères sont *antagonistes*.

Ce phénomène existe chez les animaux comme chez les végétaux. La souris grise croisée par la souris blanche donne toujours des hybrides gris; le caractère gris du pigment est dominant par rapport à l'absence de pigment.

A ces hybrides, on a donné le nom d'hybrides *unilatéraux*, parce qu'ils rappellent exclusivement l'un des parents: les N graines donnent N hybrides semblables à caractère dominant a ([1]).

Dans d'autres cas, l'hybride est exactement intermédiaire entre les deux parents, les caractères a et b se combinant par parties égales pour donner $\frac{ab}{2}$.

Le plus bel exemple connu est celui de deux vignes méridionales, l'Aramon croisé avec un Teinturier et étudiées par le Dr Armand Gautier. La matière colorante du mâle Aramon a pour formule $C^{46}H^{36}O^{20}$; celle de la femelle Teinturiera pour formule $C^{44}H^{40}O^{20}$. La matière colorante de l'hybride a pour formule $C^{45}H^{38}O^{20}$.

Les N graines fournissent alors, par rapport aux caractères a et b, N hybrides à caractères $\frac{ab}{2}$. A ces hybrides, on donne le nom d'*hybrides intermédiaires*. Les caractères ainsi combinés sont dits fusionnés.

Au voisinage des hybrides intermédiaires, se placent les *hybrides renforcés*, dans lesquels on observe encore un seul caractère transmis, non plus intégralement, mais avec un renforcement plus ou moins prononcé. Il y a $\widehat{Na}$ hybrides renforcés.

C'est ce qui arrive fréquemment pour la taille et la vigueur: très souvent l'hybride est plus vigoureux que le plus vigoureux des parents.

En croisant le *Mathiola incana*, dont l'épiderme est brun, avec des grains d'aleurone bleus, avec le *Mathiola glabra* dont l'épiderme est jaune clair sans grains bleus, Tschermak a obtenu des hybrides à épiderme contenant des grains d'aleurone bleu foncé.

Lorsque les N hybrides sont dissemblables, plusieurs cas peuvent être observés encore.

Il peut arriver que les caractères a et b se trouvent séparés dans les hybrides A × B et que les uns possèdent exclusivement soit le caractère a, soit le caractère b, ces deux caractères étant ainsi, alternativement, dominant et récessif ou latent.

([1]) Si l'on n'examine que les hybrides de première génération, il est impossible de distinguer l'hybride unilatéral du parent auquel il ressemble, et l'on pourrait croire que le croisement n'a pas eu lieu. On distingue cependant, ainsi qu'on le verra plus loin, ces deux catégories de plantes, en apparence semblables, par l'étude de leur descendance.

Ce cas se trouve assez fréquemment dans l'espèce humaine. Un brun à yeux noirs marié à une blonde à yeux bleus donne des produits qui ont tantôt les yeux bleus, tantôt les yeux noirs.

Millardet a observé sur certains Fraisiers des hybrides à caractères alternants du père et de la mère.

A ce genre d'hybrides, on donne le nom d'*hybrides alternants*. Les N hybrides se partagent alors en $na + n'b$, et l'on a $n + n' = N$.

Un type plus compliqué est celui des *hybrides hétérogènes*, dans lequel on trouve, en plus de l'alternance précédente entre les types paternels et maternels, un certain nombre de types intermédiaires entre le père et la mère.

Les N hybrides se partagent en trois lots : na, $n'b$ et $n''ab$, et l'on a $n + n' + n'' = N$.

Un exemple nous est fourni par la taille de l'homme. Un homme grand marié à une petite femme, peut donner des enfants de sa taille, na; de la taille de sa femme, $n'b$; et enfin des intermédiaires $n''ab$.

Enfin la sixième catégorie d'hybrides, qui est d'une grande importance au point de vue que nous avons à envisager ici, comprend les *hybrides mosaïques*.

Dans ces hybrides, les caractères a et b sont juxtaposés en forme de mosaïque variable sur le même hybride.

Tantôt l'hybride présente seulement les caractères a et b juxtaposés, ces caractères n'étant jamais fusionnés entre eux. Dans les *Mirabilis* résultant du croisement d'un type à fleurs blanches et d'un type à fleurs rouges, on obtient des fleurs panachées de blanc et de rouge, mais sans fusion de ces couleurs.

Tantôt l'hybride mosaïque est plus compliqué, et présente à la fois une mosaïque du caractère a et du caractère b mélangés à des caractères fusionnés $a \times b$.

Ainsi le Maïs à grains bleus croisé avec le Maïs à grains blancs donne des épis à grains bleus, des épis à grains blancs et des épis présentant tous les intermédiaires entre le bleu et le blanc.

Millardet, ayant croisé le *Vitis æstivalis* avec le *Vitis Labrusca* a constaté que l'hybride portait à la fois des stomates du type paternel mélangés à ceux du type maternel et à tous les intermédiaires.

Tantôt la mosaïque est microscopique et ne se voit pas à l'œil nu. Tantôt au contraire elle est à grandes pièces et se voit comme l'habit d'Arlequin. Les caractères parentaux semblent se disjoindre et c'est à ce phénomène que Naudin [1] a donné le nom de *disjonction des caractères*. On a vu précédemment que l'une des méthodes employées pour la reconstitution du vignoble repose sur ce phénomène (hybrides producteurs directs).

Il est important de faire remarquer que la mosaïque d'un hybride sexuel n'est pas fixe d'une façon absolue et qu'elle varie sous l'influence de divers procédés culturaux. Les N hybrides fournis par un même croisement n'ont point une mosaïque semblable, mais le plus souvent ils diffèrent sensiblement entre eux.

Au point de vue pratique, on voit que les six catégories d'hybrides n'ont pas la même valeur. Les uns ne donnent pas de types nouveaux; les autres au contraire sont la source des créations qui ont contribué depuis un siècle à révolutionner l'horticulture.

La connaissance des caractères dominants et des caractères récessifs est des plus importantes pour la pratique. On comprend en effet que si l'on considère une plante utilitaire qui présente un caractère b mauvais, il suffira de la croiser avec une autre qui présente le caractère dominant antagoniste a pour l'améliorer au point de vue cherché.

---

[1] On a trop tendance aujourd'hui à oublier le botaniste français Naudin et ses beaux travaux sur l'hybridation.

Il ne faut pas croire cependant que cela soit aussi facile que la théorie semble le faire prévoir, aussi facile qu'on l'a dit à propos de l'hybridation de la Vigne, qu'il s'agisse des hybrides A × B ou de leur descendance, et il y a souvent loin de la coupe aux lèvres. Il arrive très souvent que la plante améliorante possède des défauts qui sont dominants par rapport aux caractères opposés de la plante à améliorer. Il en résulte qu'en améliorant le caractère b, on peut détériorer simultanément des caractères utilitaires $c, d...$, etc., qu'il y avait un intérêt de premier ordre à conserver.

Le mieux est, comme chacun sait, parfois l'ennemi du bien. Les hybrideurs, en viticulture, l'ont trop appris à leurs dépens, et l'on comprend que pour cette raison, les combinaisons multiples qu'ils ont essayées aient en définitive fourni si souvent des résultats médiocres et même mauvais [1].

On ne peut arriver à connaître les caractères dominants et les caractères récessifs chez les êtres vivants que par une longue suite de recherches qui sont, aujourd'hui encore, à peine ébauchées. Cependant on admet avec Mendel, que le caractère dominant est plus ancien que son antagoniste (loi de prévalence), ce qui est encore hypothétique à l'heure actuelle. De même, on prétend que si un caractère n'a pas d'antagoniste, il se transmet intégralement par croisement.

Les caractères parentaux dont il vient d'être question ont été considérés comme se transmettant isolément, d'une façon indépendante les uns des autres. Ce n'est pas toujours ainsi que les choses se passent. Quelquefois des groupes de caractères, dits *corrélatifs,* forment bloc et se transmettent d'une seule pièce.

La connaissance des caractères corrélatifs peut rendre de grands services à l'hybridation raisonnée. Ainsi, dans le Pommier, les fleurs de couleur foncée donnent de gros fruits; c'est l'inverse pour les fleurs de teinte claire. Dans les *Mathiola* les feuilles velues correspondent à des fleurs colorées; les feuilles glabres à des fleurs pâles, etc. On peut donc sélectionner ces plantes d'après ces données.

Ceci posé relativement aux hybrides sexuels provenant de plantes franches de pied, on peut se demander si les choses se passent de même dans des plantes préalablement greffées depuis un temps plus ou moins long; si par exemple les croisements A × B fournissent les mêmes hybrides exactement dans les deux cas; ou bien si, après la greffe, le croisement, au lieu de donner un hybride unilatéral par exemple, peut fournir d'autres catégories d'hybrides; si un croisement sexuel qui aboutissait à la formation d'hybrides d'une seule sorte ne peut pas en donner de plusieurs natures.

Que se passe-t-il après la greffe par rapport à la transmission des caractères parentaux isolés ou corrélatifs? Un caractère qui se montre invariablement dominant dans l'hybride sexuel chez les francs de pied, ne peut-il devenir récessif dans les mêmes hybrides préalablement greffés? Inversement un caractère récessif ou latent ne peut-il devenir dominant dans les mêmes conditions?

Peut-on, dans le cas des hybrides alternants, modifier le rapport existant entre les nombres des types paternels et des types maternels? La même question peut se poser pour les hybrides intermédiaires, qui comprennent, en plus des précédents, des êtres intermédiaires entre les parents.

Par rapport aux hybrides renforcés, la greffe peut-elle augmenter ou diminuer le renforcement? La mosaïque de l'hybride peut-elle être changée de disposition; peut-on passer de la mosaïque microscopique à la mosaïque à grands éléments?

---

[1] Nous verrons plus loin comment on peut arriver à améliorer les hybrides sexuels par des greffages systématiques, les améliorations ainsi obtenues pouvant, en certains cas, rester acquises.

Dans les cas où l'hybridation permet de créer des variétés nouvelles par sélection, la greffe en avance-t-elle la fixation? Une fois la race créée, la greffe maintient-elle définitivement les caractères fixés ou, au contraire, peut-elle ramener dans certains cas la variabilité première? Peut-elle faire apparaître des caractères nouveaux en dehors des caractères parentaux de l'hybride ou de ses caractères propres? En un mot, la race greffée se maintient-elle toujours pure?

Toutes ces questions seraient oiseuses, si l'on admet l'hypothèse de l'autonomie des plantes greffées et de la conservation du chimisme propre du sujet et du greffon; autrement dit les plantes greffées étant immuables, il en serait de même de leur descendance directe. Nous verrons plus loin, par l'étude expérimentale, ce qu'il en est à cet égard et combien grandes sont les modifications apportées dans des hybrides par des greffes données.

Connaissant les produits de première génération dans le croisement sexuel, il reste maintenant à étudier la postérité des hybrides eux-mêmes et à rechercher l'influence de la greffe sur leur descendance.

β. *La postérité des hybrides*. — Les études sur la postérité des hybrides sont encore bien peu avancées, malgré les travaux de Naudin et de quelques autres botanistes plus récents.

On a fait grand bruit, dans ces dernières années, au sujet de la descendance des hybrides dits mendéliens, et du phénomène de la disjonction des caractères dans les organes reproducteurs.

C'est à Gregor Mendel que l'on doit une théorie, tirée de ses recherches sur les Pois, qui rend compte, d'après la loi des probabilités, des variations constatées dans la descendance de quelques hybrides étudiés jusqu'à ce jour.

Par une coïncidence qui paraît assez extraordinaire, la théorie de Mendel, jusqu'alors passée inaperçue, a été remise au jour *simultanément* par Hugo de Vries, Correns et Tschermak, qui l'ont vérifiée et trouvée exacte.

L'idée ingénieuse de Mendel consiste en ce fait, d'ailleurs impossible à vérifier directement ([1]), que les gamètes mâle et femelle de l'hybride $A \times B$ ne sont pas hybrides comme les plantes qui les portent, mais sont de race pure A et de race pure B, en mélange.

On a cherché à vérifier indirectement cette loi en étudiant toute la postérité d'un hybride donné, et en examinant la manière de se comporter de deux caractères a et b se conduisant à la façon de l'hybride unilatéral, c'est-à-dire de deux caractères dont l'un, a, est dominant, et l'autre, b, est récessif.

Supposons que le croisement de A par B ait fourni des graines qui, après germination, ont donné des hybrides $A \times B$ tous semblables, à caractère dominant a et à caractère récessif b.

Après autofécondation d'un de ces hybrides, il se forme des graines que l'on sème. Supposons que l'on ait semé 100 graines de l'hybride. La descendance se partagera en deux lots : 75 types semblables au père A et 25 du type B, autrement dit il y a 3/4 du type à caractère dominant a et 1/4 du type à caractère récessif.

Si l'on sème les graines fournies par l'autofécondation des 25 plantes à type récessif, on constate que le type maternel se maintient pur désormais.

Si, après autofécondation, l'on sème les graines des 75 plantes à caractère

---

([1]) Remarquons en passant que les adversaires de l'hybridation asexuelle reprochent à celle-ci d'être impossible à vérifier. Ils devraient donc rejeter de même la loi de Mendel et les théories qui reposent sur elle. Mais il n'en est rien. La loi de Mendel est pour eux parole d'évangile; la conjugaison de cellules végétatives est la bête noire. Ils n'en sont plus d'ailleurs à une contradiction près et que resterait-il de leurs critiques s'ils se préoccupaient vraiment de la logique?

dominant a, on remarque qu'il y a 25 plantes du type A pur et 50 types hybrides à caractère dominant a. Les 25 plantes du type paternel pur reproduiront constamment ce type par autofécondation.

Quant aux 50 types hybrides, ils se comportent comme les 100 hybrides A × B précédents et se partagent en deux lots distincts, soit : 37,5 types à caractère dominant a et 12,50 types à caractère récessif b.

Les 12,5 plantes du type b conservent, après autofécondation, la race maternelle pure. Le lot des 37,5 types a autofécondés se partage en 12,5 hybrides du type paternel pur et 25 hybrides A × B.

Pour expliquer ces proportions mathématiques, Mendel admet que dans les cellules sexuelles les caractères paternels et maternels se séparent par parties égales. N grains de pollen contiennent $\frac{N}{2}$ types paternels a et $\frac{N}{2}$ types maternels b. Il en est de même des ovules.

En autofécondant chaque fleur, on obtient des combinaisons qui sont conformes à la loi des probabilités. Et l'on voit de suite qu'il n'y a que quatre combinaisons possibles $a \times a$, $a \times b$, $b \times a$ et $b \times b$, soit un type paternel pur, 2 types hybrides à caractère dominant a et un type maternel pur. Autrement dit, il y a 3 types à caractère paternel a et un type à caractère maternel b.

Si les deux parents A et B présentaient, au lieu d'un seul, 2, 3, 4... n caractères antagonistes, les hybrides se comporteraient de la même manière pour chacun de ses caractères. Le principe ne varie pas.

L'on a constaté en outre que l'hérédité mendélienne se retrouve parfois dans d'autres catégories d'hybrides que dans les hybrides unilatéraux. Mais cette disjonction semble obéir assez souvent à des règles différentes qui sont encore insuffisamment précisées.

Il s'en faut de beaucoup que les hybrides mendéliens soient tous connus. Jusqu'ici les essais dans cette voie se réduisent à quelques expériences qui représentent une goutte d'eau dans la mer de l'hybridation. Il est donc au moins prématuré d'essayer, comme on l'a fait, d'en tirer des lois générales et d'y rapporter toute l'hybridation et le reste. D'autant plus que certains résultats, classés comme mendéliens, ne vérifient la loi de Mendel que d'une façon approchée et parfois insuffisante.

L'on connaît d'ailleurs des hybrides dont les gamètes ne présentent sûrement pas le phénomène de la disjonction des caractères, puisque ces hybrides donnent lieu à des formes absolument fixes *(Medicago media*, hybride de *Medicago falcata* et de *Medicago sativa; Œgilops spelteformis*, hybride de *Œgilops ovata* et de *Triticum vulgare*, etc.).

On explique ce fait en disant que ces formes possèdent des caractères qui n'ont pas d'antagonistes dans les parents, de telle sorte que ces caractères sont définitivement acquis. Mais c'est jusqu'ici pure hypothèse et il paraît assez singulier que deux plantes n'aient ainsi aucun caractère dominant quand cela existe chez des plantes très voisines.

Enfin, il peut se faire qu'il y ait à la fois des caractères antagonistes et des caractères sans antagonistes dans les parents A et B.

Dans ces hybrides, l'hérédité mendélienne coexiste avec la fixité acquise.

En résumé, d'après l'exposé rapide qui vient d'être fait des connaissances actuelles sur la postérité des hybrides, il y aurait trois catégories d'hybrides dont il est impossible pour le moment de préciser le degré de fréquence, vu le petit nombre d'hybrides étudiés : les hybrides mendéliens, les hybrides fixes et des hybrides mixtes, à la fois fixes et mendéliens suivant les caractères parentaux considérés.

Les premiers font retour complet aux parents après une série de générations; les autres conduisent à la production de variétés nouvelles en nombre infini.

Les hybrides mendéliens ne permettent pas la création de races, mais seulement de variétés susceptibles de se propager par multiplication végétative. Les hybrides fixes, au contraire, en donnent toujours. Les hybrides mixtes permettent d'en obtenir aussi et c'est grâce à une sélection rationnelle suffisamment prolongée que l'agriculture et l'horticulture sont arrivées à créer les nombreuses races de végétaux cultivés à divers titres utilitaires.

On peut ici se poser, à propos de l'influence de la greffe sur la postérité des hybrides, des questions assez analogues à celles qui ont été indiquées plus haut pour la transmission des caractères parentaux aux hybrides eux-mêmes. Il n'y a pas lieu d'y revenir.

En plus, il faut se demander quelle est l'action de la greffe sur l'hérédité mendélienne, sur la stabilité des hybrides fixes et des hybrides mixtes, ainsi que sur le maintien des races fixées par sélection. Que de recherches intéressantes sont à faire dans cette voie encore si peu explorée, et qui promet, ainsi qu'on le verra par l'exposé des premiers résultats des études sur quelques points, d'être particulièrement féconde!

La suite de cette étude montrera qu'il y a des plantes greffées sur lesquelles on n'aperçoit aucun changement spécifique et qui paraissent, du fait de la symbiose, n'avoir subi aucune modification sérieuse.

Dans ce cas, la descendance du greffon et du sujet peut cependant être parfois influencée à des degrés divers, ainsi que je l'ai constaté. Il serait intéressant de savoir si ces hybrides de greffe, issus de greffons ou de sujets non influencés en apparence, se comportent à la façon de la descendance de l'hydride unilatéral, c'est-à-dire conformément à la loi de Mendel. C'est ce que l'on ignore absolument dans l'état actuel de la Science, et il faudra de très longues études pour résoudre la question, vu que le hasard seul peut permettre de rencontrer des greffes ainsi influencées, surtout si le phénomène est une rare exception, comme c'est probable.

Quoi qu'il en soit de ce point particulier, on sait déjà que beaucoup d'hybrides de greffe sont malheureusement infertiles; on ne peut donc en étudier l'hérédité.

Et quand bien même les hybrides de greffe fertiles ne se comporteraient en aucun cas conformément à la loi de Mendel, cela ne prouverait rien contre leur nature hybride, puisqu'il y a des hybrides sexuels dont l'hérédité est indépendante de cette loi.

Et eussent-ils même un mode particulier d'hérédité, bien distinct de ceux de l'hybridation sexuelle (que l'on connaît encore vraiment trop peu pour en parler avec autorité) que cela ne prouverait pas que l'hybridation asexuelle est impossible.

A des procédés de multiplication différents peuvent correspondre des modes différents d'hérédité ou des modes semblables. Il n'est pas plus illogique de penser, jusqu'à ce que l'expérience ait résolu un jour la question, que l'hérédité asexuelle chez les plantes greffées est spéciale à ce mode de croisement qu'il n'est illogique de croire qu'elle est semblable à l'hérédité sexuelle. C'est à l'expérience qu'il appartient de trancher la question et non à la métaphysique.

c. *Dissociation de la notion de paternité; xénies et télégonie.* — Les récents travaux du professeur Delage sur la parthénogenèse des Oursins, ceux de Navaschine et ensuite ceux de Guignard sur la double fécondation chez les plantes, ont ramené l'attention sur des questions considérées depuis longtemps comme résolues dans le sens de la négative, c'est-à-dire sur la vieille hypothèse de la *superfétation des germes* ([1]) et des *paternités multiples*.

« L'expression *enfant de trente-six pères*, a dit A. Giard ([2]), généralement considérée comme purement injurieuse, constitue certainement, en tant que possibilité scientifique, une forte exagération. Il n'en est pas moins vrai que si l'on emploie le mot *paternité* pour désigner l'ensemble des actes par lequel un être vivant du sexe mâle détermine la production d'un nouvel individu avec le concours d'un organisme femelle, cet ensemble ne forme pas un tout indissoluble. Il peut être dissocié en une série d'actes plus ou moins indépendants les uns des autres, et, par suite, plusieurs de ces actes pourront parfois être exécutés par des individus auxquels reviendra en conséquence une part de la paternité devenue collective. »

La double fécondation chez les végétaux, qui consiste en la formation simultanée d'un œuf et d'une *trophime* chez les Angiospermes, permet d'admettre, du moins théoriquement, la possibilité d'une paternité multiple. On peut concevoir que l'œuf soit fécondé par un noyau pollinique issu d'un grain de pollen différent de celui qui fournirait le noyau destiné à féconder la trophime. Cela est d'autant plus admissible que plusieurs grains de pollen peuvent germer à la fois sur le stigmate et arriver au même moment dans le sac embryonnaire.

Si l'on manque absolument jusqu'ici de faits à l'appui de cette conception, on en possède d'autres qui montrent d'une façon bien nette qu'il y a divers actes paternels, dissociés parfois, et qui, par conséquent, peuvent être produits par des individus différents.

Les uns s'accomplissent successivement au cours d'une même fécondation ; les autres se poursuivent vis-à-vis de fécondations ultérieures.

La paternité essentielle, c'est l'amphimixie, dans laquelle il y a fusion des plasmas paternel et maternel en proportion plus ou moins équivalente ([3]). On sait aujourd'hui qu'il ne faut pas confondre l'amphimixie avec la faculté de développement ou embryon. L'oosphère peut se développer et donner une plante nouvelle en l'absence du gamète mâle : c'est ce qu'on a désigné sous le nom de parthénogenèse ([4]). Divers agents peuvent provoquer ainsi la parthénogenèse, (par exemple la déshydratation, des secousses, le brossage, l'électrisation, la présence d'ions spéciaux, etc.). C'est ainsi que le professeur Delage a obtenu le développement parthénogénétique des œufs de quelques Echinodermes et provoqué une véritable parthénogenèse artificielle.

De la paternité cinétique, comme A. Giard appelle la parthénogenèse, on peut rapprocher ce qu'il désigne sous le nom de paternité déléasmique, c'est-à-dire l'influence exercée par le mâle sur la production ultérieure des œufs.

Chez les animaux, comme chez les végétaux, on en connaît des exemples très nets.

D'après Louis Agassiz, certaines Tortues commencent à s'accoupler à sept ans, mais ne pondent qu'à onze ans. Les premières copulations ont pour effet de provoquer la formation d'œufs qui n'apparaîtraient pas sans cela. Des faits analogues ont été signalés par Clarke sur une espèce de Tortue américaine, le *Chrysemys picta*.

Dans les Insectes, c'est un fait bien connu que les pontes parthénogénétiques

---

([1]) La fécondation du noyau secondaire du sac embryonnaire est une seconde fécondation de deux noyaux *précédemment fécondés* par leur fusion intime.

([2]) A. Giard. — *Dissociation de la notion de paternité* (C. R. de la Société de biologie, 1903).

([3]) L'isogamie est loin d'être la règle chez les végétaux. Elle ne peut être que l'exception, si même elle existe vraiment, ainsi qu'il a été déjà dit. Il en est de même fatalement pour l'équivalence des gamètes.

([4]) La parthénogenèse existe chez les Algues, le *Marsilia Drumondi* (Cryptogames vasculaires) et chez des végétaux supérieurs dioïques (*Thalictrum purpurascens*) ou hermaphrodites (Pissenlit, etc.).

du Ver à soie et autres Lépidoptères sont composées d'un nombre d'œufs très réduit. Mais l'accouplement des femelles parthénogenétiques suffit à provoquer l'expulsion d'un grand nombre d'œufs qui seraient sans cela restés dans les gaines ovariennes.

Et il s'agit si bien d'une action mécanique que l'on a pu provoquer cette formation plus grande d'œufs par l'accouplement de mâles châtrés *(Ocneria dispar)*.

Dans les végétaux, Hildebrand et, après lui, plusieurs botanistes, ont signalé que la première action du pollen sur l'ovaire de certaines Orchidées consiste uniquement à provoquer la formation des ovules. La fécondation peut être opérée ultérieurement par un autre pollen.

A. Giard considère enfin sous le nom de paternité télégonique « l'action, d'ordre trophique et plus ou moins durable, exercée par un mâle sur l'organisme femelle à la suite de la copulation. Cette action, encore insuffisamment étudiée, en modifiant par l'intermédiaire des agents somatiques le plasma des éléments gonadiaux, assurerait à l'agent télégonique une part de paternité dans les produits ultérieurs ».

Dans ce mode de paternité, l'auteur range les faits curieux relatifs à la fécondation des Hirudinées, observés par lui[1]; ceux qui ont été observés chez les Insectes par Berlese [2] et chez les Acariens par Trouessart[3]; enfin ce que l'on a coutume de désigner habituellement sous le nom de xénies [4] et de télégonie. Ce sont surtout les faits concernant les xénies et la télégonie qui ont un intérêt tout particulier pour nous.

La possibilité de ces phénomènes a été admise en 1729 par Berkeley, puis au siècle dernier par Gaertner. Depuis, un certain nombre de faits semblent montrer l'exactitude de cette conception.

Tout le monde admet aujourd'hui les xénies de la graine, bien qu'on en ait contesté l'existence tant qu'on n'en avait pas d'explication. Ces xénies, ou, comme l'on disait autrefois, la réaction de l'embryon sur l'albumen, s'expliquent tout naturellement par la double fécondation. Mais le croisement s'arrête à la graine et il ne peut s'exercer sur fruit, car l'ovaire ne prend aucune part à l'amphimixie et aux croisements qui en résultent.

C'est ainsi que, dans des Maïs croisés, l'albumen présente des caractères mixtes provenant du père et de la mère, mais l'ovaire a tous les caractères de la mère.

Si donc on trouve sur un ovaire des caractères paternels mélangés à ceux de la mère, il s'agit d'une réaction de l'embryon sur l'ovaire, et c'est à cette action que doit être aujourd'hui réservé le nom de xénies.

On en connaît un certain nombre d'exemples. Parmi eux, il faut citer le Pommier de Saint-Valéry (Somme). Cet arbre est stérile par avortement des étamines, ce qui en fait une plante dioïque. Tous les ans on la féconde par du pollen d'autres variétés et l'on constate que les pommes ainsi obtenues rappellent le père choisi par la taille, la forme et la couleur (Darwin).

En fécondant l'un par l'autre deux Lis à fruits différents, Maximowicz obtint des capsules du premier sur le second et *vice versa*.

Laxton, ayant fécondé le grand Pois sucré, sans parchemin, et à cosses vertes, par le Pois à cosses pourpres, à parchemin, obtint des gousses colorées partielle-

---

[1] GIARD. — *Cœnomorphisme et Cœnodynamisme (C. R. de la Société de biologie*, 1902).

[2] A. BERLESE. — *Fenomeni che accompagnano la fecondazione in taluni insetti (Memoria I et II, Rivista di Patol. veg.*, 1898).

[3] TROUESSART. — *Sur la progenèse des Sarcoptides psoriques (C. R. de la Société de biologie*, 1895).

[4] Abstraction faite des xénies de la graine autrefois attribuées à la même cause que les xénies du fruit et rejetées de la même manière par beaucoup de philosophes naturalistes pour qui tout fait, inexplicable d'après leurs théories, ne saurait exister.

ment en pourpre et parcheminées comme celles du père. Ces faits ont été vérifiés par Darwin, et Giltay en a constaté d'analogues sur le Riz.

Chacun sait que les Citronniers et les Orangers donnent parfois des fruits moitié orange et moitié citron. On ne peut en chercher l'origine ailleurs que dans les xénies (ou dans l'action du sujet sur le greffon, si, comme on l'a prétendu, cette monstruosité provient d'une greffe).

De même, les Cucurbitacées (Melons et Citrouilles) cultivées côte à côte ne donnent pas des fruits de race pure. Les Melons, en particulier, sont très sensibles sous ce rapport, et ce fait d'observation courante a été vérifié scientifiquement par M. Leclerc du Sablon.

La Vigne est également intéressante à ce point de vue. En cultivant côte à côte des Vignes hermaphrodites et des vignes unisexuées ou en les hybridant systématiquement, on obtient des croisements. Dans ce cas, il arrive souvent que le croisement est suivi d'un développement plus rapide de l'ovaire et le fruit prend un volume plus considérable. C'est même à cette taille élevée, qui tranche sur le reste de la grappe formée de grains normaux, que l'on reconnaît la réussite du croisement.

Quelquefois la saveur du raisin est changée à la suite de croisements, comme cela se passe dans les Melons.

M. Dubalen me citait récemment le cas de raisins des Landes qui offraient cette curieuse particularité. Deux vignes différentes sont séparées par une route. Suivant le sens du vent, au moment de la fécondation, les raisins changent de goût. Ceux de l'une prennent plus ou moins le goût de l'autre ou inversement suivant que le vent souffle dans un sens ou dans le sens directement opposé et provoque ainsi des croisements inverses A × B ou B × A. Les raisins de la mère B ont, dans le premier cas, le goût des raisins du père A; dans le second, les raisins de la mère A ont le goût des fruits du père B.

Mais il peut arriver que l'action du gamète mâle se traduise d'une manière plus évidente encore. On peut, par exemple, croiser entre elles des Vignes à raisins blancs et des Vignes à raisins rouges. C'est ce que fit, au siècle dernier, un viticulteur méridional, Bouschet, le créateur des hybrides Bouschet.

Il se servit comme mères de cépages à jus pâle, comme l'Aramon, la Carignane et l'Alicante, et comme pères, de cépages Teinturiers, à jus fortement coloré. Il observa que quelques grains des grappes maternelles présentaient un jus fortement coloré comme chez la variété paternelle. Pour Bouschet, c'était la preuve que le croisement sexuel avait réussi, et il semait de préférence les pépins de ces grains de raisin, à l'exclusion des autres.

Le baron Antonio de Mendola, un des plus savants ampélographes italiens, a observé, quoique rarement, des changements dans la couleur de certains grains des grappes à la suite du croisement du Sanguinella, raisin blanc pris pour mère, et du Zabalkanskoï, raisin rouge de Crimée choisi comme père.

Mais jamais il n'a vu de décoloration des raisins rouges pris pour mère, et croisés avec des raisins blancs pris comme père.

Ce fait a une très grande importance au point de vue de l'action de la greffe sur la couleur des raisins, action qui sera ultérieurement étudiée dans cet ouvrage. La rétrogradation de la couleur est un fait fréquent chez certaines vignes greffées; pour l'expliquer, on ne peut donc faire intervenir le croisement. Il faut chercher une autre cause.

Les phénomènes de télégonie sont tout aussi contestés que les faits relatifs aux xénies. Il s'agit, en l'espèce, non plus seulement de l'influence directe exercée sur l'ovaire qui la porte par l'embryon, mais de l'influence exercée par un premier mâle sur les produits ultérieurs de la femelle.

Quoi qu'on en dise, cette action n'a rien d'extraordinaire ni d'antiscientifique. On sait que l'alcoolique peut engendrer des idiots, des dégénérés, des épileptiques ou des maniaques chez qui la fécondité est réduite. Cette action néfaste de l'alcool persiste pendant plusieurs générations. L'hérédité des effets de l'alcool est indéniable aujourd'hui.

Il n'y a aucune raison pour que d'autres substances introduites dans l'organisme paternel ou maternel ne puissent agir sur les produits sexuels en mettant en jeu l'hérédité.

Charrin a démontré que l'immunité conférée par les vaccins persiste longtemps après l'élimination de ceux-ci.

Donc, en même temps que le reste de l'organisme, les produits sexuels sont modifiés d'une façon plus ou moins durable.

On peut étendre cette action à la télégonie et admettre que l'être résultant de l'oosphère et du spermatozoïde, être possédant des caractères du père, réagit sur l'ovaire maternel par les toxines qu'il produit. Il y a entre la mère et l'embryon un échange nutritif constant. Il serait étrange que celui-ci ne transmît pas parfois à la mère ses toxines et même des tares ou des caractères particuliers du père.

Quand l'ovaire a expulsé le nouvel être, la persistance des effets produits peut être plus ou moins durable, comme dans le cas de l'alcool ou des vaccins.

Que cet ovaire vienne à porter un nouvel embryon provenant d'un autre mâle, on conçoit que l'ovaire, ainsi influencé par le premier père, puisse à son tour agir sur l'être qu'il porte et lui communiquer des caractères du premier mâle.

Les éleveurs en ont observé des exemples très précis. Le plus connu est celui de la jument de lord Morton. Ce célèbre éleveur possédait une jument alezan, ayant 7/8 de sang arabe et 1/8 de sang anglais. Elle fut saillie en 1815 par un Couagga, sorte de Zèbre moins rayé que l'espèce type. Le produit fut tout naturellement un hybride présentant des caractères du père et de la mère.

Après cette première génération, la même jument fut saillie par un pur sang de son espèce. Elle donna un poulain qui, d'après lord Morton, avait autant de ressemblance avec le Couagga que s'il avait eu 1/16 de sang de cet animal. Sa couleur était bai; il était marqué, comme le Couagga, de taches foncées disséminées, avec des bandes noires, dont une le long de l'échine, les autres sur les épaules et les parties postérieures des jambes. La crinière était rude et dressée comme chez le Couagga.

En 1818, après une nouvelle saillie faite par un pur sang de son espèce, cette jument donna encore un poulain présentant des caractères de Couagga. Le même fait se reproduisit huit ans plus tard.

Un exemple non moins probant a été observé chez M. de la Valette, à Villiers-Charlemagne (Mayenne), qui me le communiqua il y a une vingtaine d'années. Ce cultivateur distingué, à qui l'agriculture de la Mayenne est redevable de tant de progrès, avait une truie de toute beauté, appartenant à la race craonnaise, et parfaitement blanche comme la race pure.

L'ayant croisée avec un verrat tonkinois, à pelage noir et de race pure également, il obtint des petits qui ne lui donnèrent pas satisfaction. Ils étaient pies, c'est-à-dire marqués de taches blanches et noires; leur taille était moyenne et leurs qualités, dans l'ensemble, paraissaient inférieures à celles des deux races parentes.

Ayant renoncé à ce croisement défectueux, M. de la Valette fit désormais couvrir sa truie par des verrats de race craonnaise pure. Et, à sa grande surprise, elle donna presque toujours, par la suite, dans chaque portée, des petits présentant quelques taches noires.

C'est enfin une opinion très répandue chez les amateurs de chiens qu'une chienne de race pure couverte par un chien quelconque ou un chien de race différente, ne donne plus désormais des produits aussi parfaits que si cette bête avait été préservée d'une mésalliance. Aussi les éleveurs ont-ils grand soin d'éviter le vagabondage des femelles à l'époque du rut.

Ces faits concernant la possibilité de la dissociation de la paternité étant connus, on peut se demander si la greffe a une action sur ces phénomènes ou en provoque parfois d'analogues.

Sujet et greffon sont des parasites mutuels. Ils réagissent l'un vis-à-vis de l'autre ainsi qu'on l'a vu, et même, si la lutte ne les amène pas à sécréter des produits spéciaux de défense, ils échangent entre eux certains de leurs produits normaux, de telle sorte que diverses substances, élaborées par le sujet, peuvent passer dans le greffon qui n'en possédait pas et *vice versa*.

Il n'y a rien d'extraordinaire que, dans quelques cas, ces substances introduites à la suite du parasitisme artificiel, se comportent à la façon de l'alcool, des toxines ou des vaccins et provoquent chez les conjoints des modifications héréditaires, des phénomènes analogues, jusqu'à un certain point, aux xénies ou à la télégonie. Nous verrons, par l'examen des faits, qu'il en est quelquefois ainsi.

C. Examen de quelques faits d'hérédité dans la greffe.

Si la plupart des questions que j'ai posées au sujet de l'action de la greffe sur la fonction de reproduction restent actuellement encore sans réponse, on possède cependant aujourd'hui quelques données expérimentales intéressantes sur certains points particuliers.

L'on ne s'étonnera pas du petit nombre des faits rapportés, si l'on veut bien se rappeler que, pour être résolu, chacun des problèmes que j'ai posés exigerait la vie scientifique d'un homme. Malgré cela, ce qu'on connaît aujourd'hui offre déjà un intérêt théorique et pratique de premier ordre.

α. *Transmission de caractères parentaux à l'hybride de greffe.* — Nous avons vu que l'hybridation par la greffe, telle que je l'ai définie, peut s'effectuer au moins de deux façons. Tantôt, en effet, elle s'exerce à une distance variable du bourrelet, par une action jusqu'à un certain point comparable à celle qu'exercent les champignons parasites radicicoles dont nous avons parlé; tantôt elle se produit exclusivement au niveau du bourrelet.

Dans le premier cas, en admettant même que des hybridations différentes puissent s'effectuer en des points divers de l'appareil végétatif ou reproducteur du sujet ou du greffon, il serait impossible de distinguer l'ensemble de ces hybrides d'un hybride de greffe mosaïque, hybride unique dont la mosaïque serait à grands éléments.

Pour fixer les idées, si les fruits de Solanées, modifiés par la greffe sur Tomate et dont les uns rappellent la forme des greffons, les autres celle du sujet et d'autres enfin sont intermédiaires à des degrés divers, devaient être considérés comme autant d'hybridations distinctes formant des hybrides hétérogènes de greffe comparables aux hybrides hétérogènes sexuels, il serait impossible de distinguer l'hybride hétérogène de greffe de l'hybride mosaïque de greffe.

On voit donc à quel genre de difficultés se heurte celui qui veut faire une classification rationnelle des hybrides de greffe en les comparant aux hybrides sexuels, quand il s'agit de l'hybridation à distance.

D'autres difficultés surgissent si l'on considère seulement l'hybridation effectuée au niveau du bourrelet. Les hybrides de greffe qui naissent à ce niveau sont toujours en petit nombre et souvent même ils sont uniques, quand ils se produisent naturellement.

Je sais bien, puisque je l'ai démontré expérimentalement, que par des recépages convenablement faits on augmente les chances de leur production. On favorise ainsi la sortie de bourgeons adventifs formés au moment où la lutte pour l'affranchissement mutuel des plantes associées est la plus vive et qui seraient restés latents jusqu'à ce que l'insuffisance d'un greffon mourant de vieillesse les fasse sortir pour donner un nouvel appareil végétatif aérien capable d'équilibrer l'appareil absorbant du sujet resté bien vivant. Toutefois, les bourgeons hybrides restent rares et ils sont accompagnés de bourgeons de race pure, infiniment plus nombreux, souvent plus vigoureux et par conséquent plus aptes à se développer.

Dans l'hybridation sexuelle, chaque croisement amène fatalement une série d'hybrides vu la multiplicité des ovules, et il est dès lors facile d'en établir le classement, de juger s'ils sont semblables ou différents et en quelles proportions. Et l'on comprend que l'on ait pu distinguer, comme je l'ai indiqué précédemment, des hybrides unilatéraux, intermédiaires, renforcés, alternants, hétérogènes et mosaïques.

La rareté extrême des hybrides de greffe dans une même série de greffes, le petit nombre de bourgeons hybrides qui apparaissent sur le bourrelet quand le croisement asexuel s'est effectué par hasard et qui sont mélangés à des bourgeons de race pure du sujet ou du greffon, rendent très délicate la tâche de celui qui veut mettre de l'ordre dans ses descriptions et les classer par comparaison avec ce qui se produit par croisement.

Il est très difficile de déceler les hybrides de greffe hétérogènes, s'ils venaient à exister ; il en est de même, à un degré moindre, des hybrides de greffe alternants et unilatéraux qui ne se distinguent pas, autrement que par l'étude de leur descendance, des rameaux purs du sujet ou du greffon.

Un autre obstacle à leur étude, c'est que, dans les végétaux ligneux, il faut un temps relativement long pour étudier la postérité complète d'une plante donnée, et par conséquent pour connaître la postérité complète des pousses nées sur un bourrelet déterminé. Que de fois, dans ces conditions, on sera exposé à ne rien trouver, par suite de la rareté de l'hybridation par greffe et de la rareté plus grande encore, très probablement, des hybrides spéciaux dont il est question ici.

Cependant, on peut directement déceler les hybrides alternants : c'est dans le cas de l'action à distance, quand des pousses ou simplement des feuilles ou des fruits du sujet apparaissent sur l'appareil végétatif du greffon ou inversement, ou encore quand des résistances sont transmises intégralement à quelque organe d'une plante greffée qui ne les possède pas normalement.

S'il est difficile de reconnaître les hybrides de greffe unilatéraux, alternants et hétérogènes, vu le petit nombre de ces êtres dans les cas d'hybridation par greffe, il est au contraire facile de distinguer les hybrides de greffe intermédiaires, renforcés et mosaïques, qui portent sur eux-mêmes les caractères parentaux du sujet et du greffon ou la modification qui les caractérise chez les hybrides sexuels de même modalité. Tandis que les trois catégories précédentes exigeaient, sauf pour l'hybride unilatéral, la production simultanée au moins de deux ou trois hybrides différents comme nature, les trois dernières peuvent facilement se reconnaître sur un hybride unique. Aussi l'on comprendra que les exemples en soient beaucoup plus communs.

Les hybrides de greffe intermédiaires sont assez communs dans les exemples de variations spécifiques que j'ai déjà décrits, et cela tant dans les plantes ligneuses que dans les plantes herbacées.

Mais, et je le répète une fois de plus, il s'en faut de beaucoup que de tels hybrides soient *exactement intermédiaires* entre le sujet et le greffon, soit pour un caractère donné, soit pour plusieurs caractères, soit pour l'ensemble des caractères parentaux.

Pour n'en citer qu'un exemple, choisi parmi les plus typiques, il suffit de rappeler que les feuilles du Poirier-Coignassier de Rennes, que je cultive dans mon jardin depuis plusieurs années, présentent tous les intermédiaires possibles entre la feuille du Poirier et celle du Coignassier quant à la forme, la couleur, le nombre des dents et la villosité relative.

Et c'est précisément cette variété dans le mélange des caractères, considérés séparément deux à deux ou dans leur ensemble, qui m'a, dès mes premières publications sur la question, fait désigner ces êtres sous le nom d'hybrides *plus ou moins intermédiaires* entre le sujet et le greffon. L'on a vu cependant des critiques ([1]) prétendre que j'ai présenté ces hybrides comme exactement intermédiaires. Ou ils n'avaient pas lu mes travaux, ou ils ne les avaient pas compris, ou ils les ont altérés volontairement. Quel que soit le cas, on ne peut tenir compte de leurs critiques qui portent à faux.

L'hybride de greffe peut être plus ou moins intermédiaire entre le sujet et le greffon non seulement pour des caractères morphologiques externes, mais aussi pour des caractères physiologiques, en particulier pour les résistances, et des caractères internes.

Il suffit de se reporter à mes Haricots cultivés en solutions nutritives, greffés et francs de pied, pour voir des augmentations ou des diminutions de résistance à la chlorose, intermédiaires à des degrés divers entre les résistances propres du Haricot sujet et du Haricot greffon.

Aujourd'hui, je ne suis plus seul à avoir observé des hybrides de greffe de plantes herbacées. Depuis, on en a signalé non seulement en France, mais aussi à l'étranger, et ces recherches ont confirmé les miennes en les étendant. Il est bon d'en citer quelques-uns pris parmi les plus récents et les plus intéressants.

A la suite de dix années de greffe ([2]), M. Hirche ([3]) a créé des Pommes de terre hydrides de greffe qu'il a présentées cette année à la Société d'agriculture d'Allemagne et dont quelques-unes ont été mises dans le commerce.

La pomme de terre de *Mulhouse*, à tubercules rouges, greffée avec la pomme de terre *Bismarck*, à tubercules blancs, a donné un hybride à peau rouge avec des yeux blancs, ce qui, au point de vue de la couleur, constitue un hybride mosaïque. Cet hybride est intermédiaire par rapport à l'amidon ; il en renferme une proportion de 18,4 p. cent qui est intermédiaire entre celles de la pomme de terre de *Mulhouse* et de la variété *Bismarck*.

Les hybrides de greffe renforcés se rencontrent parfois, quoique plus rarement que les précédents. Ceux que l'on a observés portent plutôt sur les caractères physiologiques ou internes que sur les caractères de la morphologie externe.

On connaît divers exemples de plantes greffées ayant acquis une précocité plus grande que celle des deux associés; cela présente pour l'horticulture un certain intérêt sur lequel il est bon d'appeler à nouveau l'attention.

On peut faire rentrer dans la catégorie des hybrides de greffe renforcés les greffes de Topinambour, *Helianthus multiflorus* et *lætiflorus* sur Grand Soleil, dans lesquelles le sujet est devenu beaucoup plus ligneux que le plus ligneux des deux végétaux associés.

M. Hirche en a décrit aussi des exemples dans les Pommes de terre. L'hybride

---

([1]) En particulier MM. Ravaz et Passy, le premier au point de vue viticole, le second au point de vue horticole, ainsi qu'il a été déjà dit.

([2]) L'on remarquera que les travaux de M. Hirche ont été entrepris précisément l'année même qui a suivi la publication de mon ouvrage intitulé : *La variation dans la greffe et l'hérédité des caractères acquis* (Ann. des Sc. nat., Botanique, 1898). Ils viennent à l'appui des conclusions que je formulais à cette époque.

([3]) Voir *Revue horticole* et *Bulletin de la Société d'agriculture d'Allemagne*, 1909.

de greffe qu'il a obtenu entre la variété *Saucisse,* à tubercules rouges, et la variété *Dolkowsky,* à tubercules jaunes, a des tubercules jaunes mat (hybride intermédiaire quant à la couleur). Il renferme 23 p. cent d'amidon, quand sujet et greffon n'en possèdent respectivement que 15,4 et 18,2 p. cent. Le caractère pourcentage de l'amidon a donc été nettement renforcé par cette greffe.

Les deux variétés *Saucisse* et *Dolkowsky* sont toutes deux hâtives. Leur hybride de greffe est au contraire très tardif. Le caractère tardif a été renforcé ou peut-être a réapparu, étant jusqu'alors latent dans les variétés greffées ([1]).

Enfin les hybrides mosaïques de greffe sont assez fréquents ([2]), tant dans les plantes herbacées que dans les plantes ligneuses. C'est en effet dans cette catégorie qu'on doit ranger les hybrides de greffe que j'ai décrits chez diverses Solanées (Aubergines, Piments, Tomates) et dans lesquels on trouve une mosaïque à grands éléments formée de caractères du greffon, de caractères du sujet et de tous les intermédiaires entre les caractères du sujet et du greffon.

De même y prennent place tout naturellement le *Cytisus Adami,* le Néflier de Bronvaux et un hybride nouveau entre le Néflier et l'Aubépine, découvert, il y a trois ans, à La Grange, près Saujon (Charente-Inférieure), par M. C. Brun, qui me l'a signalé aimablement et m'a permis ainsi de l'étudier.

Le 7 septembre dernier, au cours d'un voyage dans le vignoble, j'ai pu voir sur place ce nouveau spécimen de l'hybridation asexuelle. Sachant que certains adversaires de mes théories sont peu scrupuleux et qu'ils ne se contentent pas de nier, mais parfois détruisent les documents gênants, je me suis empressé de faire constater officiellement les faits par une Commission formée de personnes dignes de foi et composée de MM. le Dr Faneuil, maire de Saujon et conseiller général; Beuffeuil, pharmacien, ancien interne des hôpitaux de Paris et premier adjoint au maire de Saujon; C. Brun, capitaine des douanes en retraite, et Vinsonneau, imprimeur. Cette Commission a rédigé un rapport constatant l'existence de l'hybride, ses caractères, etc. Elle a prélevé officiellement des échantillons qui ont été conservés dans l'alcool, et M. Vinsonneau a pris des photographies de la variation et de la greffe sur laquelle elle s'est produite ([3]).

Ce luxe de précautions n'est pas inutile. Un accident est si vite arrivé à un document de cette valeur et il fallait éviter qu'il arrivât au Néflier de La Grange les « histoires » de la fameuse Isabelle de Poligny, histoires très édifiantes, qui seront rapportées plus loin, avec documents précis.

L'hybride de greffe est apparu sur une greffe multiple de Néflier sur Épine blanche. En 1884, un jardinier de la propriété de La Grange, qui vit encore, greffa sur branches une Aubépine avec une même variété de Néflier à gros fruits et dépourvue d'épines comme cela existe dans les variétés améliorées ordinairement cultivées ([4]). Cinq greffes réussirent et se développèrent plus ou moins comme cela arrive dans cette catégorie de greffes et comme on a pu s'en rendre compte par les greffes multiples de Composées que j'ai figurées au cours de ce travail. Peu à peu les greffons atteignirent leur maximum de croissance, dans les conditions biologiques réalisées, puis, après des fructifications répétées, ils manifestèrent le phénomène désigné par les forestiers sous le nom de couronnement,

---

([1]) Il s'agit en effet de la greffe de plantes en voie de variation et non de plantes d'espèces pures ou de genres différents, comme dans d'autres exemples cités. Nous y reviendrons plus loin.

([2]) Bien entendu, il s'agit ici non de la fréquence des hybrides de greffe en général, mais de la fréquence relative des hybrides mosaïques dans les hybrides de greffe jusqu'ici signalés. C'est ainsi qu'il faut interpréter aussi la fréquence relative des hybrides intermédiaires et renforcés. Ceci dit pour éviter toute dénaturation de ma pensée.

([3]) Je remercie vivement le capitaine Brun et les membres de la Commission pour avoir bien voulu prêter leur appui à la manifestation de la vérité.

([4]) Le Néflier sauvage, comme on sait, porte des épines.

autrement dit, ils se desséchèrent par les extrémités sur une certaine étendue, variable avec les greffons. Le sujet, resté bien vivant, avait émis à sa base des drageons feuillés d'Épine blanche pure.

Vers 1902, ainsi qu'il est facile de s'en rendre compte en examinant l'âge de la branche actuelle, apparut sur l'une des greffes, exactement sur le bourrelet, un rameau qui se ramifia les années suivantes et produisit trois formes différentes.

Le tronc de cette branche, unique à l'origine sur une étendue de 10 centimètres environ, porte :

1° Une branche d'Aubépine pure, en tout semblable aux drageons de la base du tronc du sujet ;

2° Une branche à caractères de Néflier quant aux rameaux et aux feuilles, mais rappelant le type du Néflier sauvage. Les fruits qu'elle porte sont extrêmement curieux. Ils sont voisins, comme taille et comme forme, de ceux de l'Aubépine, mais ils s'en distinguent toutefois par un mélange des caractères de couleur et d'épiderme du type Aubépine et du type Néflier. Une partie est lisse et colorée en rose ; l'autre partie est rugueuse et brune comme dans la Nèfle. Ces deux parties, plus ou moins étendues relativement suivant les fruits considérés, passent insensiblement de l'une à l'autre. L'un des fruits était plus remarquable encore ; il avait les caractères du fruit de l'Épine blanche sur les quatre cinquièmes de sa surface ; l'autre cinquième, en forme de secteur, de quartier d'orange, était formé par de la Nèfle (¹).

D'autres types avaient les caractères de la Nèfle comme épiderme ; leur calice persistant était à sépales allongés, mais leur taille était voisine de celle du fruit d'Aubépine. L'œil si développé du Néflier type était très réduit, et les sépales étaient, suivant les cas, un peu divergents ou parallèles et serrés les uns contre les autres.

3° Une troisième branche était plus voisine de l'Épine blanche que du Néflier. Elle avait la couleur de l'épiderme et les caractères généraux de l'Épine, mais les rameaux étaient velus. Les feuilles étaient découpées, moins, il est vrai, que dans l'Aubépine, mais elles étaient velues au lieu d'être glabres et vernissées. D'après le capitaine Brun, qui l'a vue en fleurs, elle porte des fleurs analogues à celles de l'Épine, mais plus grandes, offrant ainsi beaucoup de ressemblance avec la variété correspondante du Néflier de Bronvaux.

Les fruits sont semblables à ceux de l'Aubépine, mais sont en partie couleur de Nèfle, cette couleur se fusionnant insensiblement avec la couleur du fruit d'Aubépine. Ils sont tantôt groupés par deux, tantôt solitaires.

On pouvait encore remarquer que ces deux formes de l'hybride de greffe étaient retombantes, c'est-à-dire plus ou moins pleureuses.

Il y a deux ans, sur le même bourrelet et du côté diamétralement opposé, est apparue une autre pousse. C'est du Néflier sauvage comme aspect, et comme elle n'a pas encore fleuri, on ne peut savoir s'il s'agit d'un hybride de greffe ou d'un simple retour à l'état sauvage de la variété cultivée (²).

J'ai demandé à M. Abadie, propriétaire de La Grange, de bien vouloir conserver comme document les greffes en question et d'essayer de multiplier les formes hybrides par la greffe, ce qu'il m'a promis de faire avec une amabilité dont je lui suis tout particulièrement reconnaissant.

Le Néflier de La Grange a, comme ses congénères observés sur les plantes

---

(¹) Nous retrouverons des caractères juxtaposés en mosaïque à grands éléments dans l'orange Bizarria et dans certains raisins dont il sera question plus loin.

(²) Un coup de vent a brisé le greffon en janvier dernier, au niveau même du bourrelet. Mais cet accident étant postérieur à l'apparition des deux branches décrites, cette blessure n'est pour rien dans la formation de l'hybride de greffe.

ligneuses, un avantage sur les hybrides de greffe entre plantes herbacées. Il peut être contrôlé pendant plusieurs années successives, à condition de ne pas être détruit soit par l'âge, soit par accident. Il sera donc difficile d'en nier cette fois l'authenticité.

L'on remarquera que, comme le Néflier de Bronvaux ou le Poirier-Coignassier de Rennes, le Néflier de La Grange est apparu *tardivement* sur des greffes âgées quand le greffon, en se couronnant, n'a plus suffi à équilibrer son sujet, c'est-à-dire l'appareil absorbant.

On s'explique ainsi que ces hybrides soient non impossibles à trouver sur des greffes jeunes, mais très rares, en tout cas plus rares que sur les greffes âgées.

On comprendra de même que j'aie indiqué la décapitation du greffon ou recépage comme un moyen tout indiqué pour provoquer l'apparition de ces êtres sur de vieilles greffes, et que le Poirier-Coignassier de Rennes ait été obtenu de cette façon.

Dans les greffes ordinaires, on supprime avec soin les pousses naissant sur le sujet et sur le bourrelet. C'est probablement à cette suppression et aussi au défaut d'observation de beaucoup de greffeurs qu'est dû le petit nombre d'observations relatives aux hybrides de greffe[1], au moins dans un grand nombre de greffes usuelles.

β. *La greffe des hybrides et ses résultats.* — Dans cette catégorie de greffes, on peut réaliser toute une série d'unions plus ou moins compliquées relatives à la parenté botanique. C'est ainsi que l'on peut greffer un hybride sur lui-même, sur son père, sur sa mère, sur ses frères, sur des hybrides sexuels voisins, sur des variétés de même espèce ou des races, sur des espèces voisines ou éloignées du même genre, enfin sur des espèces de genres différents.

Quelle que soit la catégorie ou la modalité à laquelle appartient l'hybride sexuel greffé, deux cas peuvent se présenter :

1° L'hybride sexuel greffé conserve les caractères spécifiques et leur disposition relative imprimée par le croisement; en un mot il ne varie pas, en apparence du moins;

2° L'hybride sexuel greffé présente des modifications, soit dans le sens du sujet s'il joue le rôle de greffon, soit dans le sens du greffon s'il joue le rôle de sujet, soit dans la modalité particulière qui a permis de classer les hybrides sexuels; ou bien il acquiert des caractères nouveaux qui n'appartiennent ni à ses parents ni à son conjoint.

Le premier cas est le plus habituel, comme cela se passe d'ailleurs dans la greffe en général. Je n'ai tout naturellement pas à m'en occuper ici. Le second seul, malgré sa rareté relative, nous intéresse au point de vue particulier que j'envisage dans ce travail.

Dans quelques greffes déjà citées, où les greffons étaient des hybrides sexuels, on a vu se produire des transmissions directes de caractères appartenant au sujet. Dans ce cas l'hybride de greffe provoqué chez l'hybride sexuel ne semble pas différer de l'hybride de greffe chez les espèces pures.

Comme exemples de cette transmission on peut citer les Poiriers de M. Nomblot, les Rosiers de M. Laperrière et ceux de M. Viviand-Morel, perdant la propriété de remonter ou leur fertilité sous l'influence d'un sujet non remontant ou infertile; les Orangers hybrides de M. Bernard acquérant la résistance au

---

[1] Cependant ces observations sont de plus en plus nombreuses. Récemment M. Nomblot a présenté à la Société nationale d'horticulture de France des poires de Duchesse surgreffées sur Louisebonne et qui avaient pris un certain nombre de caractères de celle-ci.

froid sur un sujet rustique; diverses greffes de Solanées qui m'ont fourni des hybrides de greffes, etc.

Il est facile d'en trouver d'autres exemples.

En 1898 ([1]), Rytow constatait qu'après avoir greffé la pomme *Antonowska* ordinaire sur du *Stadkaiabel*, le greffon portait des fruits de *Stadkaia Antonowska*, c'est-à-dire intermédiaires entre ceux du sujet et du greffon.

J'ai moi-même, dans quelques greffes de Choux Cabus sur Navets et *vice versa*, transmis le goût du Chou au Navet et inversement ([2]).

Dans des greffes de Haricot noir de Belgique sur Haricot de Soissons, j'ai obtenu quelques exemplaires dont les fruits étaient devenus parcheminés et à goût désagréable, manifestant ainsi, plus ou moins accentuée suivant les fruits considérés, l'influence du sujet.

Une greffe mixte des mêmes races était plus curieuse encore. Le greffon, au lieu de présenter des inflorescences à 3-5 fleurs violettes comme le type Noir de Belgique, portait sur l'une des inflorescences 9 fleurs panachées de blanc sale et de violet, rappelant ainsi le Soissons sujet.

On peut ranger aussi, dans cette catégorie, les greffes des hybrides de Quinquina greffés par Van Leersum et qui présentaient de si remarquables variations de leurs alcaloïdes réciproques ([3]).

Récemment, en Allemagne, M. Hans Winkler ([4]) a obtenu un très curieux hybride de greffe entre le *Solanum nigrum* et la Tomate König Humbert. Cet hybride asexuel, intermédiaire à des degrés divers entre le sujet et le greffon, a été désigné sous le nom de *Solanum tubingense*. Sur 268 greffes qu'a décapitées M. Hans Winkler sont apparues plus de 3,000 pousses de remplacement. Cinq de ces pousses étaient monstrueuses. Une seulement donna l'hybride de greffe.

D'après Baltet, on a lignifié la Tomate par son greffage sur la Douce-Amère et à Haïti l'on a lignifié l'Aubergine par son greffage sur l'Amourette ([5]).

Si, dans la plupart des exemples cités, l'hybridation par greffe se manifeste exclusivement par la transmission d'un ou plusieurs caractères du sujet à l'hybride sexuel servant de greffon, il arrive aussi que d'autres variations s'effectuent avec les précédentes ou en dehors d'elles.

L'une des plus curieuses, c'est le changement de modalité de l'hybride sexuel qui, présentant à l'origine des caractères parentaux déterminés, peut : 1° les voir augmenter ou diminuer par influence du sujet qui les renforce ou les atténue au point d'en changer la dominance ou la latence; 2° les voir se disposer en mosaïque à grands éléments au lieu d'être en mosaïque microscopique ou de rester fusionnés à des degrés divers. Dans ce dernier cas, l'hybride, intermédiaire plus ou moins, devient un hybride mosaïque présentant le phénomène de la disjonction des caractères parentaux.

Deux cas typiques de cette sorte d'influence sont fournis par le Rosier duchesse Mathilde, dont j'ai rapporté l'histoire ([6]), et par mes greffes de Tomates entre elles.

Dans le Rosier en question, l'hybride sexuel qu'est le Rosier duchesse Mathilde est de couleur blanche. A la suite de la greffe, une remarquable disjonction de

---

([1]) *Moniteur de la Société impériale de Russie*, 1898.
([2]) L. DANIEL. — *Recherches sur la greffe des Crucifères* (C. R., 1892) et travaux ultérieurs.
([3]) Voir p. 260.
([4]) HANS WINKLER. — *Solanum tubingense, ein echter Pfropfbastard zwischen Tomate und Nachtschatten* (Berichte der deutschen botanischen Gesellschaft, 16 october 1908). Ce travail m'a été aimablement indiqué par M. Guignard, à qui j'adresse mes meilleurs remerciements. Consulter aussi les derniers travaux du même anteur parus sous les titres de *Weitere Mitteilungen über Pfropfbastarde*, et de *Ueber die Nachkommenschaft der Solanum-Pfropfbastarde und die Chromosomenzahlen ihrer Keimzellen*, Iéna, 1909.
([5]) BALTET. — *L'art de greffer*, p. 297.
([6]) Voir pp. 305-306.

caractères parentaux s'est produite et, sous le rapport de la fleur, l'hybride a pris les caractères d'un hybride mosaïque.

Dans mes greffes de Tomates ayant fourni des hybrides de greffe, j'ai obtenu sur le greffon des fruits côtelés comme ceux du sujet Tomate rouge grosse, des fruits arrondis caractéristiques de la Tomate jaune ronde greffon et des fruits aplatis intermédiaires entre les fruits des deux variétés greffées. Il faut toutefois remarquer que l'on peut tout aussi bien invoquer, pour expliquer ces phénomènes, la transmission directe des caractères du sujet au greffon que le phénomène de la disjonction des caractères parentaux. Pour que cette disjonction fût seule possible, il faudrait que la Tomate jaune ronde greffon fût un hybride sexuel entre deux races, l'une à fruits ronds, l'autre à fruits côtelés, et c'est ce que l'on ignore.

Il ne serait pas davantage illogique de voir dans ce cas l'influence directe d'un sujet à fruit côtelé sur le greffon à fruit rond. Le caractère côtelé, récessif dans l'hybride sexuel, a pu aussi devenir dominant sous l'influence du sujet où ce caractère est prévalent.

On conçoit que dans l'état actuel de la Science il soit impossible de préciser à quel genre d'action il faut attribuer la variation imprimée par la greffe à l'hybride sexuel. Au point de vue pratique, cela n'a pas grande importance. Ce qu'il faut retenir des faits, c'est que, dans les cas considérés, la greffe a fait apparaître chez l'hybride sexuel des caractères qu'il n'avait pas et que ces caractères ont manifesté une similitude remarquable avec ceux du sujet, comme si celui-ci imprimait directement au greffon son faciès ou renforçait certains caractères en diminuant les antagonistes ou encore comme s'il amenait une disposition nouvelle des caractères parentaux.

Enfin, il arrive que la greffe détermine l'apparition chez l'hybride sexuel greffé de caractères particuliers, sans rapports apparents avec les parents de l'hybride et avec le sujet. Ce phénomène serait vraiment déconcertant pour celui qui cherche à connaître le pourquoi des choses ([1]) si l'on ne trouvait dans le croisement sexuel des faits analogues. On sait en effet qu'après celui-ci l'hybride peut rappeler une combinaison ancestrale depuis longtemps disparue ([2]) ou former une combinaison nouvelle où rien ne rappelle les caractères des parents.

C'est dans cette catégorie de phénomènes qu'il faut ranger les résultats donnés par la greffe de *Scopolia* sur Tomate et par certaines greffes de Pomme de terre.

En greffant sur de jeunes Tomates des rameaux séniles de *Scopolia* ayant fleuri et fructifié, j'ai constaté que ces rameaux ont repris vigueur et donné une seconde floraison. Ils ont *remonté*. Or la propriété remontante n'existe ni chez le sujet ni chez le greffon.

L'hybride de greffe obtenu par M. Hirche entre la Pomme de terre de Mulhouse et la variété Bismarck est très distinct de ses parents au point de vue de la floraison. La variété Bismarck a des fleurs violettes; la Pomme de terre de Mulhouse ne donne pas de fleurs. L'hybride produit une abondance de fleurs bleu foncé et des fruits énormes atteignant parfois la grosseur de petits œufs de poule.

M. Hirche, tout en constatant que cette apparition de caractères nouveaux s'est produite une fois sur cent quand la transmission de caractères du sujet s'est faite neuf fois sur cent, ajoute que ces caractères nouveaux n'apparaissent généralement qu'à la seconde génération, que fréquemment les hybrides de greffe manquent de stabilité et produisent des variations considérables. Ces conclusions sont analogues à celles que j'ai formulées quand j'ai montré que la greffe pouvait

---

([1]) *Felix qui potuit rerum cognoscere causas*, a dit Virgile.
([2]) C'est ce qu'on a désigné sous le nom d'*atavisme* chez les animaux et chez les plantes.

ramener les races sélectionnées à la variation désordonnée qu'a signalée Naudin et qui se produit au début des sélections dans la descendance des hybrides sexuels dont sont issues ces races (¹).

Nous verrons plus loin combien l'influence de la greffe sur la disposition des caractères parentaux dans les hybrides a de l'importance au point de vue de l'amélioration ou de la détérioration de leurs propriétés utilitaires (²) et quelles en ont été les applications relativement à la vigne.

La constatation qu'a faite M. Hirche de l'existence de variations n'apparaissant qu'à la seconde génération corrobore aussi certains de mes résultats relatifs à l'influence du sujet sur la *postérité* du greffon et m'amène tout naturellement à étudier cette question aussi importante pour la biologie que pour la pratique.

γ. *Influence de la greffe sur la descendance des plantes greffées*. — Ayant déjà traité à plusieurs reprises cette question dans diverses publications auxquelles je renvoie le lecteur désireux de se documenter d'une façon plus complète (³), je me bornerai à donner ici un résumé de faits les plus importants et l'historique de la question.

Deux cas sont à considérer au point de vue de l'hérédité des caractères acquis par la greffe tant chez le sujet que chez le greffon:
1º L'hérédité par multiplication végétative;
2º L'hérédité par semis.

* *Hérédité par multiplication végétative*. — Lorsqu'une modification heureuse vient à être obtenue par la greffe d'une plante utilitaire, il importe, au point de vue pratique, de pouvoir la conserver par multiplication végétative, c'est-à-dire par la voie de la bouture, de la marcotte, de la greffe, ou par tubercules, etc., quand ce mode de multiplication naturelle existe chez la plante considérée. Bien entendu, il n'est question ici que des plantes vivaces, car les plantes annuelles n'ont pas d'autre moyen de se propager que celui du semis.

J'ai étudié l'hérédité par multiplication agame principalement dans les familles des Composées, des Rosacées et des Solanées.

Au cours d'études sur la greffe des *Helianthus*, j'avais remarqué qu'un greffon d'*Helianthus lætiflorus* placé sur Topinambour avait amené son sujet à donner des Tubercules *traçants*, comme dans le greffon, au lieu d'être *agglomérés*, comme dans les témoins. Et la distance à laquelle ces tubercules se trouvaient du pied était plus ou moins intermédiaire entre la distance normale des tubercules d'*Helianthus lætiflorus* et celle du Topinambour.

J'ai, l'année suivante, planté les tubercules ainsi influencés. Il y eut bien encore quelques tubercules traçants, mais ils étaient plus rapprochés du pied que dans la greffe, et le caractère influencé avait beaucoup diminué de valeur. L'hérédité s'est montrée incomplète et fugace dans cet exemple.

Dans les Rosacées, l'hérédité, à la suite de la multiplication par greffe, peut suivant les cas être totale, partielle ou nulle.

Elle est totale pour le Néflier de Bronvaux, le Poirier-Coignassier de Rennes, certains Rosiers, etc. Elle est partielle ou nulle dans d'autres Rosiers.

Dans les Poiriers hybrides de greffe obtenus par M. Millot chez le Poirier,

(¹) Voir pour le rétablissement de la variabilité par la greffe dans les races ma note sur les *Variations des races de Haricots sous l'influence du greffage* (C. R., 5 mars 1900); pour la rareté de l'hybridation asexuelle et sa variabilité, mon *Rapport au Congrès de Lyon* et la plupart de mes publications sur ce sujet, en particulier mon ouvrage sur *La variation dans la greffe et l'hérédité des caractères acquis*, 1898, et p. 294 du présent mémoire.
(²) J'ai, dès le début de mes recherches, montré qu'il y a des greffages améliorants et des greffages détériorants (greffe des Crucifères, etc.), et qu'il y a intérêt souvent à greffer *bon sur meilleur*.
(³) L. DANIEL. — *Influence du sujet sur la postérité du greffon*, Le Mans, 1895, et publications ultérieures.

la forme nouvelle primitivement obtenue a été fixée dans certains exemplaires greffés, quand d'autres greffons ont à nouveau varié par ce mode de multiplication asexuelle et fourni à leur tour des variétés plus ou moins fixes après leur greffage.

Je me suis, à diverses reprises, occupé de la greffe des Pommes de terre sur Tomate, sur Aubergine et sur Piment. Le 5 juillet 1899, je greffai six variétés de Pomme de terre sur Aubergine et Piment en prenant pour greffons de faux bourgeons ou redrugeons. Toutes ces greffes réussirent et donnèrent des nœuds renflés, parfois des tubercules aériens en chapelets. Les greffes moururent à des dates variables, mais l'une d'elles, la *Quarantaine des Halles,* variété demi précoce, vivait encore le 1er décembre quand, depuis trois mois, les fanes des témoins étaient complètement desséchées. Une forte gelée, survenue au début de décembre et où le thermomètre descendit à — 12°, tua le greffon sauf un tubercule qui resta vivant et pourrit par la suite.

N'ayant pu étudier la descendance de ces greffons à la suite de ce premier essai, je greffai, le 13 juillet 1901, des redrugeons des Pommes de terre *Jaune de Hollande* et *Kydney rose* sur de jeunes pieds de Tomate. La réussite fut parfaite.

Au 30 septembre suivant, les greffons se comportèrent de façon variée. Les uns donnèrent un feuillage bien développé, luxuriant, peu de tubercules aériens et pas de fleurs. Les autres, au contraire, avaient un feuillage plutôt maigre, mais des fruits nombreux avec graines bien développées (¹) et de nombreux tubercules axillaires et des renflements nodaux de la tige.

Cette fois, grâce aux précautions prises, je pus conserver intacts trois tubercules aériens, tous les autres ayant pourri encore. Ces tubercules furent plantés en avril et donnèrent chacun une plante. Deux d'entre elles restèrent peu vigoureuses et donnèrent six tubercules aériens analogues à ceux qui avaient été plantés. L'autre pied était plus vigoureux et ne portait pas de tubercules aériens, mais sa tige était dure et ligneuse et rappelait en somme l'aspect et la consistance des redrugeons choisis comme greffons en juillet 1901.

Si l'on se reporte encore aux résultats obtenus anciennement dans les Pommes de terre par Trail, à ceux signalés par M. Édouard Lefort, horticulteur à Meaux (²), et plus récemment par M. Hirche, on voit que, comme je l'ai indiqué depuis longtemps déjà, en particulier au Congrès de Lyon, l'hérédité des caractères acquis par la greffe peut être complète, partielle ou nulle à la suite de la multiplication végétative de l'hybride de greffe.

Quand l'hérédité n'est que partielle et quand elle ne se produit pas, l'on ne peut espérer tirer parti des variations obtenues. Mais si l'hérédité est complète, la variation, devenant permanente pendant un laps de temps suffisamment long, est alors utilisable pratiquement et peut rendre de précieux services. C'est ce qui s'est produit assez souvent dans les exemples cités et c'est aussi, ainsi qu'on le verra plus loin, le cas de beaucoup d'hybrides de greffe de vigne.

* *Hérédité à la suite du semis.* — La variabilité imprimée par la greffe à la descendance du sujet et du greffon n'a été l'objet que d'un petit nombre de recherches précises.

L'influence du sujet et du greffon sur leur postérité réciproque a été soupçonnée par Jacques Boyceau, bien que, en dehors de l'obtention de Cerisiers précoces, il n'ait laissé aucune expérience probante sur ce point, et que, ne

---

(¹) Voir plus loin comment se sont comportées les plantes issues de ces graines.
(²) M. Édouard LEFORT a créé la pomme de terre *Edouard Lefort* par la greffe des variétés *Imperator* et *Marjolin.*

connaissant pas l'hybridation sexuelle, il n'ait pris aucune précaution pour éviter un croisement possible (¹).

C'est peu après la publication de l'ouvrage de Jacques Boyceau que fut signalée la fameuse orange *Bizarria*, obtenue en 1644 (²) par un jardinier de Florence qui eut l'idée de semer la graine d'un individu primitivement greffé. Le greffon avait péri et le sujet continua à vivre. Il donna des pousses qui fleurirent et fructifièrent. Les graines récoltées sur ces pousses germèrent et donnèrent un arbuste des plus singuliers. Il portait à la fois des fleurs, des fruits et des feuilles identiques : 1° à l'orange amère et au citron de Florence, c'est-à-dire à ceux du greffon et à ceux du sujet ; 2° des fruits mixtes, où les caractères du sujet et du greffon se trouvaient confondus ensemble ou séparés de diverses manières tant au point de vue de la forme qu'à celui du goût.

En rapportant ce fait en 1898 (³), je le faisais suivre des réflexions suivantes : « Il est possible que l'hybridation (sexuelle) ait joué un rôle dans la production de la Bizarria, tout aussi bien que la greffe. Il faut donc, en l'absence de documents certains sur ce sujet, considérer cette singulière variation plutôt comme une indication que comme un résultat décisif, quoique mes expériences personnelles sur les variations de la descendance du greffon et le cas du Néflier de Bronvaux me fassent considérer comme très probable l'origine donnée par le jardinier de Florence. »

Le fruit du Néflier de La Grange (⁴), au 1/5 Nèfle et aux 4/5 Epine blanche, vient apporter une preuve de plus en faveur de la production de l'orange Bizarria par la greffe, puisque la disposition de ce fruit mixte offre la plus grande analogie avec les fruits mixtes de l'orange Bizarria, caractère que l'on n'avait encore observé jusqu'ici sur aucun autre hybride de greffe.

Cabanis (⁵), un praticien distingué, a constaté que les pépins de Poirier greffé sur Coignassier donnent plus de variétés que les pépins du même Poirier greffé sur franc.

Gallesio (⁶) a montré que la naturalisation de l'Oranger doux en Italie est le résultat de la greffe. Les froids rigoureux de 1709 et de 1763 avaient fait périr tous les orangers doux que l'on greffait sur plants résistants aux froids. On dut alors en élever par semis des graines de l'Orange douce. Au grand étonnement des habitants, les fruits furent doux et les arbustes résistants aux froids, quand leurs parents y résistaient fort mal.

C'est là un remarquable exemple de transmission d'un caractère de résistance d'un sujet à la postérité de son greffon. Pourtant ces faits ont été laissés dans l'ombre, et seul Darwin les a relevés dans son ouvrage sur la variation (⁷).

Sageret (⁸) et Pépin (⁹), deux praticiens de grande valeur, admettent l'influence de la greffe sur la qualité des fruits et pensent que la graine elle-même doit s'en ressentir.

(¹) Jacques Boyceau. — *Traité du jardinage*, Paris, 1638.
(²) Voir *Avis du secret de greffer l'Oranger sur le Citronnier et d'avoir par ce moyen un fruit en partie orange et en partie citron* (Transactions de la Société royale de Londres, 1667); *Oranger de Florence portant à la fois oranges et limons* (ibid., an. 1675, n° 75, art. 4); et L. Daniel, *Histoire de la greffe depuis l'antiquité jusqu'à nos jours*, Le Mans, 1897).
(3) L. Daniel. — *La variation dans la greffe et l'hérédité des caractères acquis*, Paris, 1898, p. 209.
(4) L. Daniel. — *C. R. de l'Acad. des Sciences*, 30 novembre 1909.
(5) Cabanis. — *Essais sur les principes de la greffe*, Paris, 1804.
(6) Gallesio. — *Traité des Citrus*, 1811, p. 359; *Teoria*, 1816, p. 1825.
(7) Darwin. — *La variation des animaux et des plantes*, Paris, 1868.
(8) Sageret. — *Pomologie physiologique*, Paris, 1830.
(9) Pépin. — *Influence du sujet sur les greffes d'arbres fruitiers* (Revue horticole, 1848). — Voir également Van Mons, célèbre horticulteur belge, à propos de l'influence du sujet sur le fruit du greffon, in *Arbres fruitiers*, Louvain, 1835-1836.

Le comte Lelieur (¹), praticien également connu, avait remarqué, pendant son séjour en Amérique, aux environs de New-York, une pêche rouge et une pêche blanche qui se perpétuaient de graines sans varier. Mais lorsqu'il eut greffé la blanche sur la rouge et *vice versa*, les noyaux des fruits fournirent des pêchers dont les fruits n'étaient plus parfaitement rouges ou blancs, mais présentaient ces deux couleurs mélangées.

Downing a vérifié les faits rapportés par Lelieur et les a étendus à diverses Rosacées à fruits à noyau.

En 1891, Bailey (²) a publié un remarquable exemple d'influence du sujet sur la postérité du greffon. Ayant greffé entre eux les fruits jeunes de deux variétés de Tomates, il sema séparément les graines récoltées sur les parties intactes du sujet et du greffon et sur les parties soudées. Tandis que les premières donnaient des plantes de race pure, les graines provenant des régions de la soudure donnaient des plantes offrant un mélange des caractères des deux variétés.

Tel était l'état de la question quand j'entrepris mes recherches. Partant de ce principe que la longévité des arbres fruitiers et la longueur du temps nécessaire pour mettre à fruits leur descendance est trop considérable pour pouvoir la juger facilement, j'étudiai la descendance des plantes herbacées annuelles, bisannuelles ou vivaces, qui donnent de suite des résultats.

Pour éviter que le croisement sexuel ne vienne troubler ceux-ci en enlevant toute précision à l'expérience, j'ai toujours pris soin d'empêcher le croisement à l'aide des précautions que l'on doit naturellement prendre en pareil cas. Ayant toujours fait mes expériences *moi-même* au lieu de les faire faire et surveiller par d'autres, les ayant placées dans des jardins où je pénétrais seul, j'ai la certitude absolue que les faits observés se sont bien passés tels que je les rapporte et qu'une intervention étrangère, bien ou mal intentionnée, n'est pas venue troubler les résultats. Combien sont nombreux parmi les adversaires agricoles de ma théorie ceux qui n'ont point *opéré avec les mêmes scrupules* et qui cependant affirment, d'après leurs résultats négatifs, que je me suis trompé! Mais laissons parler l'expérience, le seul juge en la matière.

L'hérédité, à la suite du semis, ne peut être étudiée chez les plantes greffées que si le sujet ou le greffon donnent des graines fertiles. Or l'on a vu que la fertilité peut être exaltée par la greffe, mais qu'elle est le plus souvent singulièrement diminuée. C'est ainsi qu'un certain nombre d'hybrides de greffe sont infertiles et ne donnent pas de graines ou donnent des graines avortées à des degrés divers de développement; et que d'autres hybrides de greffe ne se reproduisent pas quoiqu'ils donnent des graines en apparence bien constituées, car celles-ci ne germent pas.

Lorsque la fertilité persiste, on peut se proposer d'étudier la descendance des hybrides de greffe et, en général, la descendance totale des plantes greffées en suivant l'ordre établi précédemment dans la classification des hybrides sexuels et dans celle des hybrides de greffe eux-mêmes.

Il faut étudier toute la descendance d'un greffon pour être certain que l'hybridation asexuelle ne s'est pas manifestée dans le cas examiné, étant donné que ce phénomène est rare et inconstant, comme je l'ai dit et répété bien des fois.

D'un autre côté, on ne doit pas se borner à étudier la descendance d'un greffon ou d'un sujet ayant acquis des caractères apparents de leur conjoint, c'est-à-dire la descendance d'un hybride de greffe caractérisé, mais aussi celle de plantes non modifiées directement par la greffe; c'est le seul moyen de discerner l'hybride unilatéral de greffe, s'il existe, et de voir si l'influence réciproque du

---

(¹) *Annales de la Société d'horticulture de Paris*, t. XV.
(²) Bailey. — In *Garden et Forest*, vol. IV, p. 247, 1891, et *La plante dans la conception évolutionniste*, 1895.

sujet et du greffon s'exerce simultanément ou séparément sur l'appareil végétatif et sur l'appareil reproducteur, sur la plante entière ou seulement sur l'embryon auquel donna naissance l'autofécondation.

J'ai observé de nombreux cas où les graines d'un greffon ou d'un sujet autofécondés ont reproduit la plante mère sans modifications apparentes. Il en a été ainsi dans mes greffes de Scorzonère sur Salsifis, de Pois divers, de plusieurs races de Haricots, etc. (¹). Le nombre de cas, quelque élevé qu'il soit, n'a d'intérêt théorique qu'au point de vue de la fréquence relative de l'influence du parasitisme artificiel qu'est la greffe sur l'embryon du sujet et du greffon, mais il ne nous dit rien sur la *possibilité* du phénomène. Seuls, les cas positifs sont probants à cet égard d'une façon absolue; ce sont eux qui seront examinés dans ce qui va suivre.

Au cours de mes recherches, j'ai greffé l'Alliaire *(Alliaria officinalis)* sur le Chou vert, variété de *Brassica oleracea*. Ces deux plantes appartiennent à des genres différents qui ne se croisent pas entre eux. Leur greffe réussit bien cependant. Il suffit, après avoir inséré sur le Chou jeune une Alliaire à sa deuxième année de développement et dont la racine est taillée en biseau, de prendre quelques précautions spéciales.

Dans mes expériences, le greffon se développa comme à l'ordinaire et ne parut pas se modifier. Toutefois sa saveur et son odeur alliacée étaient quelque peu atténuées. Je recueillis les graines d'un greffon vigoureux et celles d'un des témoins également vigoureux. Je les semai comparativement et séparément le même jour, côte à côte, et leur donnai par la suite les mêmes soins de culture. La première année, le développement fut sensiblement le même dans les deux lots. Chaque plante présentait, à un examen superficiel, beaucoup de ressemblance avec ses voisines.

Cependant un examen plus attentif permettait déjà de relever des différences. Les rosettes de feuilles portaient des bourgeons plus nombreux; leurs feuilles étaient plus gaufrées et d'un vert légèrement différent dans les plantes issues du greffon (²). L'odeur d'ail était moins caractérisée que dans les plantes issues des témoins.

J'arrachai quelques échantillons dans les deux lots et je fus surpris de trouver dans le racinage des différences très prononcées.

Les témoins possédaient une racine de vingt centimètres de long environ dont le diamètre était de deux centimètres au plus. Leur parenchyme était lignifié et l'écorce présentait un sclérenchyme épais. Le liber et l'écorce étaient peu développés par rapport au cylindre ligneux.

Les racines des Alliaires provenant du greffon étaient beaucoup plus ramifiées, beaucoup plus épaisses et plus développées. Elles atteignaient trois centimètres d'épaisseur et trente centimètres de longueur au minimum. Les parenchymes possédaient des membranes à peine épaissies; l'écorce était dépourvue de sclérenchyme; le cylindre ligneux, très réduit, faisait une place plus large au liber et à l'écorce hypertrophiés pour servir de magasin à des réserves plus abondantes.

La racine de ces Alliaires, considérablement plus développée que dans les témoins, était aussi plus ramifiée et n'était pas sans analogie avec celle du Chou dont elle rappelait quelque peu l'aspect extérieur sans en avoir toutefois la structure. Sous le rapport du volume, elle était plus ou moins intermédiaire entre les racines normales de l'Alliaire et du Chou témoins.

(¹) Voir pour les détails, L. DANIEL. — *Influence du sujet sur la postérité du greffon*, Le Mans, 1895, et *Sur quelques applications pratiques de la greffe herbacée (Revue générale de botanique*, 1894); etc.
(²) Comparer avec les résultats obtenus par Fréd. HILDEBRAND avec la descendance du *Cytisus Adami*, et qui sont rapportés plus loin.

L'année suivante, au printemps, les Alliaires témoins, dans les plus beaux échantillons, portaient six à dix tiges aériennes de 0^m65 de hauteur en moyenne. Ces tiges étaient grêles et ligneuses; le parenchyme médullaire présentait d'assez nombreuses lacunes. Chaque tige étaient dépourvue de ramifications; les feuilles, d'un vert jaunâtre, étaient assez distantes les unes des autres et laissaient dégager au frottement une odeur d'ail bien caractérisée. En un mot, les témoins avaient le type normal de leur espèce.

Les Alliaires provenant des greffons possédaient de quinze à vingt-cinq tiges de 0^m40 de hauteur environ, plus épaisses et moins ligneuses que les précédentes. Leur parenchyme médullaire ne présentait pas de lacunes. Elles étaient abondamment ramifiées, et leurs ramifications avaient une structure analogue à celle de la tige principale. Les feuilles étaient d'un beau vert, très rapprochées les unes des autres et donnaient à la plante un faciès très différent de celui de la plante sauvage (¹). L'odeur alliacée n'apparaissait qu'à la suite d'un frottement plus énergique et elle restait moins intense que dans les témoins; elle semblait participer à la fois des odeurs propres du Chou et de l'Alliaire.

Enfin les inflorescences des témoins étaient lâches et allongées; celles des plantes descendant des greffons étaient courtes et serrées.

Les différences entre les deux séries de plantes étaient telles qu'un botaniste classificateur y aurait vu sûrement au moins deux variétés distinctes.

Mon départ de Château-Gontier, en 1895, me fit abandonner mes recherches sur ces Alliaires, car je n'eus plus à Rennes le temps ni les moyens de continuer toute la série des cultures que j'avais commencées dans les champs d'expériences de la petite ville que j'habitais jusqu'alors. Je ne puis donc indiquer la manière dont se seraient comportées les générations suivantes de l'Alliaire greffée.

Si l'on se place sur le terrain pratique, on voit que, dans la greffe d'Alliaire sur Chou, les plantes issues du greffon furent améliorées par rapport à la plante primitive.

On peut donc tirer de là cette conclusion que, dans le cas considéré, en greffant une plante sur une autre qui lui est supérieure comme qualités utilitaires, on a amélioré sa descendance. C'est en somme une confirmation du principe établi par les Anciens: « *Il faut greffer bon sur meilleur.* »

Quelquefois aussi, le résultat inverse peut être obtenu en greffant *bon sur mauvais*.

Ainsi j'ai greffé des Navets sur Alliaire, puis j'ai récolté les graines des greffons. Ayant ensuite semé comparativement ces graines et celles des témoins venus dans les mêmes conditions, toutes choses égales d'ailleurs en dehors de la greffe, j'ai constaté que les Navets issus des greffons présentaient des tubercules plus ou moins réduits par rapports à ceux des témoins.

Or la tuberculisation des Navets avait été minime dans la greffe sur Alliaire; les descendants des greffons avaient hérité plus ou moins de ce caractère. Au lieu de donner une *amélioration* comme dans le cas précédent, la greffe avait amené une *détérioration* dans la descendance. Il y a donc, au point de vue de l'hérédité, des *greffages améliorants* et des *greffages détériorants*, tout comme il y en a au point de vue de la variation directe des caractères des plantes greffées elles-mêmes. En greffant bon sur mauvais, on s'expose, comme je l'ai fait dans le cas cité, à faire perdre à la descendance du greffon, tout ou partie de ses qualités utilitaires (²).

(¹) Voir L. DANIEL, *Sur quelques applications pratiques de la greffe herbacée* (*Revue générale de botanique*, 1894). Deux planches en phototypie montrent les différences profondes qui existaient entre les deux catégories de plantes.

(²) L. DANIEL. — *Influence réciproque du sujet et du greffon* (*La Pomologie française*, 1897), etc.

Partant de ces principes qui toutefois n'ont rien d'absolu, je me suis proposé de résoudre un problème utilitaire : la création, par la greffe et le semis combinés, d'un Chou fourrager résistant aux froids (¹) et pourvu d'une moelle nutritive bien développée.

La greffe d'un Chou à moelle sur un Chou n'en possédant pas exposait à une diminution du tubercule (greffage détériorant) ; il fallait donc un Chou aussi riche en moelle que possible. J'ai choisi le Chou-Rave dont le gros tubercule s'épanouit au-dessus du sol.

Ce Chou gèle dans les hivers un peu rigoureux. Il fallait donc (greffage améliorant) le greffer sur un Chou résistant au froid. J'ai choisi le Chou de Mortagne, variété de Chou cabus qui possède cette qualité.

Le procédé que j'ai employé est la greffe des bourgeons à fleurs, effectuée sur un jeune Chou de quatre à six semaines servant de sujet.

Les graines récoltées sur ces greffons furent semées à l'époque ordinaire, sans autres soins que ceux habituellement donnés aux Choux fourragers cultivés dans le pays.

Or, les Choux de semis issus de greffons ne me donnèrent point le Chou-Rave ordinaire, mais bien des Choux à tubercule plus ou moins allongé, et dont quelques-uns rappelaient la forme du Chou moellier.

Les feuilles étaient plus développées que celles du Chou-Rave ; les yeux, très rapprochés sur la tige, n'étaient pas sans analogie avec ceux du Choux de Mortagne, dont ils rappelaient assez bien la disposition.

Mais ce qu'ils eurent de particulièrement frappant, ce fut leur résistance aux froids de — 15° de l'hiver 1894-1895, tandis que d'autres Choux (moelliers, poitevins, Choux mille-têtes et Choux verts), cultivés dans le même terrain comme témoins, gelèrent tous sans exception, ainsi que le constate le rapport officiel suivant inséré aux Archives du Comice agricole de Château-Gontier (Mayenne).

Extrait du registre des délibérations du Comice agricole de Château-Gontier.

RÉUNION DU 7 JUILLET 1895.

Rapport sur les Choux obtenus par M. Daniel, professeur au Collège de Château-Gontier.

« Dans sa séance du 31 mars 1895, le Comice agricole du canton de Château-Gontier a nommé une Commission de cinq membres qui a été chargée d'examiner sur place les Choux obtenus par M. Daniel, professeur au Collège de Château-Gontier.

» Ont été nommés membres de cette Commission : MM. Mahier, agriculteur, président ; Méry, professeur d'agriculture de l'arrondissement, secrétaire ; Briand, propriétaire agriculteur à Menil ; Boisseau, expert ; Gautier-Belin, propriétaire agriculteur, membres.

» Deux inspections successives ont été faites : l'une le 31 mars, à l'issue de la réunion du Comice, et l'autre le 2 mai.

» Le 31 mars, M. Daniel a fourni à la Commission les renseignements nécessaires sur l'origine des Choux qu'il lui présentait, ainsi que sur la façon dont il avait procédé pour les obtenir.

» M. Daniel a obtenu deux variétés de Choux : 1° un Chou fourrager, par la greffe de bourgeons à fleur de Chou-Rave sur Chou de Mortagne ; 2° un Chou maraîcher, par la greffe de bourgeons à fleur de Chou de Bruxelles sur Chou de

---

(¹) Consulter L. DANIEL : *Créations de variétés nouvelles par la greffe* (Comptes rendus de l'Académie des Sciences, 30 avril 1894) ; *Influence du sujet sur la postérité du greffon* (Le Monde des Plantes, 1895, avec six planches en phototypie) ; *Un nouveau Chou fourrager* (Revue générale de botanique, 1895).

Mortagne. Les sujets qu'il nous a présentés proviennent de graines récoltées en 1893 sur Choux greffés et semés au printemps 1894. Il n'a conservé pour la production de nouvelles graines que les pieds les plus vigoureux et ceux qui se rapprochent le plus des types qu'il désire multiplier.

» Les Choux fourragers ne ressemblent ni au Chou-Rave ni au Chou de Mortagne. Leur tubercule est allongé au lieu d'être renflé en boule comme celui du Chou-Rave. Leur tige se rapproche donc du Chou moellier, mais elle en diffère par la forme des feuilles et la dureté plus grande de son écorce.

» La Commission a constaté que ces Choux, venus dans un terrain médiocre, ont bien résisté aux grands froids de l'hiver dernier, alors que d'autres Choux des variétés ordinaires, plantés dans le même terrain pour servir de témoins, ont complètement gelé. Leurs yeux, très rapprochés sur la tige, donnent naissance à de nombreuses branches florales qui fournissent au printemps une abondante production fourragère. En outre, la moelle que renferme la tige, presque aussi développée que celle du Chou moellier, n'a pas été endommagée par l'hiver; elle est restée blanche et tendre.

» Quant aux Choux maraîchers, ils présentaient une bonne végétation, qui peut avoir de l'intérêt au point de vue de l'alimentation de l'homme.

» La Commission s'est réunie de nouveau le 2 mai pour voir les Choux en fleurs. A cette époque, ils avaient des pousses vigoureuses et étaient bien préparés pour une fructification. M. Daniel les avait fait entourer d'une toile pour éviter les hybridations.

» En résumé, les Choux obtenus par M. Daniel ont résisté à la pourriture et aux gelées intenses et ils ont donné au printemps un fourrage abondant et précoce. Leur tige renflée est très nutritive à cause de la moelle qu'elle renferme.

» Les expériences de M. Daniel n'ayant porté que sur un petit nombre de sujets et dans un même terrain par suite de la faible quantité de graines qu'il a pu récolter jusqu'ici, la Commission pense qu'il serait utile de poursuivre ces essais dans des sols de nature différente et à des expositions diverses, afin de se rendre compte du rendement et de la valeur nutritive de ces fourrages.

» Ce n'est que lorsque la fixité sera nettement établie, c'est-à-dire après une suite d'essais successifs et une sélection rigoureuse, que les qualités que ces fourrages semblent présenter actuellement pourront être justifiées et qu'ils seront susceptibles d'entrer dans le domaine de la grande culture.

» *Le Président,* » *Le Secrétaire,*
» R. Mahier. » Méry. »

Grâce à la bienveillance de M. Lechartier, membre correspondant de l'Institut, doyen de la Faculté des Sciences et directeur de la Station agronomique de Rennes, j'ai pu facilement cultiver et sélectionner en 1897 et 1898 les Choux nouveaux à la station et constater sinon la résistance au froid, puisque les hivers 1897 et 1898 furent doux, mais du moins la persistance du type pour les autres caractères.

M. Lechartier a fait l'analyse des Choux nouveaux comparativement avec le Chou de la Sarthe, le Chou de Poitou et le Chou à mille têtes venus dans un terrain semblable et sous le même climat [1].

Voici les conclusions de son travail telles qu'il les a formulées :

« Les tiges des Choux nouveaux se distinguent par une valeur nutritive plus grande, ce qui est en rapport avec leur caractère de Choux moelliers. Ils

---

[1] Lechartier. — *Sur la composition comparée d'une variété nouvelle de Chou moellier et de divers Choux fourragers* (Bulletin de la Société scientifique et médicale de l'Ouest, 1897).

contiennent une plus forte proportion de matières azotées, de principes gras et de substances saccharifiables. La teneur en cellulose brute est moindre.

» Au point de vue des matières grasses, la supériorité des Choux moelliers de printemps subsiste dans les feuilles et, par suite, dans la plante considérée dans son ensemble.

» Ils occupent donc une place très honorable parmi les Choux fourragers. »

En 1899, l'hiver rigoureux montra que ces Choux avaient conservé leur résistance aux froids à la suite de plusieurs générations. Le champ de culture de la Station agronomique était insuffisamment clos, et les maraudeurs cueillirent au printemps beaucoup de jeunes pousses avec un soin qui dénotait la valeur culinaire des nouveaux Choux et la rareté de ces pousses sur les autres variétés de Choux cultivées à Rennes.

Enfin, des graines avaient été, en 1896, fournies gracieusement : 1° à un botaniste nantais, M. Gadeceau, qui les fit essayer en grande culture par M. du Plessis-Quinquis aux environs de Nantes ; 2° à M. Loth, doyen de la Faculté des lettres de Rennes, qui les fit essayer par son beau-frère dans le Morbihan. Il y a quelques années, ces deux expérimentateurs ont constaté que les qualités de résistance aux froids qui caractérisaient les nouveaux Choux s'étaient parfaitement maintenues, ainsi que leurs autres qualités et défauts [1].

L'hérédité était complète et la race fixée.

Encouragé par la réussite de cette expérience sur les Choux, j'essayai au commencement de 1897 l'amélioration de la Carotte sauvage par sa greffe sur la Carotte rouge potagère. On sait que ces deux plantes diffèrent par leur port, leur villosité, leur couleur et par le diamètre de leurs racines.

La Carotte sauvage a ses feuilles plus ou moins étalées, en général d'un vert glauque et très velues ; sa racine est blanche, peu épaisse, car elle atteint 1 centimètre de diamètre environ.

La Carotte rouge demi-longue a des feuilles dressées, moins velues et d'un vert plus intense : sa racine est rouge, très grosse, puisqu'elle atteint une épaisseur de 6 centimètres et plus.

Je greffai entre elles des racines à la deuxième année de leur développement, au moment où elles commençaient à donner des feuilles à la fin de l'hiver.

La greffe réussit fort bien ; le greffon utilisa les réserves de son sujet d'une façon complète ; il se développa comme à l'ordinaire, donnant naissance cependant à une tige légèrement fasciée ; il fut aussi envahi partiellement par le blanc quand les témoins étaient indemnes.

Les fruits étaient de taille plus élevée et présentaient de longues pointes, beaucoup plus développées qu'à l'ordinaire. Je présentai ces graines au Congrès de Rennes organisé en 1897 par la Société pomologique de France, au cours de la conférence que je fis alors sur l'influence réciproque du sujet et du greffon.

Cette présentation me rappelle un petit incident assez amusant. Un vieux semeur angevin, M. Hérault, à qui le Congrès avait décerné la médaille d'honneur annuelle pour ses nombreux *gains* de poires, était assis au premier rang de mes auditeurs. A peine avais-je parlé quelques minutes que M. Hérault ferma les yeux et parut s'endormir. Peu flatté intérieurement de l'effet soporifique de ma communication, je continuai cependant ma conférence et je fis passer dans la salle divers échantillons et mes graines de Carotte. Cela parut réveiller le dormeur, qui garda les graines après les avoir longuement examinées. Puis il ferma les yeux à nouveau et parut retomber dans sa torpeur.

---

[1] Voir *Note sur un Chou fourrager obtenu par le professeur L. Daniel* (Annales de la Société nantaise d'horticulture, 1906).

Ma conférence terminée, les membres du Congrès se partagèrent en deux camps : ceux qui critiquèrent les idées nouvelles et ceux qui les approuvèrent. La discussion terminée, M. Hérault, qui n'avait nullement dormi, mais avait tout écouté les yeux fermés, s'approcha de moi et me dit simplement : « Vous avez raison, jeune homme. » Et, me rendant les graines de Carotte sauvage greffée, il ajouta : « Semez-moi ça, et vous m'en direz des nouvelles ! »

Il mourut l'année suivante et je ne pus, à mon vif regret, lui communiquer les résultats de mes semis. Mais le flair du vieux semeur angevin ne l'avait pas trahi.

Les graines des Carottes sauvages greffées furent semées en 1898 comparativement avec celles des témoins venues dans les mêmes conditions, abstraction faite de la greffe. Je donnerai ici sous forme d'un tableau comparatif, les résultats fournis par cette expérience [1].

Carotte sauvage greffée.

Sur 30 germinations, j'ai obtenu :

2 plantules à trois cotylédons entiers ;
2 plantules à trois cotylédons, dont un cotylédon bifide ;
1 plantule à deux cotylédons, dont un bifide ;
1 plantule à un seul cotylédon.

Les jeunes plantes fournies par ces plantules sont plus grandes, plus vertes, moins velues, et sont, sous ce rapport, plus ou moins nettement intermédiaires entre la Carotte rouge et la Carotte sauvage. Dans quelques-unes, les feuilles les plus âgées s'étalent ; mais, dans les autres, elles ont le port de la Carotte rouge.

8 jeunes plantes ont monté directement à graines.

Dans le reste, une dizaine environ de pieds ont une racine renflée, atteignant un diamètre variant entre 15^{mm} et 25^{mm}. La couleur reste blanche (avec le collet vert dans les racines qui font légèrement saillie hors du sol).

Carotte sauvage témoin.

Sur 30 germinations et plus, je n'ai observé que des plantules possédant deux cotylédons entiers.

Les jeunes plantes témoins ont une végétation normale. Les feuilles sont de taille moyenne et rappellent absolument la Carotte sauvage ordinaire.

Aucune des jeunes plantes n'a monté à graines.

Racine normale, atteignant actuellement, dans les plus beaux échantillons, une épaisseur maxima de 8^{mm}.

Ce tableau fait ressortir quatre différences intéressantes : la proportion élevée des anomalies dans le nombre des cotylédons et leur forme, anomalie qui s'observe dans certaines Ombellifères, mais non avec cette intensité ;

La fréquence de la montée directe à graines, accident assez commun dans les Carottes cultivées, rare dans la plante sauvage ;

Un changement caractéristique dans le port, la couleur et la villosité des feuilles, qui ont acquis certains des caractères du sujet ;

Enfin, l'apparition d'une notable tuberculisation, rappelant celle du sujet, mais sans changement de couleur dans la racine.

Il faut ajouter à cela une modification assez prononcée du goût, lequel était plus ou moins intermédiaire entre celui du sujet et du greffon.

J'ai voulu voir ce qui se passait aux générations suivantes. Je recueillis des graines sur des échantillons choisis parmi les Carottes à feuilles étalées comme

[1] Voir L. DANIEL. — *Amélioration de la Carotte sauvage par sa greffe sur la Carotte cultivée* (*C. R. de l'Acad. des Sciences*, 11 juillet 1898).

celles de la plante sauvage. J'avais pensé que ces pieds nouveaux résisteraient mieux au froid que ceux dont le feuillage rappelait celui de la Carotte cultivée. Je ne fis pas d'autre sélection, n'ayant pas à ma disposition de terrains suffisants.

Ces graines, divisées en deux lots, furent semées comparativement avec les témoins au Jardin des plantes de Rennes et dans le champ d'expériences de la station agronomique de Rennes. La transmission des caractères acquis fut presque complète dès cette seconde génération. Les plantes nouvelles montèrent encore à graines dans un assez grand nombre d'exemplaires et furent annuelles. Les autres restèrent bisannuelles, à feuilles étalées et velues, et formèrent des tubercules à racine pivotante, dont quelques-uns un peu ramifiés. Quelques exemplaires étaient de couleur jaune pâle, comme s'il s'était agi d'un mélange des caractères de couleur du sujet et du greffon.

La Carotte rouge est plus résistante au froid que la Carotte fourragère cultivée dans notre région; mais la Carotte sauvage offre une résistance beaucoup plus grande encore. En 1899 et en 1900, les froids de l'hiver furent assez vifs pour endommager les Carottes cultivées laissées en terre; les Carottes issues du greffon résistèrent parfaitement.

Après une sélection renouvelée encore en 1901 et 1902, la race créée fut définitivement fixée. Mais comme on possède en agriculture des races supérieures comme qualité et rendement, j'ai cessé de la cultiver.

L'expérience n'en est pas moins instructive au point de vue théorique et pratique. Elle montre que des caractères, restés récessifs sur le greffon, peuvent devenir dominants dans la descendance de celui-ci, apparaître à la première génération ou à la seconde et se fixer ensuite par une sélection intelligente, de façon à donner naissance à des races.

A côté de ces résultats remarquables, on peut en trouver d'autres moins complets et moins importants, mais qui ne sont cependant pas dépourvus d'intérêt.

Après avoir greffé en 1901 les pommes de terre *Jaune de Hollande* et *Kydney rose* sur la Tomate et obtenu les résultats qui ont été décrits précédemment, je récoltai les tubercules aériens et les graines des fruits mûrs. Je plantai les tubercules et semai les graines l'année suivante.

Trois tubercules seulement avaient pu être conservés; les autres avaient pourri sous l'influence de l'humidité de l'hiver. J'ai constaté que les tubercules axillaires se conservent beaucoup plus difficilement que les tubercules souterrains : cela tient non seulement aux différences morphologiques externes, mais encore à des différences de structure dans les tissus protecteurs, en particulier dans le liège.

Chaque tubercule donna une plante. Deux furent peu vigoureuses; la troisième l'était davantage. Les deux premières portèrent des tubercules aériens semblables à ceux que j'avais plantés. L'autre ne donna pas de tubercules aériens, mais ses tiges furent dures et ligneuses, avec des renflements des nœuds, et elles rappelaient l'aspect des redrugeons qui avaient servi de greffons.

Les graines récoltées sur les greffons de *Kydney rose* me donnèrent six pieds de Pommes de terre. L'un d'eux seulement produisit deux tubercules aériens, légèrement différents des tubercules aériens ordinaires et rampant au voisinage du sol. Un autre pied possédait des entre-nœuds courts et des renflements nodaux rappelant l'aspect des redrugeons choisis comme greffons.

Dans deux autres pieds, l'aspect était celui de la pomme de terre *Kydney rose*, mais la feuille se rapprochait, par sa villosité plus grande et sa forme, de celle de la Tomate sujet.

Les deux autres pieds étaient, en apparence du moins, de la *Kydney rose* pure, quoique leur taille fût plus petite.

Ces faits d'hérédité par le semis des graines récoltées sur les greffons de Pomme de terre seraient à étudier à fond; peut-être donneraient-ils des résultats pratiques intéressants et permettraient-ils d'améliorer certaines variétés, de les empêcher de dégénérer ou d'en créer de meilleures. C'est à ce titre que je les indique ici.

Dans des greffes d'Aubergine sur Tomate, M. Jurie n'avait remarqué aucun changement apparent sur les greffons quant à l'appareil végétatif et à l'appareil reproducteur. Rien ne semblait les différencier des témoins. Ayant, sur mes conseils, récolté les graines des fruits des greffons et celles des témoins, il les sema comparativement. Il fut assez étonné de voir quelques pieds issus des greffons présenter non des sortes d'aiguillons comme les témoins, mais des émergences d'aspect foliacé, bien vertes, et plus ou moins développées suivant les échantillons considérés.

Le greffon, moins avide d'eau que son sujet, avait vécu en milieu plus humide au moment de la formation de certaines graines. Celles-ci avaient donné naissance à des individus ayant hérité de cet état biologique anormal.

J'ai pu vérifier ces faits chez M. Jurie, à Millery (Rhône), en compagnie de MM. Viviand-Morel, Battanchon et Durand, qui les ont vus comme moi.

Les autres descendants du greffon avaient conservé les caractères de la variété originelle, au moins à cette première génération.

M. Gerbeaux, il y a quelques années, signalait dans le journal *Le Jardin*, sous le titre de *Production de fleurs panachées et striées dans le Pélargonium zoné*, les résultats du semis de Pélargonium greffés.

Ayant placé le Pélargonium *Souvenir de Mirande* sur la variété *Panachée de Nancy* à fleurs de teinte saumon striée de blanc, et réalisé aussi la greffe inverse, il récolta les graines de la première variété et les sema. Parmi les jeunes semis de *Souvenir de Mirande,* il trouva trois types à fleurs simples, avec le coloris de la variété mère, mais à pétales *panachés* et rubanés; cette panachure rappelait la variété Panachée de Nancy. Tout en constatant qu'une sélection dans les semis ultérieurs est nécessaire pour tirer parti de ces variations, l'auteur indique aux horticulteurs la méthode du greffage suivi de semis comme devant produire plus rapidement des variétés que le croisement sexuel employé isolément.

Si l'on rapproche tous ces résultats des expériences de M. Hirche sur la Pomme de terre, dans lesquelles des variations sont apparues seulement à la seconde génération, on peut déjà tirer des conclusions intéressantes.

Les plantes greffées, dans les divers cas que j'ai considérés ici, ont eu leurs embryons influencés quand l'appareil végétatif ne l'avait pas été en apparence, et cette influence s'est exercée souvent d'une façon très inégale suivant les embryons considérés.

Il résulte de là que la descendance de ces plantes greffées, qui pourraient être considérées comme des hybrides unilatéraux de greffe, ne s'est point comportée, au point de vue de l'hérédité des caractères influencés, conformément aux lois de Mendel relatives à la descendance de l'hybride sexuel unilatéral.

Je me garderai bien de conclure, ce que je n'ai d'ailleurs jamais fait quoi qu'on en puisse dire, que toutes les plantes se comportent à la façon de celles que j'ai étudiées; ou même que les résultats sont identiques dans toutes les greffes faites avec les plantes dont je me suis servi.

Pour affirmer une telle constance des résultats, il faudrait n'avoir jamais fait d'expériences de greffe ou ne tenir aucun compte des faits; c'est pour cela que j'ai dans chaque publication sur ce point, insisté sur l'inégalité et l'inconstance des résultats dans les greffes que j'ai décrites.

Cette inconstance et cette inégalité ne peuvent d'ailleurs étonner le biologiste, qui sait combien sont variables les résultats du croisement sexuel auquel j'ai comparé l'hybridation asexuelle, sans toutefois assimiler complètement ces deux catégories de croisements.

Mais cette variété même offre un grand intérêt, puisqu'elle permet d'arriver, dans certains cas, à *créer des variétés nouvelles* là où l'on devait s'attendre au maintien absolu du type à la suite de la greffe, si les idées des adversaires de mes théories étaient justes.

Quel est le mécanisme de cette action à distance exercée par le sujet et le greffon sur les embryons de leur conjoint respectif? On ne saurait l'indiquer dans l'état actuel de la Science. Toutefois, il paraît rationnel de le comparer à celui que nous avons étudié précédemment sous le nom de télégonie.

Si je n'ai point jusqu'ici, dans mes expériences, obtenu d'hybrides unilatéraux de greffe dont la postérité soit conforme à la loi de Mendel, je n'ai pas rencontré encore d'hybrides alternants ni d'hybrides hétérogènes et je ne puis, par conséquent, parler de leur descendance.

Nous avons vu qu'il y a des hybrides de greffe intermédiaires et même des hybrides renforcés, particulièrement dans la Vigne. Mais l'on a rarement semé leurs graines et l'on ne connaît que peu de chose relativement à leur postérité([1]).

Quant à la descendance des hybrides mosaïques de greffe, elle n'a guère pu être étudiée, vu que ces êtres sont souvent infertiles.

Certains de ces êtres singuliers peuvent d'ailleurs présenter un mélange de caractères parentaux tels qu'ils rentrent dans une catégorie différente pour un ou plusieurs caractères considérés, et à des variations spécifiques héréditaires peuvent se joindre d'autres variations héréditaires provoquées par des déséquilibres de nutrition dus au greffage.

Pour faire une étude complète de l'hérédité, il serait nécessaire d'étudier séparément la transmission de chaque caractère dans la postérité d'un sujet et d'un greffon déterminé. C'est ce que je n'ai pas fait jusqu'ici, m'étant borné à une appréciation plutôt globale des caractères.

Si la méthode que j'ai employée dans la description des faits d'hérédité ne satisfait pas le lecteur, il voudra bien faire lui-même le classement qui lui paraîtra le plus commode, en attendant que des études plus complètes de ces phénomènes permette d'en établir une classification définitive et vraiment rationnelle.

La descendance des greffons chez les Haricots greffés par les procédés du greffage ordinaire et du greffage mixte est un exemple des variations d'origine multiple dont je viens de parler.

J'ai choisi, ainsi qu'on l'a vu, comme types d'expérience, le Haricot Noir de

---

([1]) Signalons toutefois les expériences récentes de Hans Winkler. Ayant semé les graines de *Solanum tubingense* dont il a été question précédemment, il a obtenu de nouveaux hybrides de greffe dont les uns se rapprochent du *Solanum nigrum* et les autres de la Tomate. Les résultats du semis sont donnés dans un travail intitulé *Weitere Mitteilungen über Pfropfbastarde*, Iéna, März 1909, ouvrage auquel je renvoie le lecteur. Le professeur allemand a donné en outre en octobre, sous le titre de *Ueber die Nachkommenschaft der Solanum-Pfropfbastarde und die Chromosomenzahlen ihrer Keimzellen*, Iéna, 1909, une étude sur le nombre des chromosomes, de son hybride de greffe, le *Solanum tubingense*, et de ses descendants, dans les cellules germinatives. Il n'a pas constaté dans le développement du pollen les troubles qu'on rencontre dans les hybrides sexuels et vu que ce sont les nombres de chromosomes parentaux qui apparaissent exclusivement. L'auteur critique en outre, avec raison, un récent travail de Strasburger, paru sous le titre de *Meine Stellungnahme zur Frage der Pfropfbastarde*, Berlin, octobre 1909, et dans lequel l'auteur s'appuie sur des expériences négatives pour rejeter l'existence des hybrides de greffes qu'il considère comme des Hypermonstres. (Note ajoutée pendant l'impression.)

J'ai indiqué plus haut (voir, pour la question de priorité, l'*Œnophile* de 1909) les raisons pour lesquelles la preuve d'une conjugaison asexuelle au niveau du bourrelet est presque impossible à faire, et pourquoi l'on ne doit tenir aucun compte des expériences négatives. De même, j'ai critiqué le rôle exagéré qui a été attribué sans preuves par certains naturalistes, à propos de l'hérédité, au noyau, puis à la substance chromatique. Il ne faut pas demander des preuves directes sur un point particulier de la Science quand on admet par ailleurs si facilement des hypothèses invérifiables.

Belgique, nain, assez précoce, à gousse tendre, sans parchemin dans sa jeunesse, ce qui permet de le consommer en vert, à fleurs au nombre de 3 à 5 et à graines violet noir, et le Haricot de Soissons à rames, à longues inflorescences, à fleurs blanc sale, à gousse parcheminée et de goût désagréable, à graines grosses et blanches.

J'ai récolté les graines du Haricot Noir servant de greffon :

1° Dans les greffes ordinaires, m'ayant simplement fourni des variations de taille, de résistance, de saveur et de dureté de la gousse ;

2° Dans les greffes mixtes, qui m'avaient fourni des variations spécifiques dans la fleur et le fruit.

Dans le premier cas, j'ai fait trois lots de graines : le premier était formé par les plus grosses graines ; le deuxième, par les graines moyennes ; le troisième, par les graines les plus petites.

J'ai semé le tout comparativement avec des graines récoltées sur les Haricots non greffés, venus dans des conditions identiques à celles des greffons, en dehors de la greffe.

Tandis que ceux-ci avaient conservé les caractères habituels de la race, les trois premiers lots avaient donné des plantes plus ou moins variables comme taille générale et comme nature des graines. C'était le troisième lot qui avait fourni la variation la plus accentuée.

L'année suivante, j'ai fait un nouveau semis de graines sélectionnées dans les plantes du premier lot et du troisième lot, et ainsi de suite pendant deux autres années.

A la quatrième sélection, les plantes du premier lot avaient fait retour à la variété originelle ; les plantes du troisième lot fournissaient une race plus naine, à graines moitié plus petites et à gousses étroites, et j'avais, par autofécondation et sélections successives, créé une race nouvelle. Comme elle était plutôt pratiquement inférieure à l'ancienne, je ne l'ai pas conservée.

Cette année, j'ai fait de nouveaux essais : j'ai semé les cinq graines récoltées sur les Haricots Noirs de Belgique greffés sur Soissons gros, élevés en solution nutritive et qui avaient varié dans leurs résistances à la chlorose et aux pucerons ([1]). A côté, j'ai placé les graines de témoins venus dans les conditions ordinaires.

J'ai remarqué dans leur mode de développement des divergences intéressantes. Les cinq Haricots issus des greffons, tout à fait au début, étaient assez semblables aux témoins. Mais, bientôt, ils sont restés d'un vert plus jaune et de plus petite taille.

Lorsque les témoins étaient en fleurs, les cinq pieds provenant des greffes étaient à peine en boutons, et l'appareil végétatif n'avait pas atteint son entier développement. Il y eut un mois à cinq semaines de retard sur la floraison et la maturation par rapport aux témoins. Ce résultat est d'autant plus intéressant que le Haricot Noir de Belgique est précoce quand le Soissons sujet est tardif, et les témoins de cette dernière race fleurissent plus tard encore que les descendants des greffons. Ceux-ci, sous le rapport de la floraison, se sont donc montrés plus ou moins intermédiaires entre le sujet et le greffon.

En outre, ils n'atteignirent point la taille des témoins de même race, mais ils restèrent plus petits et de taille inégale. L'un d'eux, qui provenait de la plus petite graine, atteignait à peine la moitié de la taille des témoins, et avait ainsi hérité de la forte diminution de taille constatée chez le greffon dont il dérivait directement. Il a donné trente-quatre graines, toutes petites, presque moitié plus

---

([1]) Voir les pages 267-278.

petites que celles des témoins, à téguments plissés et d'un noir légèrement différent. Leur poids moyen est de $0^{gr}15$ quand celui des témoins est de $0^{gr}25$ à $0^{gr}30$.

Les quatre autres pieds sont aussi restés plus petits que les témoins et avaient environ les deux tiers de la taille de ceux-ci. Ils ont donné des graines en général plus petites que les témoins, mais plus arrondies, à tégument d'un noir légèrement différent et lisses quand les graines des témoins étaient plus plates et plissées. Le poids moyen des graines oscillait, suivant les pieds, entre $0^{gr}25$ et $0^{gr}29$, c'est-à-dire ne présentait pas de différences sensibles avec les témoins.

En somme, dans cette expérience, il y a eu hérédité du caractère taille à un degré variable suivant les individus, caractère de nanisme renforcé sensible sur les greffons eux-mêmes, et acquisition d'un caractère du sujet, non visible chez les greffons, c'est-à-dire d'un caractère de tardiveté appartenant au sujet.

Je me propose tout naturellement de poursuivre l'étude de l'hérédité de ces Haricots et de voir si ce caractère de tardiveté observé chez la descendance du greffon non modifié sous ce rapport, à la façon d'un hybride sexuel unilatéral, se trouve définitivement acquis, ou s'il ne le sera qu'en partie, ou bien s'il disparaîtra totalement.

J'ai également, il y a plusieurs années, étudié la descendance de Haricots greffés par le procédé du greffage mixte. J'ai fait quatre lots, dont le premier correspondait aux graines des témoins; le second, aux graines de greffons de petite taille non modifiés par ailleurs en apparence à la suite du greffage mixte; le troisième, aux graines récoltées sur l'inflorescence modifiée, à fleurs panachées, que j'ai décrite précédemment (¹); enfin, le quatrième comprenait des graines récoltées sur des Haricots greffés par le procédé de la greffe ordinaire en fente et qui n'avaient présenté aucune modification apparente en dehors des variations de la taille et de goût ou de structure.

Les quatre lots de graines furent semés comparativement (²). Les plantes du premier et du quatrième lot se ressemblaient beaucoup. Le goût un peu désagréable du fruit et le parchemin avaient en partie seulement persisté, et d'une façon en somme peu sensible.

Les plantes du deuxième lot restèrent de plus petite taille que les témoins, montrant que, à une première génération, le caractère de taille s'est montré héréditaire dans le cas considéré.

Enfin, les plantes du troisième lot étaient peu vigoureuses, ce qui est conforme à ce que l'on sait sur la descendance des plantes à panachures. La panachure de la fleur ne fut pas transmise; les inflorescences étaient souvent plus fournies que dans les témoins, mais les caractères intermédiaires si nets de l'inflorescence du greffon ne s'étaient point transmis d'une façon nette.

Désireux d'étudier la descendance des Haricots greffés à une deuxième génération, je recueillis des graines sur les plantes des trois lots de Haricots greffés, classés comme il a été indiqué.

Dans mes semis, j'ai constaté sur certains pieds l'apparition de variations absolument imprévues. Un certain nombre de pieds sont devenus remontants, c'est-à-dire qu'après la première fructification en juillet-août, ils ont donné des pousses vertes, puis des fleurs et des fruits jusqu'en novembre. Ces pieds, sélectionnés, ont donné ultérieurement une race remontante.

Trois pieds ont donné des graines marbrées, et deux d'entre eux étaient nains comme le Haricot Noir de Belgique. L'autre a atteint 4^m50 de haut, avec de

---
(¹) Voir p. 353.
(²) L. Daniel. — *Variations des races de Haricots sous l'influence du greffage* (C. R., 5 mars 1899).

longues inflorescences à fleurs rouge carmin, comme le Haricot d'Espagne *(Phaseolus multiflorus)*. Ce dernier exemplaire était particulièrement tardif. Sa descendance a été des plus variées et a fourni des types nains et des types à rames que je n'ai pas cherché à fixer, ne leur trouvant aucune qualité remarquable.

Ce qu'il importe de retenir (¹), « c'est l'inégalité de la variation imprimée par la greffe et l'inégalité du temps qu'elle peut mettre à se manifester. On remarquera aussi que *la greffe a ramené dans une race fixée la variation désordonnée que la sélection avait fait disparaître* ».

Il n'existe pas pour le moment, à ma connaissance, d'autres études sur la descendance des hybrides de greffe plus ou moins intermédiaires entre le sujet et le greffon. Le Poirier-Aubépine de Wille et le Poirier-Coignassier de Rennes seraient intéressants à cet égard s'ils donnaient un jour des graines fertiles.

Quant aux hybrides mosaïques de greffe, deux cas seulement ont été examinés, et encore ils l'ont été à une première génération seulement : ce sont 1° l'hybride de greffe entre la Tomate jaune ronde et la Tomate rouge grosse hâtive et 2° le *Cytisus Adami*.

Dans les graines fournies par l'hybride de Tomate, j'ai fait trois lots de graines :

1° Celles récoltées sur les fruits jaunes aplatis et côtelés ;
2° Celles recueillies sur les fruits jaunes, aplatis et lisses ;
3° Celles prises sur les fruits jaunes, lisses et arrondis.

Ces trois catégories de graines ont été semées comparativement avec un lot de graines récoltées sur la Tomate jaune ronde témoin.

Les plantes de chaque lot ont donné des fruits des trois catégories, côtelés, aplatis, lisses et ronds. Mais il y avait, dans chaque série, prédominance de la forme du fruit ayant fourni la graine.

Aux générations suivantes, j'ai sélectionné seulement les fruits côtelés et j'ai constaté que ce caractère s'accentuait au point de permettre sa fixation.

Le *Cytisus Adami* (²), comme on sait, donne des fruits fertiles sur les rameaux de *Cytisus purpureus* et sur ceux de *Cytisus Laburnum*, c'est-à-dire sur ceux qui sont de l'espèce pure du greffon et du sujet. Les graines donnent à la suite du semis des plantes qui reproduisent exclusivement le type de l'espèce à laquelle appartiennent les graines. Les rameaux hybrides, présentant les caractères mélangés des deux espèces, sont considérés comme infertiles, étant fertiles par l'étamine et stériles par l'ovule, comme je l'ai déjà dit.

D'après Fr. Hildebrand (³), on a souvent offert dans les catalogues des jardins botaniques des graines de *Cytisus Adami*. Mais celles-ci ne provenaient jamais de la forme hybride de greffe. Déjà Noll avait, en 1907, observé des fruits noués de cette forme. Hildebrand en a trouvé aussi et constaté qu'ils différaient du *Cytisus Laburnum* par leur longueur plus faible et par l'absence de poils soyeux, caractères des fruits du *Cytisus purpureus*.

Deux graines fertiles produisirent de jeunes plantes qui eurent les caractères

---

(¹) L. Daniel. — *C. R. du Congrès de Lyon*, 1901, p. 83.

(²) Voir au sujet du *Cytisus Adami* les travaux du botaniste allemand Noll, professeur à l'Université de Halle, décédé en 1908. Cet auteur, bien qu'il n'ait pas réussi à reproduire cette curieuse plante, conclut que le *Cytisus Adami* et le Néflier de Bronvaux ne sont pas dus au croisement sexuel, mais sont d'origine végétative. On trouvera d'utiles indications dans *Die Pfropfbastarde von Bronvaux (und* Cytisus Adami), Ebda, 1905, et dans *Neue Beobachtungen an* Laburnum Adami (Cytisus Adami hort.) (Sitzber. Niederrhein. Ges., 1907).

(³) Friedrich Hildebrand, *Ueber Sämlinge von* Cytisus Adami (*Berichte der deutschen botanischen Gesellschaft*, 14 october 1908). Le professeur Hildebrand, dont les botanistes allemands fêtaient récemment le cinquantenaire de professorat, est un savant des plus connus par ses importants travaux. Non seulement il a étudié la descendance du *Cytisus Adami*, mais il a réussi lui-même à obtenir un hybride de greffe entre des variétés d'*Oxalis crassicaulis* (voir Hildebrand, *Ueber Versuche zur Bildung von Pfropfbastarden bei* Oxalis crassicaulis, *Berichte der deutschen botanischen Gesellschaft*, 11 janvier 1908).

du *Cytisus Laburnum*. La plus tardive avait des cotylédons d'un vert plus frais que dans l'espèce ordinaire, et les feuilles différèrent aussi de couleur. L'année suivante, les différences de précocité se maintinrent, mais les feuilles ne présentèrent aucune différence avec le *Cytisus Laburnum*, comme forme, villosité et couleur.

L'année suivante (1906), les différences de teinte des feuilles réapparurent. La plante précoce avait le type de feuilles du *Cytisus Laburnum*, la plante tardive avait des feuilles d'un vert plus gai et plus rapprochées comme couleur du *Cytisus Adami*.

En 1907, ces plantes ne fleurirent pas grâce à des conditions climatologiques mauvaises de 1906, mais les différences de coloration persistèrent.

Enfin, en 1908, la plante précoce fleurit au printemps et la plante tardive à l'automne. Toutes deux donnèrent des fleurs analogues à celles du *Cytisus Laburnum*.

Hildebrand a recueilli, en 1906, de nouvelles graines de la forme hybride, dont huit noires comme dans le *Cytisus Laburnum* et sept tachées de brun. Il sema ces graines en bloc sans les séparer par couleur et obtint trois plantes. L'une d'elles avait encore les caractères du *Cytisus Laburnum*, mais ses feuilles étaient en partie d'un vert plus gai que celles des témoins. Le botaniste allemand se propose naturellement de continuer l'étude de ces plantes si intéressantes et d'en observer la floraison, ainsi que celle des exemplaires provenant de graines récoltées en 1908 sur le même *Cytisus Adami* du Jardin botanique de Fribourg. Mais, vu ses observations encore incomplètes, il garde avec raison une prudente réserve vis-à-vis de l'interprétation de ces faits au point de vue de l'hérédité dans le *Cytisus Adami*.

Pour résumer ces recherches sur les hybrides de greffe et sur leur descendance, on peut dire que l'hybridation par la greffe, même au sens beaucoup plus restreint que celui que je lui ai donné sous le nom de variation spécifique, est prouvée aujourd'hui par un nombre suffisant de faits observés par de nombreux botanistes et horticulteurs. Elle est acceptée d'ailleurs par la grande majorité des naturalistes, au moins par ceux qui subordonnent le raisonnement à l'expérience et n'ont aucune idée préconçue.

Les hybrides de greffe existent, c'est là un fait indiscutable. Sont-ils fréquents ? J'ai toujours, dans mes publications, montré qu'ils étaient *rares*, et cette opinion est partagée par tous ceux qui se sont occupés de cette question. Peut-on les obtenir à volonté ? Évidemment non, puisqu'ils sont des exceptions et qu'il est très difficile de réaliser à nouveau, vu la diversité des bourrelets et les différences de capacités fonctionnelles, les conditions biologiques inconnues qui ont présidé à leur formation.

Est-il possible de réobtenir un hybride de greffe déjà obtenu ? Évidemment oui, mais cela paraît très difficile vu la diversité des greffes ; cela n'a rien d'extraordinaire pour celui qui sait la difficulté qu'on éprouverait à reproduire certains hybrides sexuels déjà obtenus. La complication des facteurs qui agissent sur l'être nouveau est plus grande encore dans l'hybridation par greffe que dans le croisement sexuel. L'exemple des Néfliers de Bronvaux et de Saujon prouve cependant que l'on peut arriver à obtenir des hybrides de greffe assez voisins.

Cette diversité des résultats n'enlève à l'hybridation asexuelle aucun intérêt, tant en théorie qu'en pratique, bien au contraire.

L'hybridation par la greffe peut s'exercer directement sur les plantes greffées ou sur leur descendance. Dans les deux cas, elle provoque chez le sujet ou chez le greffon ou dans les deux plantes à la fois, des variations spécifiques plus ou moins nombreuses et plus ou moins accentuées.

Tel caractère de l'un des conjoints peut être renforcé ou diminué à la suite de la greffe; tel autre peut être transmis intégralement ou partiellement à la plante qui ne le possédait pas. A la suite de réactions dont le mécanisme est inconnu et dont on ne peut actuellement constater que la résultante, des caractères nouveaux, n'existant ni dans le greffon ni dans le sujet, peuvent apparaître chez ceux-ci, comme s'il se formait une nouvelle combinaison de caractères parentaux.

Nombreux et variés sont les caractères influencés. Tantôt ils n'ont qu'une faible valeur au point de vue taxinomique; tantôt ils portent, au contraire, sur des caractères dominateurs au point de vue de la classification et de la distinction des variétés, des races, des espèces et même des genres.

Les variations introduites par le mode de vie symbiotique peuvent être héréditaires en totalité ou en partie; elles peuvent aussi être fugaces, qu'elles proviennent d'une conjugaison de cellules végétatives, de l'action des substances morphogènes ou de changements de nutrition.

Au point de vue du classement des hybrides de greffe et de leur descendance, le petit nombre des faits actuellement connus, s'il suffit pour affirmer l'existence de ces êtres, ne permet pas d'en faire un classement définitif et absolument rationnel. Tout ce qu'on peut dire, c'est qu'il y a des greffes dans lesquelles l'influence réciproque peut s'exercer à la fois ou séparément sur les plantes elles-mêmes greffées ou sur leur descendance. Dans le cas où l'influence est seulement sensible sur la descendance des conjoints, on n'a pas observé jusqu'ici que la postérité du greffon se comporte à la façon des hybrides sexuels mendéliens.

Au point de vue pratique, la variation spécifique (au sens le plus large du mot) provoquée dans les conjoints peut être bonne ou mauvaise, suivant le but utilitaire poursuivi par le greffeur. Il y a donc, comme je l'ai indiqué dès 1892, au début de mes recherches sur la greffe, des *greffages améliorants* et des *greffages détériorants*. Et si l'on considère les greffages qui se rapprochent le plus de l'équilibre de végétation, il y a certains greffages dans lesquels la variation est minimum et que l'on pourrait presque qualifier de *greffages neutres*. Une expérience suffisamment prolongée et suffisamment précise montrerait que cette *neutralité* n'est qu'apparente, momentanée, de durée fort variable suivant les plantes, et qu'en réalité le greffage entraîne à la longue des variations dans les plantes greffées ou leur descendance.

Reconnaître les sujets et les greffons améliorants, détériorants et sensiblement neutres doit être la première préoccupation du greffeur intelligent, quelle que soit la catégorie de plantes sur lesquelles il opère, qu'il veuille conserver le plus longtemps possible les variétés existantes ou qu'il veuille en créer de nouvelles par les procédés que j'ai indiqués le premier sous le nom d'*Amélioration systématique des végétaux* (1894 et années suivantes).

Même en connaissant les sujets et les greffons améliorants, on n'arrivera pas à réussir à chaque fois les combinaisons que l'on cherche, mais on aura, par un choix rationnel des plantes, *plus de chances* de les obtenir. L'action de la greffe sera surtout sensible chez les plantes en état de *variation potentielle*, c'est-à-dire sur les hybrides au sens général du mot, sur les races et sur les variétés provoquées par les divers agents morphogènes autres que la fécondation.

Améliorer, conserver plus ou moins et plus ou moins longtemps, *détériorer* plus ou moins rapidement, tel est le bilan de la greffe suivant les conditions biologiques imposées à l'association.

En général, la greffe peut donc être utile ou nuisible. Comme la langue d'Ésope, elle est la meilleure ou la pire des choses[1]. Tout dépend de la manière de s'en servir et du but utilitaire poursuivi.

---

[1] C'est ce que j'ai fait remarquer dans mes travaux antérieurs, en particulier dans ma conférence à la Société régionale de viticulture de Lyon. (Voir *Revue de viticulture*, 1905.)

Ces conclusions sont les seules que puisse accepter celui qui envisage sans parti pris toutes les conséquences de la greffe considérée aux points de vue biologique et utilitaire. Formulées dès le début de mes études, elles ont été confirmées non seulement par mes études ultérieures, mais par les études des chercheurs indépendants de France et de l'étranger.

Nous verrons qu'elles sont vraies aussi bien en viticulture qu'en horticulture; les faits qui ont été passés en revue dans cet ouvrage par rapport à la vigne et ceux que j'examinerai par la suite à propos des variations spécifiques constatées dans le vignoble reconstitué, ne laissent aucun doute à cet égard.

Mais, au point de vue des greffages améliorants et des greffages détériorants, il importe de remarquer que tel ou tel greffage peut être améliorant ou détériorant si le but utilitaire poursuivi varie, et qu'à une amélioration d'un caractère peut correspondre la détérioration d'autres caractères.

L'amélioration par la greffe doit donc être employée d'une façon *systématique* et *raisonnée;* elle exige la connaissance parfaite des êtres sur lesquels on opère et de leur façon de réagir sous l'influence des changements de milieux, pour les caractères utilitaires que l'on cherche à améliorer.

Toutes les plantes n'ont pas les mêmes aptitudes à la variation. L'on doit chercher les plus malléables, celles qui transmettent le plus facilement leurs qualités ou qui en acquièrent le plus facilement et que l'on pourrait désigner sous le nom de *plantes-étalons,* comme je l'ai fait dans des travaux antérieurs.

On utilisera de préférence ces plantes, comme le font les horticulteurs qui, pour obtenir des variétés nouvelles, recherchent les étalons qui donnent le plus fréquemment des variations intéressantes, d'après une expérience pratique et une sélection qui ont fait la fortune de chaque semeur.

Si l'on désire au contraire éviter la variation dans la mesure du possible, conserver telle ou telle variété méritante, on choisira pour étalons les sujets qui varient le moins ou qui font le moins varier leurs greffons, non seulement par leurs qualités intrinsèques, mais encore ceux qui conservent le mieux les caractères de la variété dans un milieu donné (sol, climat, exposition, etc.).

Si, sous ce rapport, on commence à se préoccuper en Belgique de la variation imprimée à nos arbres fruitiers par les greffes pratiquées empiriquement sur des sujets quelconques avec des greffons quelconques, si l'on cherche à créer des étalons *pedigree,* nous n'en sommes pas encore arrivés là en France. C'est en vain que j'ai depuis longtemps réclamé la création de champs de conservation de nos vieilles variétés de vignes fournissant nos meilleurs raisins de table ou de cuve, champs où l'on viendrait chercher des boutures de race pure ou des greffons non détériorés. Je n'ai pas l'espoir d'être plus entendu en réclamant la création de champs de conservation, de musées horticoles, où seraient placées, franches de pied ou greffées sur sujets neutres, les variétés fruitières intéressantes qu'il importe de conserver à tout prix.

Pourtant quelles mines précieuses de documents feraient pareils musées, pareils jardins d'études, tant pour la Science pure que pour la Science horticole!

Si l'État se désintéressait de ces questions vitales, les Sociétés d'agriculture et d'horticulture ne devraient-elles pas prendre l'initiative de semblables créations? Je me borne à poser la question et à appeler sur ce point l'attention des intéressés.

On comprendra que là s'arrête forcément mon rôle.

TABLE DES DESSINS

Fig. 82. Coupe transversale d'une tige de tomate servant de sujet à un greffon de *Nicotania glutinosa*. On voit deux racines adventives soudées R provenant du greffon, pénétrer dans la moelle M de la tomate sujet. Celle-ci cherche à isoler le parasite par une formation de liège *lg*. — *li*, liber interne de la tomate. 257
— 83. Cultures comparatives de haricots en solutions nutritives. Hors texte.
— 84. Haricots en solutions nutritives . . . . Hors texte.
— 85. Coupe transversale de la feuille du Soissons témoin 270
— 86. Coupe transversale de la feuille du Soissons greffé sur Noir de Belgique. 270
— 87. Coupe transversale de la feuille du haricot Noir de Belgique témoin. 271
— 88. Coupe transversale de la feuille du haricot Noir de Belgique greffé sur Soissons 271
— 89. Coupe transversale de la nervure médiane du Soissons témoin 271
— 90. Coupe de la nervure médiane du Noir de Belgique témoin . 272
— 91. Coupe transversale de la nervure médiane du Soissons greffé sur Noir de Belgique. .
— 92. Coupe de la nervure médiane du haricot Noir de Belgique greffé sur Soissons 273
— 93. Coupe transversale du haricot Noir de Belgique franc de pied. 273
— 94. Coupe transversale de la tige du haricot Noir de Belgique greffé 273

Fig. 95. Coupe transversale du haricot Noir de Belgique greffé sur Soissons 274
— 96. Coupe transversale du Soissons témoin. 275
— 97. Coupe transversale de la tige du Soissons sujet de Noir de Belgique 275
— 98. Coupe transversale de la tige du Soissons greffé sur haricot Noir de Belgique, ayant reverdi et s'étant ramifié dès la base, au voisinage du bourrelet. 276
— 99. A gauche, greffes multiples, à 4 greffons, de *Chrysantemum Leucanthemum, C. coronarium, C. lacustrum* et d'*Artemisia Absinthium* sur *Anthemis frutescens*; à droite, greffe multiple à 3 greffons analogue à la précédente, moins le *Chrysanthemum Leucanthemum* . . Hors texte.
— 100. Greffe multiple à 3 greffons primitivement égaux de *Leucanthemum lacustrum* sur 3 rameaux égaux d'*Anthemis frutescens*. Le développement inégal des greffons et leur bourgeonnement basilaire différent sont la conséquence des bourrelets fatalement dissemblables. . . . . Hors texte.
— 101. Greffe multiple à 3 greffons de *Tanacetum Balsamita*, de *Leucanthemum lacustrum* et d'*Artemisia Absinthium* sur 3 rameaux d'*Anthemis frutescens* égaux au moment du greffage. On voit la prédominance du *Tanacetum Balsamita* sur les autres greffons et le dévelop-

TABLE DES DESSINS

pement inégal des rameaux du sujet sous l'influence simultanée du bourrelet et des différences de capacités fonctionnelles. — La deuxième année de greffe, le *Tanacetum* persiste seul; les deux autres greffons meurent . . . . Hors texte.

Fig. 102. Greffe multiple de la figure 101 précédente, la deuxième année du développement. — Le *Tanacetum Balsamita* resté seul porte de curieuses pousses et des feuilles de forme anormale qui lui donnent un port bizarre. La floraison est plus ou moins modifiée comme époque, comme dimensions de fleurs, etc. . . . . . . Hors texte.

— 103. A droite, greffe de *Leucanthemum lacustrum* sur *Anthemis frutescens* âgé de trois ans; à gauche, pied normal de *Leucanthemum lacustrum* 278
— 104. Coupe transversale du *Leucanthemum* témoin au niveau EF. 279
— 105. Coupe transversale de la tige greffon du *Leucanthemum lacustrum* au niveau E'F'. . . . 280
— 106. Coupe transversale du rameau normal au niveau CD 281
— 107. Coupe transversale du rameau greffon au niveau C'D'. . . . 281
— 108. Coupe du rameau normal au niveau AB 282
— 109. Coupe transversale du rameau greffon au niveau A'B'. . . . 282
— 110. Portion grossie du bois de la coupe E'F' du greffon 283
— 111. Portion grossie du bois de la coupe EF du témoin. 283
— 112. Portion grossie de la coupe du greffon C'D' 284
— 113. Portion grossie du bois de la coupe CD du témoin 284
— 114. Portion grossie du bois de la coupe A'B' du greffon. . . . 284
— 115. Portion grossie du bois de la coupe AB du témoin 284
— 116. A gauche, rameau normal de l'absinthe témoin. A droite, rameau venu la deuxième année de greffe, sur un greffon d'absinthe greffé comparativement avec le témoin sur *Anthemis frutescens*. . . . Hors texte.

Fig. 117. Rameau de *Plagius* greffé sur *Anthemis*, à la deuxième année de son développement . . Hors texte.
— 118. Rameau de *Plagius* témoin . Hors texte.
— 119. Greffe de *Solanum pubigerum* sur *Nicotiana gigantea* . . Hors texte.
— 120. Greffe de *Lycium europeum* sur tomate . . . . Hors texte.
— 121. Greffe de *Solanum marginatum* sur tomate . . . . . . Hors texte.
— 122. Greffes et témoins dans les *Helianthus* au mois d'octobre. Hors texte.
— 123. Greffes d'*Helianthus tuberosus* sur *Helianthus annuus* à la fin de novembre . . . . . . Hors texte.
— 124. Portion supérieure de la tige d'un greffon d'*Helianthus tuberosus* greffé sur *Helianthus annuus* . . . . Hors texte.
— 125. Un nœud plus grossi de la figure 124 . . . . Hors texte.
— 126. Bourgeon renflé, intermédiaire entre les tubercules mamillaires de la figure 124 et les tubercules basilaires de la figure 123 . . . . Hors texte.
— 127. Pot renfermant un *Helianthus annuus* témoin et une greffe d'*Helianthus tuberosus* sur *Helianthus annuus* . . . . . Hors texte.
— 128. Fleur d'*Helianthus multiflorus* greffon. Fleur d'*Helianthus multiflorus* témoin. . . . Hors texte.
— 129. *Helianthus multiflorus* témoin, avec son tuteur . . . . Hors texte.
— 130. Greffe entière d'*Helianthus multiflorus* sur *Helianthus annuus* . . . . Hors texte.
— 131. Greffe d'*Helianthus annuus* sur *Helianthus tuberosus* (planche en couleurs). . . . . . . Hors texte.
— 132. 1. Jeune pousse d'épine blanche normale; 2. Jeune pousse de la forme la plus voisine de l'épine blanche dans le néflier de Bronvaux (hybride de greffe) . . . . Hors texte.
— 133. Jeune pousse du néflier de Bronvaux, forme voisine du néflier . . . . Hors texte.
— 134. Jeune pousse de néflier normal. . . . . Hors texte.
— 135. Néflier normal . . . . . Hors texte.
— 136. Néflier de Bronvaux (hybride de greffe) . . . . Hors texte.
— 137. Néflier de Bronvaux (hybride de greffe) . . . . Hors texte.

TABLE DES DESSINS

	Pages.
Fig. 138. Épine blanche normale...	Hors texte.
— 139. Fleurs d'épine blanche normale et de néflier normal...	Hors texte.
— 140. Fleurs du néflier de Bronvaux.	Hors texte.
— 141. Fleur du néflier (hybride de greffe).........	Hors texte.
— 142. Poires venues la même année sur la même branche d'un poirier Beurré d'Aremberg.	Hors texte.
— 143. Niveau du bourrelet du poirier William P, greffé sur coignassier C et ayant fourni l'hybride de greffe (réduction au 1/8ᵉ de la grandeur naturelle)....	300
— 144. Feuille de coignassier.....	301
— 145. Feuille de poirier Williams..	301
— 146. Feuille de l'hybride de greffe rappelant la feuille du poirier.	301
— 147. Feuille de l'hybride de greffe rappelant la feuille du coignassier, mais portant quelques dents au sommet......	301
Fig. 148. Feuille provenant des rameaux r du sujet, et ayant les caractères du coignassier pur, mais de taille plus petite.....	302
— 149. Belle-de-Beaumont n° 99....	310
— 150. Rousselet de Reims greffé sur Beurré d'Aremberg......	311
— 151. Marquise de Maubec.....	312
— 152. Tomate jaune ronde greffée sur tomate rouge grosse à fruit aplati ciselé.........	313
— 153. Fruits isolés de la tomate à fruits jaunes ronds représentée à la figure 152.........	314
— 154. Les mêmes fruits que dans la figure 155, mais isolés....	314
— 155. Greffe de piment conique sur tomate à fruits côtelés.....	315

TABLE DES MATIÈRES

DEUXIÈME PARTIE
Les vignes américaines et la reconstitution *(suite)*.

	Pages.
DEUXIÈME SÉRIE. — *Variations des résistances aux parasites*	189
1. Résistances aux insectes	190
A. Résistance des vignes autonomes	190
B. Résistance phylloxérique des vignes greffées	193
2. Résistance aux maladies cryptogamiques	204
Conséquences des traitements antiparasitaires	230
Variation de la résistance des moûts des vignes greffées	236
DEUXIÈME GROUPE. — *Variations spécifiques*	246
§ I. Généralités	246
1. Greffes de haricots en solutions nutritives	267
2. Greffes de diverses Composées Radiées sur *Anthemis frutescens*	278
3. Greffes diverses de plantes à cycle de développement différent	285
4. Greffes de plantes annuelles et de plantes vivaces par leurs rhizomes	286
5. Les hybrides de greffe proprement dits	289
Transmission de la panachure	316
Dégénérescence et monstruosités	322
La reproduction et la greffe	326
A. Le sexe, valeur sexuelle et rendements	329
B. Autofécondation et croisement; races pures et hybrides	335
C. Examen de quelques faits d'hérédité dans la greffe	347
TABLE DES DESSINS	375

Bordeaux. — Imp. G. GOUNOUILHOU, 9-11, rue Guiraude.

www.ingramcontent.com/pod-product-compliance
Lightning Source LLC
Chambersburg PA
CBHW050207230526
45470CB00001B/275